甘薯栽培与加工新技术

主　　编　张超凡

编写人员　张超凡　董　芳

　　　　　张道微　黄艳岚

　　　　　项　伟

中南大学出版社
www.csupress.com.cn
·长沙·

前言

　　甘薯属旋花科番薯属草本植物，又名山芋、红芋、甘薯、白薯、地瓜、红苕、番薯等，是重要的粮食作物、饲料作物和食品加工、化工、能源业的原料作物，普遍种植于全世界热带和亚热带地区的100多个国家，在我国从南到北广为栽种。据联合国粮食及农业组织（FAO）统计，2016年，我国甘薯总产量7079.37万吨，栽培面积和总产量仅次于水稻、小麦、玉米，居第四位。

　　甘薯块根中富含淀粉、可溶性糖、蛋白质、多种维生素、抗坏血酸和胡萝卜素，以及对预防疾病与维护身体健康具有重要功能的植物纤维、黏液蛋白等营养物质，不仅营养价值高还兼具保健功能。此外，甘薯具有淀粉型、食用型、菜用型、紫薯等多种类型，甘薯不仅可以加工成薯脯、薯干、蛋糕、酸奶、淀粉、全粉、粉丝、饮料、青储饲料等产品，还可以作为制造燃料乙醇、葡萄糖、柠檬酸等能源、医药、化工产品的重要原料，是理想的加工利用率较高的作物。甘薯已不再是昔日的"粗粮"、"救灾糊口粮"，而是营养丰富、齐全，具有保健、防癌、抗癌作用的多种用途的特色经济作物，具有许多与其他作物相比无可比拟的优势。

　　本书针对我国及湖南省甘薯生产现状和发展趋势，从甘薯栽培生理基础、甘薯高产高效栽培、主要病虫草害防治、甘薯安全储藏、甘薯加工利用等方面论述总结了甘薯绿色高产高效生产全产业链关键实用技术；力求内容全面、通俗易懂，期望能向农业科技人员、中小型加工企业从业人员及广大种植户普及、推广先进的农业科学实用技术。

本书在编写过程中，查阅了国内外大量有关甘薯方面的文献资料，参考了许多有关甘薯生产和加工的论文专著，在此对这些文献资料、论文专著的作者一并致以衷心的感谢。由于编写水平有限，书中难免有错漏之处，敬请读者批评指正。

编者著

2019 年 11 月

目录

1

第一章　概　述

　　甘薯是我国主要粮食作物之一，栽培面积和总产量仅次于水稻、小麦和玉米，居第四位。甘薯在良好的栽培条件下，能够获得亩产3000 kg以上的高产，即使在土质差、施肥水平低的条件下，每亩也能获得1000 kg以上的产量。甘薯产量高，与块根膨大期长、经济系数高有关。甘薯的块根无明显成熟期，自形成后直至茎叶衰退后期，几乎整个生长期都能积累光合产物，即形成产量的时间长。甘薯的经济系数可达0.7~0.8，甚至更高，远高于一般谷类作物（0.3~0.4）。甘薯的增产潜力也较大，鲜薯亩产最高的超过5000 kg，单株产量最高也可达50 kg。由此可见甘薯具有高产、稳产的优点。

　　甘薯用途广泛，广泛应用于食品、医药、化工、造纸等10多个行业，加工成数百种工业产品和数百种食品。在鲜薯加工中，用于淀粉加工的比例最大，淀粉再进一步加工成粉丝、粉条、粉皮等食品和其他制品（即"三粉"加工），已成为一些甘薯主产区的主导产业。在缺少水源而不能进行"三粉"加工的薯区，将鲜薯切片晒成薯干，作为工业原料。此外，甘薯还可以加工成变性淀粉、柠檬酸、乳酸、赖氨酸、酒精、曲酒、食醋、薯脯、饴糖、果脯、葡萄糖、虾片和高级点心等。在医药上甘薯也常被用来生产医药包装塑料、药片填充剂、青霉素、辅酶A、细胞色素C及核苷类等药品。甘薯茎叶、淀粉加工后的薯渣、黄粉也是家畜的优质饲料。如将薯秧青贮或与甘薯加工的副产品制成配合饲料，可延长饲料供应期，降低饲料成本，提高养殖效益。甘薯也是重要的新型能源用块根作物，单位面积能量产量达到 29 MJ/（亩·d），远高于马铃薯、大豆、水稻、木薯和玉米等作物，是生产燃料乙醇的理想原料，为我国甘薯产业实现产业化找到一条新出路。

第一节　甘薯的起源与传播

甘薯属旋花科，番薯属，甘薯栽培种，是一年生或多年生蔓生草本植物。在我国别名甚多，又名山芋、红芋、番薯、红薯、白薯、白芋、地瓜、红苕等。J. B. 埃德蒙等认为甘薯起源于墨西哥以及从哥伦比亚、厄瓜多尔到秘鲁一带的热带美洲。在秘鲁的古墓里发现了 8000 年前的甘薯块根，证明甘薯在当地种植已有 8000～10000 年的历史，这也是迄今发现的最早的甘薯。1492 年哥伦布发现美洲新大陆后，航海家、殖民者和商人们把甘薯从美洲带到了太平洋的夏威夷诸岛、菲律宾等地，一直带到欧洲。A. von 洪堡援引哥马拉记载；哥伦布初谒西班牙女王时，曾将由新大陆带回的甘薯献给女王。16 世纪初，西班牙已普遍种植甘薯。西班牙水手又把甘薯携带至菲律宾的马尼拉和摩鹿加岛，再传至亚洲各地。

甘薯传入我国的路线较多，迄今已有 400 多年的栽培历史。明代甘薯由印度、缅甸传入我国云南、四川，是甘薯传入我国最早路线的记录，明嘉靖四十一年（1562）《大理府志》就有"紫蓣、白蓣和红蓣"的记载。然而影响深远的传入路线是明朝万历年间（16 世纪末叶）经东南路菲律宾群岛（吕宋）至福建、广东传入我国。《金薯传习录》（1768）援引《闽侯合志》记载："按番薯种出海外吕宋。明万历间，闽人陈振龙贸易其地，得藤苗及栽种之法入中国。"《长乐县志》则称："邑人陈振龙贾吕宋，丐其种归。其子经纶，陈六益八利及种法，献之巡抚金学曾，檄所属如法栽植。岁大获，民赖之，名曰金薯。经纶三世孙世元，世元子长云，次燮，复传其种于浙江、河南、山东、顺天等处，咸食其利。"可见陈振龙将甘薯藤蔓带回福建试种成功后，沿着我国海岸线北上传播，并通过河域传入内陆，被各地劳动人民迅速接受。在传播过程中，通过劳动实践人们逐渐解决了留种、栽培管理等多方面的问题，陈氏所著《金薯传习录》记录了番薯的引进、推广、种植历史，对番薯的土宜、物性、栽培、种子保存、养苗、贮藏、食用方法等都做了详尽的阐述，为我国粮食生产提供了宝贵的实践经验。

甘薯从闽广传入湖南的路线较为明确。龚胜生认为两湖地区的甘薯直接来自广东、福建。农史专家万国鼎教授根据地方志查证，湖南最早栽培甘薯的年代是 1746 年，与长江中下游诸省记录的时间较为接近。宝庆（今邵阳）、衡州（今衡阳）地区记录的较早，在康熙年间对甘薯就有明确描述，康熙《宝庆府志·物产》说："番薯一有数种，始于台湾，盛于闽广，人多赖此为富足"。至乾隆后期，湖南省各地区均能查阅到甘薯种植的记录，长沙府志、沅州府志、平江县志、醴陵县志等多处记录了番薯来源于闽广的说法。甘薯品种逐渐丰富，如湘东的醴陵县在康乾时期只有红心薯，光绪二十年（1894）后又有了"胭脂红"的红皮白心薯和从茶陵县传入的"茶陵薯"，光绪末年（1908）又有 60 天成熟的"六十工"和从云南传入的"云南薯"，还有四十日成熟的可一年两熟的"四十工"。

早期甘薯在湖南的推广主要得益于商人的传播和闽广籍官员的劝种，如乾隆年间举人谢仲坑在平江（今湖南省岳阳市）任知县时引种番薯，其人为广东阳春县人；宁远县"教民种薯"的陈丹心为福建诏安人。清朝末年至民国时期，我国与世界各国的交流增加，"南瑞苕""胜利百号"等引入的一些优良品种，客观上促进了湖南省的粮食增产。解放初期，湖南省甘薯种植面积为353.52万亩，1958年达到1010.9万亩，为历史最高产量。此期间"广东白皮"等地方优良品种沿京广铁路线传入湖南，对湖南省甘薯单产提升有较大促进作用，亩产可达1500 kg。1960年以后"遗字138""栗子香""南薯88"及湘薯系列品种大面积推广，一些先进的栽培技术也逐渐得到推广应用，单产进一步得到提升，多地有亩产上万斤的记录。国家及各地区科研单位为甘薯传播与推广做出重要贡献。

第二节　甘薯栽培技术发展概况

一、我国甘薯栽培发展过程

甘薯在栽培上有粗生易长，抗逆性强，适应性广，耐旱、耐瘠薄的特性，是新垦地和瘠薄地上的"先锋作物"，便于与其他作物间作套种，因而自传入我国以来就深受广大劳动人民喜爱。在长期实践过程中，古代劳动人民积累了丰富的甘薯栽培经验，从改土、育苗、栽插、密度、起垄、施肥、藤蔓管理、储藏和加工等方面进行了详细的研究与总结，其栽培管理措施在我国典籍中有较系统的论述。《农政全书》详细介绍了薯块及薯蔓留种的方法，介绍了利用苫盖和窖藏等储藏越冬的方法，指出其关键在于防湿和防冻，还总结了"多栽节、少露叶"的栽插要领，提出"早栽可较稀、迟栽宜较密"的原则。《金薯传习录》《齐名四术》等书籍记载了高垄栽培、畦栽、中耕培土、藤蔓管理等栽培措施。中国近代，前中央农业试验所开展了甘薯栽插期、甘薯挂蔓、甘薯翻蔓的试验，明确了春薯的适宜栽插期，证明了在适当密度条件下挂蔓可以增产，推翻了翻蔓增产的错误观点。这些生产经验和农艺措施的探索为甘薯高产高效栽培提供了重要参考依据。

新中国成立后，我国甘薯生产得到了快速发展，甘薯种植面积迅速扩大，单产和总产均有了显著增长。广大科技人员坚持调查研究与试验研究相结合，深入生产实际，在甘薯栽培技术研究上取得了显著成绩。全面综合物候条件、耕种条件等诸多因素，我国甘薯生产区划分为若干薯区，各薯区甘薯栽培管理措施差异较大。北方薯区广泛推广使用温床育苗和冷床育苗技术，南方薯区将老蔓繁殖改为薯块育苗，实施不同垄作方式。各薯区初步明确了施肥与甘薯产量形成的关系，掌控了有效可行的甘薯施肥技术，在合理密植、垄作方式、病虫害防治等方面做了系统的探索，甘薯营养保健、生物能源等功能也得以开发并且发展迅速，优质专用型甘薯新品种培育的数量显著增加。

围绕"高产、高效、优质、安全、绿色、生态"的生产目标，各薯区甘薯栽培技术向专一化、规范化、规模化、机械化方向发展，更加注重良种良法配套、农机农艺配套、良田良态配套，在甘薯健康种薯繁育、种植模式优化、机械化轻简化栽培等方面开展了大量研究试验，为全国各薯区提供了专门配套的栽培技术，为农民提质增效、稳产增产提供了技术支撑。张立明等根据市场需求和产业发展，总结归纳了当前甘薯栽培技术的一些共性重要问题，为实现甘薯"高产、高效、优质、安全、绿色、生态"的生产目标提供了指导方向。

我国甘薯种植面积经历了发展、稳定、下降的过程。据我国农业统计资料分析，1960 年种植面积最大，达到 15726 万亩，1970—1983 年稳定在 10186.35 万 ~ 10362.15 万亩，1984 年下降到 9638.85 万亩，1985—1996 年稳定在 9090.45 万 ~ 9416.55 万亩，1977 年以后下降到 9000 万亩以下，2000 年为 8722.5 万亩。

但甘薯单产自 20 世纪 90 年代以来不断上升，1990 年鲜薯单产为每亩 1100 kg，逐年提高，至 1999 年上升到每亩 1410 kg，现已相当于世界平均单产的 140%。因此，虽然全国甘薯种植面积不断下降，但是甘薯总产量却稳中有升。例如：1989—1994 年 6 年平均甘薯种植面积为 9246.6 万亩，年平均产量 1.0611 亿吨，1995—2000 年 6 年平均种植面积下降到 8949.3 万亩，年平均总产量上升到 1.1715 亿吨，与前 6 年相比，年平均种植面积下降了 3.22%，年平均总产量却提高了 10.42%。

据国家甘薯产业技术中心调研资料分析，2009 年我国甘薯面积约为 6900 万亩，占世界甘薯种植面积的 50% 以上，呈缓慢减少的趋势，单产为 1500 kg/亩，基本保持稳定，鲜薯总产保持在 1.0 亿吨左右。世界粮农组织统计数据也表明，我国甘薯近五年种植面积平均为 6150 万亩，占世界甘薯种植面积的比例已从 21 世纪初的 60.0% 左右下降到 45% 左右。甘薯种植面积的收缩，导致甘薯总产量的减少，致使销售价格大幅度提升，在一定程度上提高了群众种植甘薯的积极性。

二、我国甘薯种植现状

甘薯在我国分布广泛，南起海南省、南海诸岛和台湾省，北到长城内外的河北、陕西和宁夏等省区，东北伸到黑龙江省北纬 48°以北的部分地区，西南直至四川盆地西部边远山区和云贵高原。在我国北方，甘薯多分布于旱地平原或丘陵山区；淮河以北和黄河流域，甘薯多分布于平原，与其他旱地作物轮作，是我国甘薯的重点产区；淮河以南，由于平原种植水稻，甘薯多分布在丘陵山地；江南丘陵区及其以南地区，出现了甘薯与水稻水旱轮作，越往南方，水旱轮作在甘薯栽培总面积中所占的比重越大。根据气候条件与栽培制度，同时参考地形、土壤等条件，我国甘薯生产可分为五个生态区，区界大体上和纬度平行。

（一）北方春薯区

位于北纬 41°左右，无霜期较短，只能种一季春薯，包括辽宁、吉林、北京等地，黑龙江省中南部，河北保定和陕西秦岭以北，山西、宁夏南部及甘肃省东南地区。

（二）黄河流域春夏薯区

该区气候温和，年无霜期平均为 210 天，栽培面积占全国的 40% 左右，包括山东全部、河南中南部、山西南部，江苏、安徽、河南淮河以北、陕西秦岭以南地区以及甘肃武都地区。近年来，夏薯面积稳步增加，春薯面积则逐年下降。

（三）长江流域夏秋薯区

该区年无霜期平均为 260 天，夏薯于 4 月下旬至 6 月中下旬栽种，10 月下旬至 11 月中旬收获，生育期 140~170 天；秋薯于 7 月下旬到 8 月上旬栽插，11 月下旬到 12 月上旬收获。本区包括江苏、安徽、河南 3 省淮河以南的地区，陕西的西端，湖北、浙江全省，贵州的大部分地区，湖南、江西、云南 3 省的北部和四川盆地。

（四）南方夏秋薯区

位于北纬 26°以南，北回归线以北，年无霜期平均 310 天。夏薯于 5 月下旬至 6 月上旬栽插，10 月下旬到 11 月中旬收获。本区包括福建、江西、湖南 3 省南部，广东、广西北部，云南中部和贵州的小部分地区，以及台湾省嘉义以北的地区。秋薯于 7 月下旬到 8 月上旬栽种，11 月下旬到 12 月上旬收获。

（五）南方秋冬薯区

位于北回归线以南，属热带湿润气候，包括广东、广西、云南、台湾等省南部及沿海诸岛。本区栽培制度复杂，甘薯虽四季均可种植，但夏季温度高，昼夜温差小，不利于甘薯生长，故主要种植秋薯和冬薯。

经过多年实践，结合气候条件、甘薯生态型、行政区划、栽培面积和种植习惯等，现在一般将甘薯种植区划为三个大区，即北方春夏薯区、长江中下游流域夏薯区和南方薯区。

第三节　甘薯的营养保健

随着我国农业产业结构的调整和人民生活水平的提高，人们也逐步改变了把甘薯视为粗粮的看法，甘薯已经成为工业中的能源作物和生活中调节口味、丰富菜篮子的保健食品，在人们的膳食结构中占据着重要地位。

一、甘薯的营养价值

（一）块根主要营养成分

甘薯是富含淀粉的块根作物，营养价值较高。据我国著名营养学家黎黍匀教授分析，甘薯平均生命力指数为 20.2，防病指数为 20.18，属于高值范围（根据《肠胃决定健康》统计）。江苏徐州甘薯研究中心 1994 年对 790 份甘薯资源的分析，以干物质计，粗淀粉含量 37.6% ~ 77.8%，粗蛋白 2.24% ~ 12.21%，可溶性糖 1.68% ~ 36.02%，每 100 g 甘薯鲜薯胡萝卜素含量最高达 20.81 mg。亚洲蔬菜研究和发展中心（1992）对 1600 份甘薯资源进行分析，甘薯干物率为 12.74% ~41.20%，干物质的淀粉含量为 44.59% ~78.02%、糖含量为 8.78% ~27.14%、蛋白质含量为 1.34% ~11.08%、纤维素含量为 2.70% ~7.60%，胡萝卜素鲜重含量为 0.06 ~11.71 mg/100 g。根据西南师范大学应用生物研究所测试，甘薯富含 18 种氨基酸(如表 1 - 1)。

表 1 - 1　甘薯(鲜重)块内氨基酸含量/%

氨基酸名称	渝苏 1 号	徐薯 18	备注
天门冬氨酸	0.29	0.22	
苏氨酸	0.09	0.07	*
丝氨酸	0.11	0.08	
谷氨酸	0.18	0.16	
甘氨酸	0.08	0.06	
丙氨酸	0.10	0.07	
半胱氨酸	0.02	0.02	
缬氨酸	0.11	0.08	*
蛋氨酸	0.05	0.03	*
异亮氨酸	0.08	0.06	*
亮氨酸	0.12	0.09	*
酪氨酸	0.06	0.04	
苯丙氨酸	0.10	0.08	*
赖氨酸	0.09	0.07	*
组氨酸	0.03	0.03	
精氨酸	0.07	0.06	
脯氨酸	0.08	0.06	
色氨酸	0.02	0.01	*

续表 1 – 1

氨基酸名称	渝苏 1 号	徐薯 18	备注
总含量	1.68	1.29	
必需氨基酸含量	0.66	0.49	

* 为人体必需氨基酸。

通过与米饭、熟面、马铃薯和芋头等食物的营养成分比较认为，甘薯的能量、蛋白质含量、脂肪含量、含糖量、磷铁含量与上述主要食物没有明显的差异，而食用纤维含量、含钙量、特别是维生素 A 的含量远远高于上述主要食物，这说明甘薯营养均衡，营养价值不亚于米、面（如表 1 – 2）。这与中国医学科学院的研究结果（粗纤维含量 0.5 mg/100 g，钙 46 mg/100 g，胡萝卜素含量 1.31 mg/g）基本一致。

表 1 – 2　甘薯和其他几种主要食物每 100 g 重的成分含量

食物种类	热量	蛋白质	脂类	糖类	纤维	矿物质			维生素			
						钙	磷	铁	A	B1	B2	C
	J	g	g	g	g	mg	mg	mg	IU	mg	mg	mg
甘薯	473.0	2.3	0.3	25.8	1.2	46	51	1.0	7100	0.08	0.05	20.0
米饭	661.4	2.8	0.4	34.5	0.1	4	51	0.9	0	0.01	0.05	0
熟面	548.4	1.8	1.0	29.4	0.1	19	42	1.2	0	0.01	0	0.4
马铃薯	314.0	2.3	0.1	16.9	0.4	7	58	0.7	0	0.07	0.04	7.0
芋头	468.8	3.1	0.2	25.2	1.1	41	100	1.2	0	0.28	0.07	16.0

据菲律宾资料显示，甘薯的蛋白质含量虽不及某些蔬菜和豆类的高，但是单位面积生产的薯块和茎蔓能供给蛋白质的人数，比水稻多 24 人，比玉米多 45 人。与水稻或玉米相比，甘薯能够

提供更多的营养种类,满足人更多的需要(如表1-3)。

表1-3 甘薯与其他作物的营养成分比较

作物	热量 /[kJ· $(100 \text{ g})^{-1}$]	Ca /[mg· $(100 \text{ g})^{-1}$]	Fe /[kJ· $(100 \text{ g})^{-1}$]	维生素A /[mg· $(100 \text{ g})^{-1}$]	维生素B_1 /[mg· $(100 \text{ g})^{-1}$]	维生素B_2 /[mg· $(100 \text{ g})^{-1}$]	维生素A /[mg· $(100 \text{ g})^{-1}$]
水稻	256.5	2.2	33.38	0	18.5	9.3	0
玉米	114.6	1.0	9.7	25.3	42.1	24.3	480.0
甘薯薯块	578.6	138.0	405.0	991.8	140.8	106.8	1370.0
甘薯叶	66.5	53.0	300.0	667.8	40.0	66.7	320.0
芋	231.8	86.4	178.3	770.8	120.0	61.7	660.0
芋球茎	191.6	28.8	71.7	0	107.9	24.0	180.0
芋叶	26.4	40.9	65.8	747.4	10.2	33.6	433.3
芋柄	13.8	16.7	40.8	23.4	1.9	3.9	46.7
大白菜	174.1	178.0	194.2	50.0	92.8	74.0	3441.0
绿豆	123.4	17.0	78.8	4.3	0.9	20.3	27.7
豆类	175.7	159.6	150.0	347.7	158.7	168.0	1008.3
干豆	266.1	18.0	193.4	0.7	129.0	61.5	0
大豆干	140.6	41.0	168.6	0	40.6	16.7	微量
大豆青	150.6	87.0	194.0	6	1257.0	614.0	251.0
芒果	42.7	0.24	501.5	18.4	1.8	1.0	279.0
番茄	69.5	20.0	116.7	257.2	58.3	38.9	845.8
香蕉	10.9	110.5	2.3	1.1	0.9	2.1	237.0

（二）茎叶主要营养成分

甘薯茎蔓也含丰富的蛋白质、胡萝卜素、维生素 B2、维生素 C 和钙、铁等，尤其是茎蔓的嫩尖和叶片更富含以上营养成分，可作蔬菜食用。据中国预防医科院的化验结果，每 100 g 鲜薯叶，含水分 83 g，蛋白质 4.8 g，脂肪 0.7 g，碳水化合物 8 g，热量 242.8 kJ，纤维 1.7 g，灰分 1.5 g，钙 170 mg，磷 47 mg，铁 3.9 mg，胡萝卜素 6.7 mg，维生素 B1 0.13 mg，维生素 B2 0.28 mg，维生素 C 1.4 mg，烟酸 43 mg。薯叶与菠菜、芹菜、白菜、油菜、韭菜、蕹菜、黄瓜、南瓜、冬瓜、莴笋、甘蓝、茄子、番茄、胡萝卜等 14 种蔬菜相比较，除灰分稍低外，其余各项指标均居首位。故在中国、日本、韩国及东南亚地区常把甘薯茎尖作为蔬菜食用，在我国香港地区更是称甘薯叶片为"蔬菜皇后"。

表 1-4 甘薯茎尖和五种普通叶类蔬菜的营养成分

蔬菜	水分	蛋白质	纤维	无机盐			维生素			草酸
				灰分	钙	铁	A	B	C	
	%	%	%	%	Mg/ 100 g	Mg/ 100 g	IU/ 100 g	Mg/ 100 g	Mg/ 100 g	% DM
甘薯茎尖	86.1	2.7	2.0	1.7	74	4	5580	0.35	41	5.1
水旋花	91.8	2.3	0.9	1.0	94	1	4200	0.20	43	4.5
菠菜	92.3	2.3	0.8	1.7	70	2	10500	0.18	60	9.6
苋菜	87.8	1.8	1.3	2.1	300	6	1800	0.23	17	10.3
结球莴苣	96.3	0.9	0.3	0.2	0.2	0.2	4300	0.03	6	1.3
甘蓝	92.1	1.7	0.9	0.7	0.7	0.7	75	0.05	62	0.3

二、甘薯的营养保健作用

我国传统医学研究表明，甘薯的茎叶、块根均可入药。李时珍在《本草纲目》中记载："甘薯补虚乏，益气力，健脾胃，强肾阴"。清代陈世元在《金薯传习录》中记载，甘薯有 6 种药用价值：治痢疾和腹泻，治酒积和热泻，治湿热和黄疸，治遗精和白浊，治血虚和月经不调，治小儿疳积。清代赵文敏在《本草纲目拾遗》中记载，"甘薯补中、和血、暖胃、肥五脏，白皮白肉者，益肺气、生津，红花煮食，可理脾血；使不外泄"。清代陈云《金氏种薯谱》中记载，"甘薯"性平温无毒，健脾胃，益阳精，壮筋骨，健脚力，补血，和中，治百病延年益寿，服之不饥"。

日本学者发现甘薯含有黏液蛋白，是一种多糖蛋白的混合物，属于胶原和黏多糖类物质。国内外研究资料表明，胶原和黏液多糖物质对人体消化系统、呼吸系统和泌尿系统各器官组织的黏膜具有特殊的保护作用，即能提高人体的免疫能力，增进机体健康，防止疲劳，使人精力充沛；能促进骨质发育，润滑关节面和浆膜腔，防治关节炎；能抑制胆固醇在动脉血管内沉积，防止动脉硬化症的出现；能减少皮下脂肪，避免出现过胖；还可防止肝、肾脏结缔组织的萎缩，使高血压下降，避免神经病、风湿病、心脏病、类风湿关节炎、红斑狼疮、心肌炎等胶原病的发生，从而延缓人的衰老。

甘薯中含有丰富的、被称为人体第七营养素的食物纤维，有通便、防肠癌、降低胆固醇和降低血糖的作用。据台湾医学院董大成教授报道，甘薯所含食物纤维总量可达 2% 以上，相当于米或面粉的 10 倍。食物纤维虽然不能直接给人体提供营养，但它却能参与人体的一些生命活动，可增强大肠蠕动，增加粪便的体积，促进排泄，预防便秘，缩短粪便在肠道中的停留时间，降低粪便毒素在人体的积累，减少肠道疾病(包括肠癌)的发生，故食物纤维被誉为人体内不可缺少的"绿色清道夫"。另外还有报道，食物纤维还能抑制胰蛋白酶的活性，在一定程度上影响食物在人体小肠的吸收，故能起到减肥的作用。

薯块中含有的钾、钙等碱性元素较多，在人体内易生成带阳离子的碱性氧化物，使体液呈碱性，故称甘薯是"生理碱性食品"。白面、鱼、肉、蛋类中含磷、氯、硫等酸性元素较多，在体内易氧化成带阴离子的酸根，留在体内使体液呈酸性，这类食品则被称为"生理酸性食品"。正常人的体液呈弱碱性，pH 为 7.35~7.45。若血液酸化时，人体四肢发凉，易感冒，伤口不易愈合，严重时可直接影响脑与神经的功能，如记忆力和思维能力减弱，甚至患精神疾病等。若是血液长期酸化，则易导致心血管病等许多慢性病的发生。因此，在食物丰富的今天，将甘薯与白面、鱼、肉、蛋类等生理酸性食物搭配食用，有利于保持人体血液的酸碱平衡，促进人们的健康和智力开发。

日本国立癌症预防研究所对 26 万人饮食生活与癌症关系统计调查，证明了甘薯的防癌作用。他们通过对 40 多种蔬菜抗癌成分的分析及抑癌实验结果，从高到低排出了 20 种对癌症有显著抑制效应蔬菜的次序：熟甘薯（98.7%）、生甘薯（94.4%）、芦笋（93.7%）、花椰菜（92.8%）、卷心菜（91.4%）、菜花（90.8%）、欧芹（83.7%）、茄子皮（74%）、甜椒（55.5%）、胡萝卜（46.5%）、金花菜（37.6%）、芹菜（35.4%）、苤蓝（34.7%）、芥菜（32.9%）、雪里红（29.8%）、番茄（23.8%）、大葱（16.3%）、大蒜（15.9%）、黄瓜（14.3%）、大白菜（7.4%）。熟甘薯名列防癌抗癌蔬菜的首位，生甘薯便是第二。据北京农学院、江苏徐州甘薯研究中心的研究，甘薯西蒙 1 号的叶有止血、抗癌、降血糖、通便、利尿、催乳、解毒和防治夜盲症等促进康复的功能，亦能调节人体免疫功能，提高机体抗病能力，延缓衰老。

第四节　湖南省甘薯生产现状

湖南省甘薯种植历史悠久，以山地丘陵地区为主要种植区，常年种植面积超过 200 万亩，总产量超过 500 万吨。近年来伴随着新品种、新技术的推广应用，甘薯单产和品质均有提升。随着国内市场多元化需求的增长，甘薯种植效益逐年提高，已成为许多地区扶贫项目的明星作物。国家甘薯产业技术体系长沙综合试验站研究团队比较全面地分析了湖南省甘薯产业发展现状，指出湖南省甘薯产业发展具有土地、气候等自然资源优势，然而在实际生产过程中仍存在甘薯生产技术较为落后、机械化程度低等问题，目前甘薯仍然具有较大的增产、增效潜力。传统产业中甘薯是劳动强度较高的作物，主要生产用工环节包括起垄、栽插、喷施除草剂、中耕管理、去蔓、挖掘以及收后清洗等，由于机械普及程度低，很多工作纯粹依赖人力。随着社会经济的发展，劳动力大幅度转移至其他行业，大面积种植甘薯面临着劳动力缺乏以及劳工成本高的问题，劳动力的变化与甘薯产业发展不协调的矛盾日渐凸显。

对湖南省统计年鉴公布的数据进行分析，可以看出 2005—2017 年间，湖南省甘薯单产稳步增加，亩产量从 1425 kg 增长至 1639 kg，最高年度单产量达到 1900 kg。从省种子管理局统计数据获悉，近 10 年来甘薯新品种及新技术推广应用占比增加了近 10 个百分点，对单产的增长有较大贡献作用。而甘薯种植面积从 300 多万亩减少至接近 200 万亩，在甘薯总产值相对较为稳定的前提下，甘薯在农作物总产值中的占比从 2005 年的 2.25 个百分点逐年下降至 0.8 个百分点，呈逐渐下降趋势，该变化与甘薯种植面积的下降直接相关。

2005—2017 年期间甘薯单产、种植面积、产值及农作物总产值占比随着我省甘薯生产和消费结构的变化，甘薯多元化发展已成为必然趋势。但是我省甘薯产业客观上依然存在诸多国内甘薯产业共性的问题。虽然湖南省甘薯新品种和新技术储备较为齐全，但是生产、加工与销售等各个环节衔接不畅，政府扶持力度不够，产业服务环节薄弱，因此全省产业化程度相对较低。然而产业发展的根本问题在于劳动者的生产积极性不高，从调研数据可见随着劳动力成本增长，甘薯产业在农业经济中的比重逐年降低，说明产业的实际经济效益增长缓慢。这进一步影响了甘薯产业的发展，导致甘薯种植面积逐年降低。

为适应劳动力的变化，湖南省甘薯产业应采取以下应对策略：

1. 强化专用型甘薯品种的区域经济发展，提高经济效益

甘薯消费结构的变化具有较好的市场引导作用，甘薯产业链的多元化、精细化经营提高了产品质量和档次，有效提升了产品的经济效益。长、株、潭地区城郊茎叶菜用型甘薯年度亩产值可超过一万元，一些鲜食用微型薯生产也具有颇高的经济效益，郴州、永州、邵阳等地区特色甘薯加工产品也对提升甘薯产值具有较大促进作用，这种产业链的增值可以吸引更多优质资源投入。因此提高经济效益需要以消费需求为市场导向，以甘薯主产区以及甘薯新生产业为重点，突出省内地方特色产业。此外、乡村振兴、产业扶贫等政策或项目促使更多的生产方式投入使用，为甘薯产业培植一批新生力量。

2. 突出生产大户和龙头企业在市场发展的主导作用

生产大户和龙头企业往往能调动较大规模的劳动力和生产资料，能够较迅速地掌握和应用新品种、新技术，且因对市场反应灵敏，能够较灵活地调整经营规模。近年来甘薯种植总面积减少幅度明显，但是所减少的主要是散户种植面积。散户种植基本要

完全通过人工完成，种植效益低，积极性普遍较低。相反，以甘薯种植与加工为主体的生产大户无论数量、面积和比例均有显著增加。一些甘薯生产大户提供种薯、种苗、生产技术以及所需农机设备，带动大量农户参与甘薯种植，既实现了新品种、新技术的推广应用，又实现了耕地、劳动力、农机设备等资源的集中利用，其产品也具有较稳定的品质表现，更容易发挥较强的市场主导作用，对稳定湖南省甘薯生产总值作出了较大贡献。

3.加强推进机械化生产应用

然而无论哪种经营方式，生产力成本与经营管理方式之间的矛盾依然较为突出，人工成本仍是我国当前农业发展主要考虑的限速因素，生产机械化在未来农业种植中将具有较大的优势。湖南省甘薯机械化生产应用以洞庭湖区及城郊经济较发达地区为主，在以山地丘陵为主的甘薯主产区机械化生产应用比例仍然较低，存在着土地分散管理、机械化作业条件差、种植作物规模化程度低、农民购买力不足、地方财政保障不足、扶持力度不够及农机装备结构不合理等一系列国内共有的问题和困难。因而一方面需要国家和政府针对存在的问题制定系列方针政策来更好地实现农业机械化生产，另一方面需要研制更多适应复杂耕作条件的农机产品来投入市场。湖南省烟草种植机械化生产技术应用较为成熟，目前许多生产大户更是直接借用烟草起垄技术和基础设施，取得了良好的生产效果，是值得借鉴的实际生产经验。

第二章　甘薯栽培的生物学基础

第一节　甘薯的繁殖特性

甘薯可用种子繁殖，也可用茎蔓或块根繁殖。用种子繁殖的叫有性繁殖，用茎蔓或块根繁殖的叫无性繁殖。用种子繁殖时，实生苗先形成 1 条主根，是胚发育形成的种子根。之后在其上生出侧根。一般主根和一部分侧根发育成块根，但它膨大慢，当年产量不高时，种子不易得到，所以在生产过程中甘薯通常采用块根育苗，在苗床上剪取薯蔓进行扦插繁殖。薯蔓的节上最容易发根，薯蔓的节间、叶柄和叶片也具有发根能力。从这些器官上产生的根称为不定根（与从种子上发生的种子根相区别）。甘薯不定根初期（幼根阶段）外观幼嫩白色，内部有双子叶植物根的一般特征，后因内部分化状况的不同，发育成纤维根、柴根和块根 3 种不同的根。

一、根

(一)纤维根

又称细根,呈纤维状,细而长,上有很多分枝和根毛,具有吸收水分和养分的功能。纤维根在生长前期生长迅速,分布较浅;后期生长缓慢,并向纵深发展。纤维根主要分布在 30 cm 深的土层内,少数深达 1 m 以上。

(二)柴根

又叫粗根、梗根、牛蒡根,根长 0.3～1 m,粗 0.2～2 cm。柴根是由于受到不良气候条件(如低温多雨)和不良土壤条件(如氮肥施得过多,而磷、钾肥施得过少)等的影响,使根内组织发生变化,中途停止加粗而形成的。柴根徒耗养分,无利用价值,应减少其产生。

(三)块根

也叫贮藏根,是根的一种变态产物。它就是供人们食用、加工的薯块。甘薯块根既是贮藏养分的器官,又是重要的繁殖器官。块根是蔓节上比较粗大的不定根,在土壤条件好,肥、水、温度等条件适宜的情况下形成。甘薯块根多生长在 5～25 cm 深的土层内,很少在 30 cm 以下土层发生。单株结薯敷、薯块大小与品种特性及栽培条件有关。块根通常有纺锤形、圆形、圆筒形、块状等几种形状。块根形状虽属品种特性,但亦随土壤及栽培条件发生变化。皮色有白、黄、红、紫等几种颜色,主要由周皮中的色素决定。薯肉基本色是白、黄、红色或带有紫晕。薯肉里胡萝卜素的含量影响肉色的浓淡。块根里有乳汁,俗称白浆。

二、茎

甘薯的茎通常叫做蔓或者藤。主蔓上长的分枝叫做侧蔓。蔓的长相即株型，一般分为匍匐型和半直立型 2 种。蔓的长短因品种不同差异很大，最短的仅 0.7 m，最长的可达 7 m 以上。土壤肥力、栽插期和载插密度对茎长也有很大影响。短蔓品种分枝多，先丛生而后半直立或匍匐生长。长蔓品种分枝少，生长期间多为匍匐生长，且茎节着土生根较多，茎粗一般为 0.4~0.8 cm，茎的颜色有纯绿、褐绿、紫绿和全紫几种，也有绿色茎上具有紫色斑点的。茎的表面有茸毛，茎上有节。茎节有芽和根原基，能长枝发根。茎的皮层部分分布有乳管，能分泌白色乳汁。采苗时如乳汁多，刚表明薯苗营养较丰富，生活力较强，乳汁可作为诊断薯苗质量的指标之一。

三、叶

甘薯属双子叶植物。实生苗最先露出 2 片子叶，接着在其上生长真叶。茎上每节着生一叶，以 22/5 叶序在茎上呈螺旋状交互排列。叶有叶柄和叶片，没有托叶。

大多数叶片长度 7~15 cm，宽 5~15 cm。叶片长、宽都因栽培条件而有很大差异。叶片与叶柄交接处有 2 个腺体。叶柄长度 6~23 cm。叶片形状很多，大致分为心脏形、肾形、三角形和掌状等，叶缘又可分为全缘和深浅不同的缺刻。甘薯叶形变异多，不仅品种间变异显著，而且同一植株在不同生育阶段和不同着生部位的叶形也有较大的变异。叶片、顶叶、叶脉(叶片背部叶脉)和叶柄基部颜色可概分为绿、绿带紫、紫等数种，这是品种的特征之一，也是鉴别品种的依据。

四、花

甘薯在植物学上属被子植物，具有开花本能，然而各甘薯区自然条件差异大，不同品种开花所要求的外界环境条件有别，所以，甘薯在各地的开花情况也有很大差异。在北纬23度以南，我国夏秋薯区的南部以及秋冬薯区，一般品种均能自然开花。而在我国偏北地区长日照条件下，则很少自然开花。甘薯花单生或数朵至数十朵丛集成聚伞花序，生于叶腋和叶顶，一般呈淡红色，也有紫红色的，形状似牵牛花（呈漏斗状），一般较小，花萼5裂，长约1 cm，花冠直径和花筒长2.5～3.5 cm，蕾期卷旋。甘薯花是两性花，雄蕊1个，长短不一，2个较长，都着生在花冠基部，花粉囊2室，呈纵裂状，花粉球形，表面有许多对称排列的小突起。雌蕊1个，柱头多呈2裂，子房上位，2室，由假隔膜分为4室。甘薯花晴天在早晨开放，到下午闭合凋萎。甘薯为异花授粉作物，自交结实率很低。

五、果实与种子

甘薯果实为圆形或扁圆形蒴果，幼嫩时呈绿色或紫色，成熟时为褐黄色。1个蒴果有1～4粒种子，多数为1～2粒。甘薯种子较小，千粒重20 g左右，直径3 mm左右。种子呈褐色或黑色，形状及大小因蒴果内的种子数目不同而异，1个蒴果只结1粒种子的，种子近似球形；结2粒的呈半球状；结3粒或4粒的呈多角形，种皮角质，坚硬且不易透水。用种子播种时，事先要割破或擦伤种皮，或用浓硫酸浸种半小时左右后将酸冲洗干净后再催芽播种。甘薯的子叶张开时，双裂片呈凹字形。幼苗出土20天内就可长出3～5片真叶。

第二节 甘薯的生长过程

经过长期经验积累与研究，一般把甘薯生长分为以下 4 个阶段。

1. 发根缓苗阶段

发根缓苗阶段：指薯苗栽插后，入土各节发根成活。地上苗开始长出新叶，幼苗能够独立生长，大部分秧苗从叶腋处长出腋芽的阶段。

一般春薯在栽后 5~15 天开始，到本阶段期终；根系基本形成，约在栽后 30 天。夏薯因当时气温较高，生长比春薯快，需 15~20 天，根系基本形成。

2. 分枝结薯阶段

分枝结薯阶段：这个阶段根系继续发展，腋芽和主蔓延长，叶数明显增多。主蔓生长最快，其延伸生长称为"拖秧"，也叫爬蔓、甩蔓，茎叶开始覆盖地面封垄。此时，地下部的不定根已分化形成小薯块，在本阶段后期成薯数已基本稳定，不再增多。本阶段春薯需要 30~75 天，夏薯需要 20~30 天。在本阶段初期根系已生长出总根量的 70% 以上，为促进茎叶生长新生打好了基础。至于薯块的形成，结薯早的品种在发根后 10 天左右，肉眼虽难看出，实际上已开始形成，到 20~30 天时已看到少数略具雏形的块根。在茎叶生长中，一些分枝少、蔓薯细长的品种没有圆（团）棵现象就直接伸长主蔓，从植株开始分枝到基本覆盖地面，茎叶的重量可达到甘薯一年中最高茎叶重量的 1/3 以上。

3. 茎叶盛长阶段

茎叶盛长阶段：指茎叶覆盖地面开始到生长最高峰，这一时期茎叶迅速生长，生长量占整个生长期重量的 60%~70%。地下薯块随茎叶的增长、光合产物不断地输送到块根而明显肥大增重。薯块总重量的 30% ~50% 是在这个阶段形成的，有的地方把这个阶段称为蔓薯同长阶段。茎叶增长加快，使叶面积的增加达到了最高峰，同时新老叶片交替更新，新长出来的叶数与黄化落叶数到本阶段末期达到基本平衡。这阶段所需要的时间，春薯在栽插后 60 ~100 天，夏薯 40 ~70 天。

4. 茎叶衰退薯块迅速肥大阶段

茎叶衰退薯块迅速肥大阶段：指茎叶生长由盛转衰直至收获期，以薯块肥大为中心。茎叶开始停长，叶色由浓转淡，地下部叶片枯黄脱落。地上部同化物质加快向薯块输送，薯块肥大增重速度加快，增重量相当于总薯重的 40% ~50%，高的可达 70%，薯块里干物质的积蓄量明显增多，品质显著提高。

由于植株的地上部与地下部是处于不同部位的统一体，上部茎叶生长的繁茂程度，决定于根系吸收养料的供应。地下部薯块产量的高低，又依赖于地上部茎叶光合产物的输送和积累程度。总之，各阶段相互交替，很难分开。每个阶段时间长短各薯区不尽相同，故上述 4 个阶段的划分不是绝对的。

第三节 甘薯薯块育苗生理

一、薯块育苗生理基础

甘薯块根周皮下潜伏的不定芽原基可以萌发成薯苗，且薯块里含有很多的营养物质可供薯苗生长的需要，有利于培育壮苗，目前生产上普遍利用薯块萌芽长苗。甘薯块根和马铃薯块茎不同，前者没有明显的休眠期。收获时甘薯块根在根眼处已分化形成不定芽原基，只是贮藏期间缺少必要的生长条件（主要是温度条件），其外部生长停止，这种生长停止的状态属于强迫休眠。待有了萌发所必需的条件后，就可以开始萌发生长。根眼在薯块上排列成5~6个纵列，每个根眼一般有2个以上的不定芽，发芽时不定芽从根眼穿透薯皮向外伸出，一般有30%~40%芽原基可以萌发成薯苗。

薯块顶部具有明显的顶端生长优势，发芽时薯块内部的营养物质多向顶部运转，因此薯块顶部萌芽早而多，中部次之，尾部最慢最少。隆起的阳面(靠近垄背的土表)萌芽性优于凹陷的阴面。同一品种薯块的大小、栽培季节的早晚、生长期的长短、贮藏条件的优劣对块根萌芽均有影响。生长期较短的夏、秋薯萌芽性优于生长期长的春薯，故生产中一般多以夏、秋薯留种育苗。同一品种的薯块大小虽有不同，但其根眼数目相差不大，大薯营养丰富，出苗较壮，但单位薯重出苗数少，用种不经济，小薯含养分少，出苗较弱，所以在生产上一般以200~500 g的薯块做种薯。

二、影响薯块育苗的环境因素

(一)温度

适宜的温度可以增强薯块内部细胞组织里的酶的活性，加速养分转化，促进根、芽分化，提高发根、萌芽、长苗的速度，增加萌芽的数量，并保证薯苗健壮生长。因此，适宜的温度是甘薯育苗的重要条件。在15~35℃范围内，温度愈高，发芽愈快愈多。薯块萌芽的最低温度为15℃，芽、苗在10~14℃条件下停止生长，9℃以下因冷害受损伤。短期高温(35~37℃，3昼夜)条件下，能使破伤的部分迅速形成愈伤组织(即高温愈合)，但长期处在35℃以上时，由于薯块呼吸强度大，消耗养料较多，容易发生"糠心"现象，40℃以上薯苗停止生长，幼芽被灼伤。薯苗生长的适宜温度为 25～28℃，在此温度下生长的薯苗比较健壮。

甘薯育苗从排种、萌芽、顶土到齐苗的适宜温度是：开始 4 天保持床土温度 32～35℃，其后 3～4 天保持在 32℃左右，最后几天不低于 28℃。齐苗后 12～15 天，苗高 15 cm 左右时，温度维持在 25～30℃，不高于 32℃，不低于 25℃。采苗前 3～5 天内，床温维持在 20℃进行炼苗。这即为掌握高温催芽，平温长苗，降温炼苗，先催后炼，催炼结合的原则。

(二)水分

苗床水分和薯块发根、萌芽、长苗关系密切，是协调苗床环境条件的重要因素，往往与温度、空气等因素相互影响而发挥作用。当水分不足时，根系难以伸展，甚至只发芽不扎根，而且发芽慢而少，幼苗生长慢，叶片小，茎细而硬，出苗后易形成小老苗。若水分过多，幼苗在高温高湿的条件下生长，容易引起徒长，组织柔嫩，形成豆芽式的软弱苗，栽后难以成活。因此，幼苗生长期间以保持苗床相对湿度 70%～80% 为宜。为了调节水分和气温的矛盾，应掌握干干湿湿，见干见湿为好，后期炼苗时必须减少水分，使床土短期见白，即水分含量维持在相对湿度 60% 以下，使薯苗健壮，利于成活。

(三)光照

薯块萌芽阶段，光照对发根、萌芽没有直接影响，但光照强度及光照时间会影响苗床的温度。出苗后光照强度对薯苗生长速度和品质均有影响，充足的光照有利于光合作用，使秧苗生长健壮。光照不足时，薯苗叶部光合作用就会减弱或停止，薯苗内部积累的有机物质少，引起苗叶发黄、生长差、苗质弱，此外还会造成机械组织不发达，薯苗嫩弱，容易感病，栽后不易成活。初出苗时因薯苗较嫩，要加盖塑料薄膜和覆盖草帘以提温和保温，还应注意透光度和遮荫时间。

(四)养分

养分是薯块萌芽和薯苗生长的物质基础。育苗前期所需的养分主要由薯块本身供给，随着幼根的伸展和根系的形成，才逐渐从苗床上吸收营养供给薯苗生长。一般采苗 2～3 次后，薯块里的养分已逐渐减少，根系吸收的养分则相应增多。薯苗生长最需要氮素，氮素不足时，薯苗叶少而小，叶色由淡绿变黄、矮小，根系发育不良。但追施氮肥过多，特别是大水大肥又缺少光照时，薯苗柔软细弱，徒长成弱苗。苗期追肥以速效性肥料为主，施肥时间和数量要因苗情而定。采苗圃是不断剪薯苗进行以苗繁苗，除重施底肥外，结合浇水、追肥的次数和数量要比薯块育苗成倍增多。

(五)氧气

氧气与薯块、幼苗的呼吸和正常生长有密切关系。氧气不足，呼吸作用受到阻碍，萌芽缓慢或不能出芽，严重缺氧时薯块则被迫进行缺氧呼吸而产生酒精，由于酒精的积累引起自体中毒，导致薯块腐烂。因此，覆盖塑料薄膜育苗时，要注意通风，氧气供应充足才能保证薯苗正常生长，达到壮苗、苗多的要求。

第四节　甘薯块根的形成

一、甘薯块根形成的过程

块根都是由幼根发育而成的，当幼根尚未形成块根以前，从组织结构来看，由外向里是表皮、皮层、内皮层、中柱鞘、中柱。

中柱处在根的中央，除包在中柱外面的中柱鞘外，里面还有木质部、韧皮部、形成层等。中柱鞘是一层薄壁细胞，包在中柱外面，它可以分生出侧根和不定芽。木质部主要由导管细胞组成，它的功能是把从土壤里吸收来的养料和水分输送给地上的茎叶。韧皮部主要由筛管细胞构成，其用途是把叶片里制造的养料（碳水化合物）通过筛管运到根部。韧皮部还有乳管细胞，产生白色乳汁，也就是人们常看到的薯块断伤后流出的白浆。形成层是具有强烈分生能力的组织，通过自身细胞分裂与长大，能够不断地长出新的木质部和韧皮部来，块根的形成与长大变粗就是多种形成层活动的结果。初生形成层活动程度大小，决定着幼根能不能形成块根。次生形成层的多少与活动程度，直接关系着已经形成的块根能不能长大变粗。上述3种形态根的出现，就是由形成层活动程度与中柱细胞木质化程度来决定的。

栽插后20～40天，凡是初生形成层活动强而中柱细胞木质化程度小的根，都能够形成块根。凡是初生形成活动强，中柱细胞木质化程度大的，就易成为只长长不长粗的块根。如果初生形成层活动程度弱，不再出现次生形成层，不论中柱细胞木质化程度多大，根的直径都不再加粗，就成为纤维根（须根）。周皮的形成主要是初生形成层的活动，使根不断加粗，内皮细胞向外伸展，而皮层细胞的增加速度又赶不上内部不断加粗的速度，于是皮层和表皮终于破裂解体，再从中柱鞘产生木栓形成层。木栓形成层、木栓、栓内层组成的周皮，也就是通常叫的薯皮。由中柱内部的形成层分裂出大量薄壁细胞，使块根不断加粗长大，就形成薯块。人们所食用的薯块实际上是块根的中柱。周皮细胞中含有花青素，不同品种的花青素含量各异，因而形成不同颜色的薯皮。

从甘薯秧或甘薯苗上长出的幼根都叫纤维根，薯块就是由这些纤维根皮下的形成层细胞加速分裂、生长、膨大形成的。不同的纤维根生长发育的条件不一样，所形成的根也不一样。有的膨大形成块根，有的没有膨大变粗，但仍然是些纤维根，介于二者之间的，就形成了牛蒡根（又称柴根）。纤维根是否能形成块根受很多因素的影响，在日照充足、土壤通气性好、肥水条件适宜的条件下，可使纤维根的形成层活动力强，抑制其木质化作用，有利于根的加粗而形成块根；相反，土壤湿度大、通气不良或氮肥过多，则会导致纤维根形成；在薯块形成的过程中，如果遇到土壤干硬、通气不良等不利情况，就会使块根的膨大受阻，从而形成牛蒡根。

二、影响甘薯块根形成的主要因素

（一）温度

甘薯对温度要求比水稻、玉米等种子作物要高 5~10℃。气温达到 15℃ 以上时才能开始生长，18℃ 以上可以正常生长，在 18~32℃ 范围内，温度越高发根生长的速度也越快，超过 35℃ 的高温对生长不利。块根形成与肥大所需要的适宜温度是 20~30℃，其中以 22~24℃ 最适宜。低温对甘薯生长极为不利，较长时期在 10℃ 以下时，茎叶会自然枯死，一经霜冻很快死亡。薯块在低于 9℃ 的条件下持续 10 天以上时，会受冷害发生生理腐烂。

（二）土壤

甘薯对土壤的适应性很强，几乎任何土壤里它都能生长。甘薯耐酸碱性也好，在土壤 pH4.2~8.3 范围内都能够适应。这是甘薯的优点之一。但要获得高产，需要土地层深厚、土质疏松、通气性良好的砂壤土或壤土，pH5~7 为最适宜。土层深厚疏松，保水保肥，有利于根系的生长和块根增重。土壤通透性好、供氧充足能促进根系的呼吸作用，有利于根部形成层活动，促进块根肥大，也有利于土壤中微生物活动，加快氧分分解，供根系吸收。甘薯在这种土壤里生长，结薯粗壮，薯皮光滑，色泽新鲜，大薯率高，品质好，产量高。

(三)水分

甘薯枝繁叶茂，遮满地面，根系发达，生长迅速，体内水分蒸腾量很大。其地上部和地下部产量很高，而植株的含水量高达 85% ~ 90%，块根水分含量一般在 70% 左右，所以甘薯一生中需水量相当大。据测定，在整个生长期间，田间总耗水量为 500 ~ 800 mm，相当于每亩用水 400 ~ 600 m^3。不同生长阶段的耗水量并不一样。发根缓苗期和分枝结薯期植株尚未长大，需水不多，两个时期各占总耗水量的 10% ~ 15%。茎叶盛长期需水量猛增，约占总耗水量的 40%。薯块迅速肥大期占 35%。具体到各生长期的土壤相对含水量，生长前期和后期以保持在 60% ~ 70% 为宜。中期是茎叶生长盛期，同时也是薯块肥大期，需水量明显增多，土壤的相对含水量以保持在 70% ~ 80% 为优。若土壤水分过多，会使氧气供应困难，影响块根肥大，薯块里水分增多，干物质含量降低。

(四)光照

甘薯喜温喜光，属不耐阴湿的作物。它所积累贮存营养物质基本上都来自光合作用。光照不足叶色变黄，严重时脱落。由于甘薯没有成熟期的界限，光照越足，对提高产量越有利。受光叶片比遮荫叶片的光合强度高 6 倍多。受光不好的一般会减产 20% ~ 30%，在生产实践中经常发现甘薯地间套高秆作物，常因遮光严重使结薯期推迟，产量不高。所以甘薯与高秆作物间作时，为不影响甘薯产量，要加大薯地的受光面积，高秆作物不宜过多过密。

甘薯是短日照作物，每天日照时数在 8～10 小时范围内，才能诱导甘薯开花结实。但想要甘薯营养生长，增加无性器官产量，就需要较长时间的光照，每天 13 小时左右较好。

(五) 养分

甘薯的根系发达，再加上它的茎蔓匍匐地面，茎结遇土生根，吸肥能力很强。据研究，每生成 500 kg 薯块、茎叶，就要供应氮 1.75 kg、磷 0.75 kg、钾 2.9 kg。

氮素是蛋白质、原生质、叶绿素的主要组成部分，是形成器官的重要元素。它能促使茎叶生长，尤其在甘薯的生长前期，施用一定数量的氮素肥料，能够起到促进多分枝、快增殖，使植株早发棵、早拖秧的作用。氮肥供应不足，则会导致茎叶生长缓慢，叶面积小，颜色淡，植株生长不良，最终影响产量。反之，如果施用过量或过晚，容易造成茎叶旺长，"贪青"，结薯不良。

磷是原生质和细胞核的主要成分，能加快养分的合成与运转，加速细胞分裂，提高薯块品质。当叶片含磷量少于 0.1% 时，就显示出缺磷症状，叶的颜色暗绿没有光泽，叶片小、茎细，老龄叶片出现黄斑，之后变紫脱落。

钾能促进根部形成层活动，加速细胞分裂，使块根不断肥大。在生长中后期钾肥起的作用更大，能提高碳水化合物的合成和运转能力。叶片里含钾量低于 0.5% 时，会表现出缺钾症。生长前期缺钾，植株的叶片小，节间短，叶面不舒展；生长中后期钾素不足，茎叶生长缓慢，严重的叶片会黄化。

钾和氮都能提高甘薯叶片的光合能力，但作用不同。钾的作用在于加快叶片光合产物的运转，调节叶片里光合产物的浓度，增强光合能力，直接使块根持续肥大，提高产量。氮的作用是促进茎叶生长，扩大光合作用面积，从而增强光合能力，直接增加茎叶产量。因此过量施用氮素肥料，容易造成茎枝贪青疯长，影响产量。

为获得甘薯高产，首先要施足肥，氮、磷、钾三要素要配合得当。但在实际生产上，甘薯这一需肥多、能高产的作物，大部分种植在丘陵山区土层薄、缺肥、干旱的地方，土壤养分的含量满足不了正常生长的需要，不可能高产。尽管如此，由于甘薯顽强的再生能力，仍能在低劣条件下获得一般种子作物难以达到的产量。我国甘薯种植面积虽居世界之首，但单位面积量不高，其重要原因之一，就是肥力不足、肥源不足，土壤得不到培养，连年种植吸肥力强的甘薯，结果把甘薯贬称为"拔地精""茬口不好"的作物，这是不公平的。大量事实证明，只要重视甘薯生产，满足它需要的条件，不仅甘薯当年高产，就是后茬接种小麦也能获得丰收。

第三章　甘薯育苗技术

第一节　育苗技术

一、苗床类型及育苗方式

甘薯的苗床应选择在背风向阳、地势高、排水良好、靠近水源、管理方便的地块。露地育苗或采苗圃应选土质肥沃、没有盐碱、至少两年内没种过甘薯和做过苗床的地方，如苗床是永久性的，使用前要严格消毒灭菌，更新床土，避免病害传播。

（一）苗床形式

我国幅员辽阔，各个薯区由于气候条件和耕作制度的不同，苗床样式也多种多样，基本可以分为4类：

1. 露地式

利用当地自然条件，不需要特殊的设备与管理。常用的有地畦（阳畦）、小高垄等。

2. 加温式

根据当地条件，就地取材，建一定规格的加温式苗床，用柴草或煤炭为燃料加温，提高苗床温度，如回龙火炕、三道沟、顿水顿火炕、一火多炕等，也有用电热加温的。加温式苗床普遍用于早春气温低的北方地区。由于人工加热调控温度方便灵活，可以根据需要增减温度，因此，甘薯出苗快而多。

3.酿热式

利用植物秸秆、牲畜鲜粪、落叶等在堆积发酵过程所产生的热，提高床温育苗。这种方法管理简便，适应性广，只要有条件和需要，各地都较适用。此法薯苗素质较好，但因后期温度较低，采苗数量不及加温式。

4.薄膜覆盖

如单、双膜覆盖、地膜覆盖，都能达到加快薯苗生长、节约能源的目的。此外还有利用地热、温泉、太阳能等育苗的，都是实用有效的好方法。甘薯塑料薄膜育苗的优点是薄膜覆盖提高了床温，保持了湿度，极利于薯块的发芽和幼苗生长。露地育苗，盖膜的比不盖膜的提早出苗 12～16 天，苗量增加 24%～35%，可提前采苗 13～23 天。

(二)常见育苗方式

1.回龙火炕育苗

建炕规格：炕内长 6 m，宽 2 m，墙厚 40 cm，高约 43 cm。在炕内挖 3 道沟，沟宽 43 cm，中间一条沟在炕头靠墙处挖深 93，离炕火墙 30 cm 处，挖深 63 cm，炕尾挖深 30 cm，沟底挖成斜坡，在沟底的中间向下挖去烟道，深 17 cm，在炕头与炉膛的进火口相接处挖宽 17 cm，在炕尾逐渐加宽到 23 cm，以利于提高炕尾的温度，炕尾的去烟道与横烟道相通。在贴着墙的两边再挖两道沟和两边横烟道相通。在炕尾挖深 23 cm，在炕头挖深 13 cm，在沟底中间向下挖深 17 cm、宽 23 cm 的回烟道，回烟道在炕尾与横烟道相通，在炕头与烟囱相通。去烟道要在炕头的

1.3 m 长棚二层秫秸二层泥。和泥时要掺足麦秸，并泥的厚一些，以免烟火烧坏秫秸，造成烟道下塌，其他部位棚一层秫秸一层泥即可。垒好烟道后，在烟道上用土填平、踏实，并把炕内两个土埂刨松，使床土松紧一致，吸水均匀。整平炕面后，铺上 7 cm 厚的无病床土。烟囱高约 1 m，出烟口口径约 10 cm 大小。

在炕头离炕约 50 cm 处，挖烧火坑，深 1.53 m，宽、长各 1 m，在炕头的正中离地面 70 cm 以下，往里挖小窑洞，高 70 cm 以上，宽 70 cm，长约 33 cm，再向里掏炉子，炉膛深 23 cm，上口大 20 cm，下底长、宽各 23 cm。进火口约 13 cm 见方，向上倾斜成 45°的角度，使之有利于抽火。火炕育苗结合覆盖塑料薄膜，可利用太阳辐射热能提高苗床温度，节省用煤。

2. 冷床覆盖塑料膜育苗

在准备催芽的同时就要建好苗床。苗床形式有两种，一种是菜畦式，先根据地势高低做成平畦或高畦，排种薯后，插好拱形架，盖上塑料薄膜。另一种是冷床式，在苗床四周，做好床墙，上盖薄膜。苗床大小要根据育苗需要和薄膜宽度而定。床土要经过深翻，施足底肥，整细整平。苗床四周要修好水沟，以利排灌。排种后撒一层土，随后浇透水，再盖床土，厚度以盖没大部分薯芽为准，然后立即搭架覆盖塑料薄膜，并用土把薄膜四周压好封严。

3. 酿热物温床覆盖塑料薄膜育苗

酿热物温床覆盖塑料薄膜育苗是是利用牲畜粪、作物秸秆、茎蔓、杂草等酿热材料发酵生热，结合利用太阳光的热能，来提高床温进行育苗的方法。这种育苗方法简单省工，成本低，便于管理，薯苗健壮，成活率高。

苗床要建在背风向阳、地势高、排水方便的地方。苗床长度可根据育苗需要和地形来决定，一般 6 m 左右；苗床宽度根据塑料薄膜宽度来定，一般 1.2 m 左右；坑深 50 cm 左右，床底部应当中略高，两边略低，呈弧形，这样床边可以多填些酿热物，床温比较均匀。在坑底部离床边 13 cm 左右挖 17～20 cm 见方的通气沟，通气沟在苗床两头会和并通到床墙里，在两头床墙的内侧留进出气口，出口一高一低。苗床周围挖好排水沟，苗床北面可根据需要做挡风的屏障。

酿热物发酵生热是由于好气性微生物在潮湿的条件下分解纤维素的过程中放出能量的结果，其过程可分为两个阶段：第一阶段是从开始升温到最高温度；第二阶段是从最高温度逐渐平稳下降到停止发热。育苗主要是利用高温之后温度平稳的第二阶段。第一阶段上升的高温可以催芽，但必须注意降温，防止热伤薯种。

酿热物因发热量多少和发热快慢不同，分为高热酿热物和低热酿热物。前者发热量大、发热快，如骡、驴、马粪等；后者发热量小、发热慢，但维持时间长，如牛粪、麦秸、玉米秸、麦糠、碎草。因此，骡、驴、马粪等高热酿热物与秸秆等低热酿热物混合使用，效果较好。

4. 电热温床育苗法

电热温床是使用特制的绝缘电阻丝把电能转化为热能，通过人工控制，从而提高苗床的温度。电热温床的主要设备是电热加温线，通电发热时，电热线向外水平传导的范围可达到 25 cm，其中以 15 cm 内的热量最高（图 3－1）。

图 3－1　电热温床示意图

选背风向阳、地势平坦而稍高、靠近水源和电源的地方建苗床。苗床宽度一般为 1～1.5 m，床深 40 cm，床底垫 10 cm 厚的碎草，或把碎草和马粪等酿热物加水掺匀放在苗床底层。酿热层上铺 7 cm 厚筛细的床土，踏实踩平。

为了保持苗床温度的一致性，电热线的疏密应有所不同，一般中间稍稀疏，两边稍密。布线前先要用欧姆表测试电热线是否畅通，发现问题及时修复。若发现地热线破损，要用绝缘胶带封好，布线后盖上细土，大面积铺土时防止用力过大使电热线发生错位。

地温计的入土深度有很大的学问，太深或太浅都不能准确表示出种薯周围的实际温度，所以要在苗床两边和中央位置插几根木棍，方便以后插地温计。如果不插木条，不但无法确定地温计的深度，而且可能发生由于插地温计而使绝缘皮破损的现象。

5.甘薯无土育苗

甘薯无土育苗就是将种薯三分之一的尾端浸入营养液中，上、中部露在液面以上的膜棚空间进行育苗的方法，具有出苗快、采苗量大、苗质好、充分发挥小薯块产苗多的特点。

甘薯无土育苗多适用于日光温室、塑料大棚或拱棚，其大小应根据排种量而定。建液池，池深 15～80 cm，宽 150 cm，池埂宽 20 cm，长度不限，池底要平。在甘薯栽插前 25 天，将经过高温催芽的薯块尾部朝下固定在塑料架上，而后把薯块和架一并放入营养液中，使薯块三分之一的尾部浸入营养液中。由于营养液含有养分，容易滋生杂菌发臭，进而导致薯块腐烂，所以应每隔 5～7 天更换 1 次营养液。根据甘薯生长时期采用燃料加温或地热线加温，使排种后棚内气温和液温分别保持在 35℃、32℃左右；苗期阶段气温和液温均下降到 30℃左右；采苗前下降到 20℃左右。

6.采苗圃

采苗圃是以苗繁苗的重要育种方法，是培育夏薯秋苗的主要措施，在我国南方薯区早已广泛应用。采苗圃不仅可以繁殖大量无病壮苗，保证夏薯早栽、密植、苗全、苗壮，获得高产，而且对防止品种混杂变劣，提高良种繁殖系数也有重要作用。

设置采苗圃的方法是：把火炕、温床育出的薯苗栽植在向阳、温暖、肥沃、有灌溉条件的地段，要及早整地，施足底肥。每亩栽插 1 万株左右，一般每亩采苗圃可栽夏薯 20 亩左右。采苗圃由于栽插较早，地温较低，常不能达到令人满意的效果，但在加盖塑料薄膜后，就可使采苗数量和苗的百株重明显提高。

二、种薯选择与处理

(一)精选种薯

种薯标准：具有本品种的皮色、肉色、形状等特征，皮色鲜亮光滑，薯块较整齐均匀，无病无伤，没有受冷害和湿害(受冷害的薯块头尾干枯，薯皮破伤处凹陷，薯肉灰暗，有水湿现象；薯肉鲜亮有白浆的表示正常)。种薯必须做到三选，即出窖时选，消毒浸种时选，上床排种时选，尽量剔除病、伤和不合标准的薯块。

甘薯生产应尽量采用同一品种，并和种苗质量一致，当不同品种或优劣种苗混栽时，极易导致减产，这是目前南方甘薯低产劣质的主因之一。由于甘薯不同品种间和优劣种苗间存在较大差异，所以有的前期生长旺盛，有的前期生长迟缓，有的品种耐肥，有的品种耐瘠，还有的品种蔓较长，有的品种蔓较短。那么，混栽后的部分植株获得优势，营养生长过盛，从而影响了另一部分弱势植株的生长，另外，有些优势植株的茎叶旺长，反而会导致薯块产量低于正常水平。一般情况下，即使两个高产品种混栽也会降低产量。

（二）种薯用量

薯块大小对甘薯品种特性没有影响。一般来说，大中薯块的薯苗早期较壮，而小薯块生长的苗偏细。但经过生长及锻炼，小薯苗也同样健壮。

甘薯与其他作物不同，其出苗量随时间延长而成倍增加。一般春薯每亩用种量为 50 kg 左右，夏薯用种量为 25 kg 左右。甘薯出苗量与品种、种薯质量、苗床管理、剪苗次数等因素密切相关。相同重量的小薯出苗量要高于大中薯；不同品种间的单位种薯出苗量可相差数倍。

（三）种薯处理

为预防出窖的甘薯带病，上床前应进行消毒处理。

1. 温汤浸种

将经过精选的种薯装入箩筐，置入 58～60℃温水中，上下轻缓运动几次，使薯块受热均匀，2～3 分钟后水温降至 51～54℃，保持 10 分钟左右，再将箩筐提出降温。

2. 药剂浸种

使用 50% 甲基托布津可湿性粉剂 200 倍液，或 25% 多菌灵 200 倍液浸种 10 分钟左右。

三、排种

甘薯育苗的排种期是按地区的气候条件、栽培制度、栽插期、育苗方法等来确定。适时排种可以早出苗、多出苗，并有足够的炼苗时间来提高薯苗质量。排种过早，因天气寒冷，保温困难，育苗期拖长，徒耗人力，浪费燃料，而且薯苗育成后，因气温低不能栽到田间，形成"苗等地"现象。这不仅会延长苗龄，还会降低薯苗素质。而且已育成的苗不能及时采，必然影响下茬苗的生长。如果排种过晚，出苗迟，育成的苗赶不上适时栽插的需要，会造成"地等苗"的局面，最终导致晚栽减产。

薯块大小差别较大，排种时最好大小分开；为了保证出苗整齐，应当保持"上齐下不齐"的排种方法，大块的入土深些，小块的浅些，使薯块上面都处在一个水平上，这样出苗整齐。排放种薯有斜排、平放、直排 3 种。用火炕或温床育苗时，为节约苗床面积，大都采用斜排方式，斜排以头压尾，后排薯顶部压前一排种薯的 1/3，不影响薯块的出苗量，也充分利用了苗床面积。如果压得过多，会加大排种数量，虽然出苗数增加，却使薯苗拥挤，生长细弱不良，降低成活率。平放种薯一般多用在露地育苗，排种时头尾先后相接，左右留些空隙，能使薯苗生长苗壮，出苗也均匀一致。直排种薯上部发芽多，中部发芽少，薯苗密集而不健壮，除特殊情况外，一般不宜采用。此外，甘薯排种时要注意分清薯块的头尾，不能排倒，排倒的种薯出苗少，出苗晚，苗不齐，影响出苗的时间和数量。

四、苗床管理

苗床管理是育种工作的重要环节，苗床管理得当可保证出苗快、出苗多、苗健壮，并能节省人力和物力。壮苗组织充实，根原基粗壮发达，抗逆性强，栽插后发根快，成活率高，容易结薯。壮苗的标准：茎粗壮、节间短、叶片肥厚、大小适中、苗长 20～25 cm、苗龄 30 天左右、组织充实、老嫩适宜、百株重 0.5 kg 以上，没有气生根、无病害、浆汁多等。

苗床管理一般分为两个阶段，即薯块萌芽和薯苗生长阶段。从排种到幼苗出土是薯块萌芽阶段，该阶段的主要任务是催芽，催芽需要适宜的高温，充足的水分和空气，以保证早萌芽、多萌芽，在管理上主要是增温和保温。从幼苗出土到薯苗长成是培育壮苗的阶段，这一阶段的任务是保证薯苗生长快而健壮。在苗床管理上应以催为主，并做到催中有炼，催炼结合。待薯苗接近标准的高度时，应转入以炼为主，这时要停止浇水，使大苗得到锻炼，小苗仍能生长。

（一）控温

前期高温催芽：从排种到薯芽出土，以催为主，要求适当提高床温，保障充足的水分和空气，促使种薯萌芽。种薯排放前，床温应提高到30℃左右；排种后使床温上升到35℃，保持3～4天，然后降到32～35℃范周内，最低不要低于28℃，才能起到催芽防病作用。

中期平温长苗：从薯苗出齐到采苗前3～4天，温度适当降低，仍然主攻苗数和生长速度，但不要让苗生长过快。注意适当控温，避免温度过高。前阶段的温度不低于30℃，之后逐渐降低到25℃左右。要求掌握有催有炼，两相结合的原则。

后期低温炼苗：接近大田栽苗前3～4天，把床温降低到接近大气温度，温床停止加温，昼夜揭开薄膜和其他防寒保温设施，提高薯苗适应自然的能力，使薯苗老健。

（二）控湿

苗床水分适宜，薯苗生长整齐一致，茎粗节短、苗不冒尖、叶片肥厚、大小适中、叶色浓绿而有光泽，苗基部出现根点，下边小苗也正常生长。如果苗床水分不足，则薯苗生长缓慢，不整齐，苗矮尖短，成为老化苗。严重缺水时，薯苗高矮不齐，小苗午前凋萎、大苗午后萎蔫、茎细而坚实、呈现所谓的旱生结构。若水分过多，薯苗就会生长柔嫩、纤细而长、叶片薄而较大、茎叶呈现淡绿色、下面的小苗细弱、呈黄白色。

薯块发芽阶段：苗床耗水量小，因此除排种时浇透水外，出苗前可少浇或不浇。出苗后随着薯苗生长和通风晒苗，叶面蒸腾作用逐渐增大，需水量增多，要适当增加浇水量。一般保持苗床相对湿度70%～80%，但也要见干见湿，使床土处于上干下湿的状态。此外，育苗前期气温低，浇水时间可选在上午或中午，浇后晒床，以增加床温；后期气温高，应该在早晚浇水。

(三)晒苗

通风、晾晒是培育壮苗的重要条件。薯芽出齐以前，在高温、高湿、少见阳光的环境里生长，组织脆嫩，经不住风吹日晒，一旦遇到高温、强光、大风就会发生"干尖"、"干叶"现象。为了保证薯苗不受损伤，在幼苗全部出齐，新叶开始展开以后，选晴暖天气(避开低温天气)的上午10时到下午3时适当打开通气洞或支起苗床两头的薄膜通风。待薯苗高度达15 cm左右时，可在白天完全敞开薄膜炼苗，但夜晚仍要盖好。剪苗前3～4天，采取白天晾晒，晚上盖的办法，达到通风、透光炼苗的目的。注意中午强光照晒下，不要揭得太急或过猛，以免伤苗。在整个育苗期，都应适当通风供氧，不能封闭过严。

(四)追肥

育苗过程中种薯本身和床土中的养分供应日益减少，为了满足薯苗不断生长的需要，需追肥。追肥的种类、数量、方法、次数和时间要根据育苗的具体情况来决定。排种密度大，出苗多，应当每剪(采)1次苗结合浇水追1次肥。露地育苗和采苗圃，因生长期较长，需肥量也多，应分次追肥。肥料种类以氮肥为主，采用直接撒施或兑水稀释后浇施的方法。追施化肥要选择苗叶上没有露水的时候，以避免化肥粘叶"烧"毁薯苗，如果叶片上有化肥残留，要及时振落或扫净。追肥应在剪苗后1～2天等伤口愈合后进行，以免引起种薯腐烂。

（五）采苗

薯苗长到 20～30 cm 时，就应及时采苗，采苗不及时，就会发生薯苗拥挤现象，这样不仅会降低薯苗素质，而且影响小苗生长，减少下茬出苗数量。采苗的方法有剪苗和拔苗两种，剪苗可防止病害传播，不损伤薯根，有利薯苗的正常生长。实行高剪苗是防病（黑斑病）的有效措施。剪苗时要根据薯苗的长度，确定剪苗高度，在离开床土 3 cm 以上的地方剪苗最为适宜。拔苗虽有缺点，但简便省工，特别是火炕育苗，薯苗拥挤、不易剪苗、多采用拔苗的方法。

五、烂床原因及其防治方法

甘薯发生烂床，会导致秧苗感染病害，出苗少，不能保证适时早栽，或在栽后发生缺苗断垄，造成减产。因此，防止烂床是育足壮苗的关键环节。现把烂床的原因及其防治方法归纳如下：

（一）烂床的原因

发生烂床的原因主要为病烂、热伤烂和缺氧。

1. 病烂

种薯带有黑斑病、软腐病等病害，或肥料和苗床上带有病菌，或种薯受冷害、涝害损伤而发生病害，都会造成烂床。

2. 热伤烂

床温长期在 40℃以上，容易发生热伤烂床。受热伤的种薯发软，掰开不流白浆，挤压时流出清水，肉色发暗。如果薯层下面温度过高，则薯块下面先烂；薄膜下面温度过高，则由上向下烂。另外，浸种时温度过高或时间过长会导致薯皮发暗、易脱皮，也是热伤的症状。

3.水烂或闷气缺氧

薯块多由内向外烂、皮色发暗、有酒味。主要原因是浇水过多，床土不透气，或封严薄膜后长期不通气。

(二)防止烂床的方法

(1)严格精选无病、未受冷害、涝害和未破皮受伤的种薯。

(2)进行种薯消毒：苗床要用净土、净粪。种薯上床后，在破皮时应用 35～38℃ 的高温催芽 3～4 天，同时要防止苗床积水或床温过高，覆盖塑料薄膜的苗床要经常打开气眼或揭开薄膜的两头，更换新鲜空气以防缺氧烂薯。

(3)烂床的补救措施：

先找出烂床的原因，然后根据发生烂床的时期和烂床程度，采取不同的补救措施。出苗前后，发生零星或点片烂薯，可连土挖出病薯，更换无病种薯和新土，并喷洒 500 倍 50% 托布津湿润薯皮进行消毒，继续育苗。如果烂种达到全床的 30% 以上，要用倒炕的方法，把烂种挖出，另取无病未受冷的种薯，并更换新的土和沙，重新育苗；若种薯不够时，可把腐烂不到 1/2 的种薯留下，切去腐烂部分，用 500 倍 50% 托布津浸种 10 分钟，或在切口蘸上新鲜草木灰，进行消毒后上炕。检查苗床时，发现有黑斑病的烂薯，可把床土水分控制在最大持水量的 60% 左右，进行 35～38℃ 高温催芽 3～4 天后，把温度降到 30℃ 左右。这样可使病斑干缩，防止病菌继续蔓延。如果发现床温过高，应立即扒出种薯和床土散热，之后重新排种育苗，但不能使用浇冷水降温的方法，否则炕底热气上升，更容易蒸坏种薯。

若出苗后黑斑病发生严重，只能采取促使秧苗生长、争取多采苗的措施。方法是用 1 份腐熟鸡粪和 5 份过筛的细土混合均匀，撒在床面，厚约 5 cm，保持湿润，促使秧苗基部发根，以利吸收水分与养料，当秧苗 23～25 cm 高时，在离床面 6 cm 处剪苗，并进行药剂浸苗消毒。

第二节　甘薯引种

引种广义上是指把外地或国外的新作物、新品种或品系以及研究用的遗传材料引入当地，而狭义的引种是指生产性引种，即引入能供生产上推广栽培的优良品种。引种具有简便易行、见效快的优点。每一个良种都有它的一定适应性，良种只有种植在自然和栽培条件符合它的特性要求的地区，才能发挥优良品种的增产作用。引种一定要克服盲目性，把握成熟期，要在当地无霜期内留有余地，即在正常年份能成熟，在低温、早霜年份也能成熟，要留有一定的积温安全系数，严防越区种植。引种能否成功，取决于引种地区与原产地区的生态条件差异程度，差异越小、引种越容易成功。引种时需要考虑的生态条件包括：气温、日照、纬度、海拔、土壤、植被、降水分布及栽培技术水平等，其中气温和日照长度是决定性的因素，而纬度和海拔则与气温和日照长度密切相关。

甘薯在引种过程中应注意以下事项。

1. 不要从甘薯病害严重地区引种

在北方最严重的甘薯病害是茎线虫病，可随薯种、薯苗、土壤、流水等传播，种薯种苗传播是最主要的途径。很多地区种植甘薯时忽略了这一问题而将病害带入无病地区，短短几年病害严重发作，给甘薯生产造成严重影响，当地不得不放弃甘薯种植，同时残留的病虫还会影响其他根茎类作物。

2. 不要引进干物率低的品种

甘薯根据用途，可分为鲜食型、淀粉型、饲料型及加工型等，引进淀粉型时要求种薯的干物率（烘干）不要低于25%，鲜食型可适当放宽，一般不要低于 20%。建议在大量采购前先进行调查，取几个薯块带回切成细丝晒干或烘干，以检验是否符合广告上提供的参数。高淀粉甘薯在山地栽培的烘干率一般不超过 40%，在砂壤土栽培的夏薯干率很难超过 35%，高产品种往往出干率较低。用作色素提取用的甘薯引种要计算单位面积的色素产量，应引进色素含量高、产量中等的品种。

3. 尽量引进经过高温愈合处理的甘薯

高温愈合处理在过去农村集体化时期普遍采用，但目前只有一些研究单位及个别甘薯生产重点户仍使用。与地窖保存的未经愈合处理的甘薯相比，高温愈合甘薯表皮干缩，储存期间减重 15%~20%，但愈合处理的甘薯萌芽性能好、出苗快、单位面积的出苗数量多。且在育苗期间母薯不容易烂床。

4. 薯块大小对品种特性没有影响

一般来说在早期大薯块的薯苗比较壮，而小薯块生长的苗偏细，但经过生长及锻炼，小薯苗也会同样粗壮。单块重量 25 g 以上的薯块育苗时都没有问题。

5. 品种都有适应性问题

环境改变可能面临减产的风险，如热带地区品种引到北方往往不结薯，建议远距离引种时要充分考虑生态气候的差异，最好先少量引种进行试种，避免损失。

6. 高温愈合

高温愈合的种薯容易出现萌芽现象，甘薯与树苗、山药等其他植物不同，少量薯芽不影响种薯继续萌芽。甘薯表面有很多芽眼，90% 以上的芽眼因为营养耗尽等原因而没有机会萌芽，因此带有薯芽的种薯不影响以后的育苗。

7. 引种后尽快排入苗床

因为甘薯在搬运过程中会有表皮损伤，排入苗床后通过提高地温可使损伤尽快愈合，如果购入种薯后放置时间过长，可能容易导致软腐病发生，严重时存放 10 天损失 20% 以上。

8. 不要盲目相信媒体宣传的特高产甘薯品种

就目前国内生产水平而言，优良品种的春薯一般(150～180天)亩产 2500～4000 kg，夏薯(120 天)亩产 1800～2500 kg，常规大面积种植一般亩产为 2500 kg，很难达到宣传中的亩产 5000～10000 kg。只有在适宜的种植环境内，使用优质田块和高产抗性好的优质品种，同时结合高效栽培措施的理想情况下才能有望突破亩产 10000 kg。

第三节　湖南地区主推甘薯品种介绍

随着消费群体和生产需求的变化，甘薯育种方向逐渐朝着专用型方向发展，更多鲜食专用及加工专用品种涌入市场。本章节根据甘薯使用价值将甘薯品种分为淀粉加工型、食用型及食品加工型、兼用型、食用及加工型和叶菜用型 5 个大类，详细地介绍了品种的来源、特征特性、产量水平和栽培技术要点，便于读者根据不同需求选择相应的甘薯品种。

一、淀粉加工型

(一)徐薯 22

【品种来源】江苏徐州甘薯研究中心在 1995 年以豫薯 7 号为母本，苏薯 7 号为父本通过有性杂交选育而成，原系号徐 96 - 2 - 2。2003 年通过江苏省农作物品种审定委员会审定，2005 年通过国家甘薯新品种委员会鉴定。

【特征特性】淀粉型品种。顶叶和成年叶均为绿色，茎蔓绿色、叶片浅裂、叶脉淡紫色、蔓长中等、地上部长势强、萌芽性好、出苗快而多、薯苗健壮、采苗量大；薯块为下膨纺锤形、红皮白肉、薯块膨大快、结薯较集中、单株结薯 4～5 个、大中薯率高；烘干率 35.0% 左右，淀粉率 21.0% 左右，粗蛋白含量 5.0% 左右，可溶性糖 9.0% 左右，均高于徐薯 18；抗根腐病和茎线虫病、抗病毒病、不抗黑斑病、耐涝渍。

【产量水平】江苏省甘薯新品种联合鉴定、区试和国家甘薯长江流域薯区区试 5 年 29 次试验，平均鲜薯亩产 2323.0 kg，比对照品种增产 13.8%。江苏省生产试验结果，平均鲜薯亩产 2257.1 kg，比苏渝 303 增产 7.9%，薯干增产 13.3%。

【适宜地区】适宜在我国长江流域薯区和北方薯区推广种植，目前已成为主推品种。

【栽培要点】该品种萌芽性好，排种量控制在 18 kg/m² 左右，以利培育壮苗；地上部长势强，应注意合理施肥，以防茎叶旺长，影响地下部产量；抗寒性、抗病性不突出，应及时抗旱、采取综合措施防治病害，确保丰产；应选用脱毒苗和无病地繁殖留种，注意去杂去劣，保持品种特性。

(二)徐薯 25

【品种来源】江苏徐州甘薯研究中心在 1999 年选用高产综合性状好的徐薯 18 为母本，高干高抗优异品种徐 781 为父本，通过有性杂交、多点综合鉴定选育而成，原系号徐 2000－35－5。2007 年通过全国甘薯品种鉴定委员会鉴定，2005 年通过山东省农作物品种审定委员会审定。

【特征特性】高抗高淀粉型品种。顶叶绿色带紫边，成年叶绿色，叶脉紫色，叶柄淡紫色，脉基深紫色，柄基紫色，茎蔓绿色带紫斑，顶端茸毛较多，叶片心形带小齿；萌芽性好，长势较强，中长蔓，分枝中等，茎较粗；薯形纺锤，红皮白肉，薯干洁白品质好，夏薯烘干率 32%，比对照品种徐薯 18 高出 4%；结薯集中整齐，食味较好，高抗根腐病和茎线虫病，不易感黑斑病；突出的优点是淀粉含量高，高抗茎线虫病、根腐病和蔓割病，在病区种植增产增效显著。

【产量水平】春薯鲜薯亩产 3200 kg 左右，夏薯鲜薯亩产 2000 kg 左右。国家北方薯区 2004—2005 年试验结果，两年平均鲜薯亩产 1739.9 kg，比对照品种减产 8.5%，平均薯干亩产 561.2 kg，比对照品种增产 7.5%。2006 年生产试验结果显示平均鲜薯亩产 2531.3 kg，比对照品种增产 3.0%；平均薯干亩产 899.3 kg，比对照品种增产 22.8%。

【适宜地区】适宜在北方薯区的江苏北部、安徽中北部、河南、山东、河北、北京地区推广种植。

【栽培要点】该品种萌芽性好，排种量 20 kg/m² 左右，及时剪苗有利于培育壮苗；属中长蔓型，密度以每亩 3300～3500 株为宜；较耐肥水，增施氮肥、适施磷钾肥均能增产；注意排涝降渍，确保丰产丰收；注意通过高剪苗或高温愈合防治黑斑病；选用脱毒苗或无病地繁殖留种，注意去杂去劣，保持品种特性。

(三) 济薯 25

【品种来源】山东省农业科学院作物研究所以济 01028 为母本集团杂交选育而成。2015 年 3 月通过山东省品种审定委员会审定。

【特征特性】属淀粉型品种。萌芽性较好；叶片心形，顶叶色、叶色、叶脉色均为绿色，脉基紫色，茎蔓绿色；结薯整齐、集中，薯形纺锤形，薯皮紫色，薯肉淡黄色，薯干白而平整，耐贮性好。区域试验结果：蔓长 196.6 cm，分枝 6～7 个，大中薯率 88.2%；干物率 36.2%，比对照品种徐薯 18 高 2.8 个百分点；食味较好，甜度、黏度、香味中等，纤维量少。区域试验抗病性鉴定：高抗根腐病，抗茎线虫病、感黑斑病。

【产量水平】在 2012—2013 年山东省甘薯品种区域试验中，两年平均亩产鲜薯 2225.34 kg、薯干 774.4 kg，分别比对照品种徐薯 18 增产 13.2% 和 32.5%；2014 年生产试验平均亩产鲜薯 2500.3 kg、薯干 901.8 kg，分别比对照品种徐薯 18 增产 13.4% 和 23.5%。

【适宜地区】在山东省适宜地区作为淀粉型品种种植利用。

【栽培要点】种薯、种苗消毒处理；深耕及增施有机肥料，每亩施优质土杂肥 1800～2000 kg、氮磷钾复合肥 20 kg、尿素 4 kg、硫酸钾 10 kg。济薯 25 种植密度宜稀植，春薯为 2800～3000 株/亩，夏薯为 3000～3200 株/亩；该品种生长势强，大田生长过程中注意控制旺长，并注意防治茎线虫为害。

(四) 湘薯 20 号

【品种来源】系湖南省作物研究所于 2003 年以湘薯 16 号作母本，徐薯 22 作父本杂交选育而成，2010 年通过湖南省农作物品种审定委员会审定。

【特征特性】淀粉加工用及能源加工用品种。该品种中长蔓型、茎粗 0.65 cm 左右、绿色、分枝 5～7 个、顶叶绿色、叶片深绿色、叶形心脏形、叶脉紫色、叶片大小中等；萌芽性好、采苗量多、苗床及大田长势强；结薯早、薯形美观、薯块纺锤形、薯皮浅红色、薯肉黄白色、单株结薯 3～4 个、商品薯率高、薯块烘干率 33.1% 左右。

【产量水平】夏薯一般亩产鲜薯 2500 kg 左右，高产可达 4000 kg 以上，秋薯一般亩产 1500 kg 左右。2009 年夏秋干旱严重，亩产量仍达到 3083 kg。

【适宜地区】适宜湖南全省范围内及相似生态薯区种植。

【栽培要点】精选种薯，培育壮苗；冬前翻耕，高垄双行；施足基肥，看苗追肥；适时早栽，合理密植；中耕除草，防寒排涝；

加强测报，综防病虫；适时收获，安全贮藏。

（五）南薯88

【品种来源】系四川省南充地区农科所用晋专7号作母本，美国红作父本杂交选育而成的甘薯品种。

【特征特性】淀粉型品种。长蔓型、蔓长200 cm左右，茎粗5~6 mm、茎绿色、分枝4~6个。顶叶绿色、叶片较大、叶片心脏形带齿、叶脉紫色、萌芽性较好、采苗量多、大田长势强、结薯较早。薯块为下膨纺缍形，皮淡红色，肉橘黄色，单株结薯4~5个，品质好，熟食色、香、味、口感良好。薯块干物率29.5%左右，淀粉率18%左右，每100 g鲜薯含维生素C 20.5 mg、维生素B 27.2 g、可溶性糖3.0%，分别较徐薯18高8.2 mg、2.5 g、1.3%，17种氨基酸含量均比徐薯18高，抗根腐病、薯瘟病、蔓割病、茎线虫病。

【产量水平】在长江流域10年大范围多点试验，鲜薯平均亩产2223.4 kg，比徐薯18增产26.97%；淀粉率16.5%、亩产淀粉359.8 kg，烘干率29.34%、亩产薯干683.4 kg，分别比徐薯18高17.5%，15.71%。夏薯一般亩产2500 kg，高产可达3000 kg以上，秋薯一般亩产1500 kg左右。

【适宜地区】适宜于长江流域及其以南的平坝、丘陵、瘦土薄地种植，不论净作或三熟间套、早栽或迟栽，均比徐薯18增产20%以上。

【栽培要点】5月下旬至6月上旬栽插，密度每亩4000株左右；施肥以有机肥为主，看天看地看苗按营养诊断施用。该品种在全国累计推广种植3199.5多万亩，共增加粮食16亿千克，增加产值12.8亿元。

（六）漯薯 10 号

【品种来源】漯河市农业科学院利用徐 781 放任授粉选育而成。2011 年通过河南省品种鉴定委员会鉴定，鉴定编号：豫鉴薯 2011001。

【特征特性】淀粉型品种。萌芽性较好，中长蔓，分枝数 6.0 个，茎粗中等，叶片绿色、心形，叶脉紫色，茎色绿；薯块纺锤形，紫红皮淡黄肉，结薯较集中，耐贮性较好，单株结薯 3 个左右，大中薯率较高，薯干洁白平整，食味较好。

【产量水平】2008—2009 年参加河南省甘薯品种区试，两年结果平均每亩鲜薯产量 2028.1 kg，比对照品种徐薯 18 增产 6.5%；平均薯干产量 712.52 kg，比对照品种徐薯 18 增产 23%，平均烘干率 34.05%，比对照品种徐薯 18 高 38.6%。2010 年参加河南省甘薯新品种生产鉴定试验，在洛阳、郑州、商丘三点表现出较好的丰产性、适应性和稳定性，平均每亩鲜薯产量 1513.1 kg，比对照品种徐薯 18 增产 49%；平均薯干产量 457.3 kg，比对照品种增产 19.7%；平均淀粉产量 301.6 kg，比对照品种徐薯 18 增产 24.1%；烘干率 30.3%，比对照品种高 35%。

【适宜地区】适宜在河南省春夏薯区及相似生态区种植。

【栽培要点】育苗时排薯量应控制在 5 kg/m² 左右，起垄栽插、适时早栽，每亩栽插 3000 株左右，注意早灌涝排，及时中耕除草，并注意防治地下害虫。

（七）商薯 19 号

【品种来源】以 SL-01 作母本，豫薯 7 号作父本，进行有性杂交，并从后代中选育而成。2003 年 3 月通过全国甘薯鉴定委员会专家鉴定。

【特征特性】淀粉加工型品种。顶叶色微紫，地上部其他部位均为绿色；叶形心脏形带齿；蔓长 1～1.5 m，基部分枝 8 个左右，茎顶端无茸毛；薯形纺锤、皮色红、肉色白；萌芽性好，茎叶生长势强，结薯早而集中，单株结薯 4 个左右；淀粉白而细，熟食味较好。鲜薯干物率 32.80%，干基淀粉率 71.40%，粗蛋白 4.07%，可溶性糖 14.53%。高抗根腐病、不抗黑斑病、抗茎线虫病。

【产量水平】据示范推广验收，鲜薯亩产春薯 4000 kg 左右，高产可达 5000～6000 kg；夏薯一般亩产 2500～3000 kg，高产可达 4000～5000 kg。烘干率：春薯 37%、夏薯 33%。淀粉率：春薯 25%，夏薯 22%。鲜产、干产、淀粉分别比徐薯 18 增产52.4%、61%、82%。

【适宜地区】适合在河南、河北、山东、山西、江西、江苏、安徽、湖北等地作春夏薯种植。

【栽培要点】4 月中旬至 7 月上旬，作为春薯、夏薯和晚夏薯栽插。4 月下旬至 6 月上旬，每亩 2400 株；6 月中旬至 6 月 25日，每亩 3000 株；6 月 25 日至 7 月上旬、每亩 4200 株、扦插方式均为直栽或斜插，高肥地也可采用夏薯双棵栽插法，产量更高。

(八) 湘薯 98

【品种来源】湖南省作物研究所以徐薯 22 为母本经集团杂交选育而成。2016 年通过国家农作物品种委员会鉴定登记，鉴定编号：国品鉴定甘薯 2016004。

【特征特性】株型匍匐，中长蔓型，分枝数 5～6 个，叶形三裂片，顶叶浅紫色，成叶绿色，叶脉紫色，茎绿带紫；薯块纺锤形，薯皮中等红色，薯肉主要颜色浅黄色，次要颜色白色，结薯集中，单株结薯 3～4 个。烘干率 34.0%，淀粉率 23.1%，粗蛋白 1.1%，还原糖 3.4%。抗根腐病和黑斑病。

【产量水平】2011 年进入品比试验，鲜薯产量表现优异，比对照徐薯 22 增产 8.6%，平均淀粉亩量 498.3 kg，比对照增产 25.12%；2012—2013 年在长沙市、慈利县、汨罗市进行生产试验，平均鲜薯亩产比对照徐薯 22 增产 8.7%，平均淀粉亩产量比对照增产 26.47%；2014—2015 年参加国家干长江流域薯区区域试验与生产试验，平均鲜薯亩产比对照徐薯 22 增产 6.74%，平均淀粉亩产量比对照增产 23.33%。

【适宜地区】适宜在湖南及相似生态区甘薯主产区夏、秋两季种植。

【栽培要点】在 3 月上旬采用温床或露地盖膜播种育苗，播种前施足底肥，出苗后及时中耕、除草、追肥。夏薯 5 月中下旬至 6 月上旬栽插，每亩 3600～4000 株；秋薯 7 月底至立秋前栽插，每亩 5000～6000 株。栽插前每亩施用 50 kg 复合肥，有机肥做基肥效果更佳，适时补施磷、钾肥。插苗后及时中耕、除草、培土和防治病虫害，生长期间不翻蔓。9—10 月收获，贮藏期间保持窖温 10～15℃。

(九) 烟薯 24

【品种来源】由山东省烟台市农业科学研究院利用冀薯 98 放任授粉选育而成。2010 年通过国家品种鉴定委员会鉴定，鉴定编号：国品鉴甘薯 2010005。

【特征特性】淀粉型品种。萌芽性较好，中短蔓，分枝数 8～9 个，茎蔓粗，叶片绿色、心形，顶叶黄绿色，叶脉深紫色，茎蔓绿色带紫点；薯块纺锤形，紫红皮乳白肉，结薯集中，薯块整齐，单株结薯 4 个左右，大中薯率较高；薯干平整、食味较好、干基淀粉含量较高，较耐贮。抗根腐病、抗茎线虫病和黑斑病。

【产量水平】2008 年参加北方薯区全国甘薯品种区域试验，平均每 6.7 m² 鲜薯产量 2164.8 kg，比对照徐薯 18 增产 9.06%；

薯干产量 639.4 kg，比对照品种增产 14.4%；淀粉产量 418.5 kg，比对照品种增产 16.26%。高产地块亩产量可达 4000 ~ 5000 kg。

【适宜地区】适宜在长江以北薯区甘薯种植区种植。

【栽培要点】栽插前薯苗用 800 倍多菌灵和 200 倍辛硫磷混合药液浸泡根部 10 分钟，以防治黑斑病和茎线虫病；适时早栽，促早发苗健壮，促薯块早形成；施足底肥，适当多施磷、钾肥起垄栽插，每亩适宜栽插 3500 ~ 4000 株；旱灌涝排，及时中耕除草，防治地下害虫。

二、食用型及食品加工型

(一) 徐薯 23

【品种来源】系江苏徐州甘薯研究中心在 1996 年选用高干优质食用品种 P616 - 23 为母本，高产品种烟 27 为父本，通过有性杂交、多点综合鉴定选育而成，原系号 97 - 21 - 5。2004 年通过国家农作物品种鉴审定委员会鉴定，2005 年通过江苏省农作物品种审定委员会审定。2005 年，被列为国家"863"重大科技项目"优质超高产作物新品种培育"课题，获国家农作物新品种补助。

【特征特性】优质食用型品种。顶叶深绿色，成年叶绿色，叶脉紫色，茎蔓绿色带紫斑，叶片尖心或戟形，蔓长中等，单株分枝数 10 个左右；萌芽性较好、出苗多、薯苗健壮，地上部长势强；薯块长纺锤形，橘红皮橘黄肉，结薯整齐集中，单株结薯 4 ~ 5 个，大中薯率高；春薯烘干率 30.0% 左右，夏薯烘干率 28.0% 左右；熟食干面香甜，加工食品色泽鲜艳，商品价值高，是一个适合作为绿色保健食品直接食用或食品加工用的甘薯新品种；胡萝卜素含量约 30 mg/100 g 鲜薯，干基粗蛋白 6.91%，可溶性糖含量 13.84%；抗黑斑病、较抗茎线虫病、不抗根腐病。

【产量水平】春薯鲜薯亩产 2300 kg，夏薯鲜薯亩产 2000 kg。

2002—2003 年国家甘薯北方大区区试平均鲜薯亩产 1995.8 kg，比对照品种增产 17.9%，平均薯干亩产 557.2 kg，比对照品种增产 19.4%，两年鲜、干产增产极为显著。2003 年大区生产试验鲜薯亩产 1738.4 kg，比对照品种增产 15.4%，薯干亩产 501.5 kg，比对照品种增产 17.6%。

【适宜地区】适宜在江苏、山东、河南、安徽、河北等薯区及肥水条件较好的城市郊区种植。

【栽培要点】该品种萌芽性好，排薯量可适当控制在 20 kg/m²左右，及时剪苗以培育壮苗；合理使用氮肥，适当增加磷钾肥，避免茎叶旺长影响薯块产量，叶面积指数控制在 5 左右，防治茎叶旺长；密度以每亩 3500～3800 株为宜，可增加产量提高商品薯率；耐渍性较好，要注意抗旱，确保丰产丰收；选用无病地留种，注意去杂去劣，保持品种特性。

(二) 湘农黄皮

【品种来源】系湖南省农业科学院作物研究所 1957 年由胜利百号×南瑞苕选育而成。

【特征特性】优质食用型品种。该品种顶叶绿色，叶片浓绿，叶脉紫色，脉基带紫，柄基紫色，叶心形带齿，叶片较大。蔓短粗，中下部分绿色带紫，为半匍匐型。薯块为下膨纺锤形，薯皮光滑，皮黄色略带淡红，肉色橘红。种薯萌芽性中等，幼苗生长缓慢，有早衰现象，不耐寒较耐肥，抗黑斑病、薯瘟病、疮痂病能力较强，结薯早而集中、薯数多、薯块较大、晒干率 33% 左右，食味好、耐贮藏。

【产量水平】湖南省 1960—1963 年四年品种比较试验结果，比胜利百号增产 25.5%；1962—1963 年在湖南省 22 次区域试验中，有 16 次鲜薯亩产超过对照品种宁远三十日早 2.7%～49.3%，薯干则全部超过对照品种。1965 年湖南省农业科学院高产栽培,亩产达 4000 kg。

【适宜地区】适宜在湖南省范围内以及相似生态薯区种植。

【栽培要点】夏薯密度每亩 4000～5000 株,秋薯增加到 5000～6000 株为宜。生长后期应增施追肥,以防早衰。

(三)普薯 32(西瓜红)

【品种来源】系普宁市农科所利用普薯 24 与徐薯 94 - 47 - 1 杂交选育而成,具有优质、高产、稳产、商品率高、适应性广等优良特性。

【特征特性】优质食用型品种。该品种株形匍匐、长蔓、分枝多。顶叶浅紫色,叶心形,叶脉浅绿色,茎绿色。结薯分散,单株结薯较多,薯块大小均匀,薯身光滑,薯皮深红色,薯肉橘红色。薯块干物率平均 29.33%,食味 80.45 分,淀粉率 18.89%,胡萝卜素含量 17.30 mg/100 g 鲜薯。该品种较耐贮藏,薯块贮藏后易"回糖","回糖"后食味清甜、可口。大田薯瘟病抗性鉴定为中抗,室内薯瘟病抗性鉴定为中抗。

【产量水平】该品种在 2010—2011 年参加广东省甘薯区试中表现突出,产量和品质均优于对照品种。其中 2010 年秋季参加省区试,鲜薯每亩产量 2327.33 kg,比对照品种广薯 111 增产 32.50%,增产达极显著水平;干薯每亩产量 674 kg,比对照品种增产 34.54%,增产达极显著水平。2011 年秋季复试,鲜薯每亩产量 2279.33 kg,比对照品种广薯 111 增产 25.89%,增产达极显著水平。

【适宜地区】适合在广东全省及相似生态区的非薯瘟病区种植。

【栽培要点】整地时需施足有机肥,可每亩施腐熟鸡粪 200 kg (与过磷酸钙 30 kg 堆沤 20 天左右)作基肥。再根据甘薯各生长阶段的需要进行追肥,才能充分发挥甘薯的增产潜力,为高产稳产打下基础。选用水平浅插法或斜插法，有利于块根的形成与膨大，且使各节位均可结薯、薯数多。

（四）龙薯 9 号

【品种来源】原系号 50 - 553，原华北农业科学研究所 1950 年从胜利百号放任授粉的杂交后代中育成。

【特征特性】短蔓优质食用型品种。该品种顶叶绿，叶脉、脉基及柄基均为淡紫色，叶色淡绿。短蔓，蔓长 0.8 ~ 1 m，分枝 5 ~ 8 条，脉基微紫，茎叶全绿，叶心脏形，有开花习性；茎粗中等，分枝性强，株型半直立，茎叶生长较旺盛。单株结薯数 5 个左右，大中薯率高，结薯集中，薯块大小较均匀整齐，薯块纺锤形，薯皮红色，薯肉淡红色。种薯萌芽性中等，长苗较快。薯块耐贮藏性中等。高抗蔓割病，高抗甘薯瘟病 I 群。

【产量水平】一般亩产 4000 kg 左右，栽后 100 天亩产可达 2000 kg，丰产性好，其结薯早，比同期栽培的甘薯可提前 15 天以上。2001—2002 年参加福建省甘薯新品种区试结果，两年平均鲜薯亩产 3786.85 kg，比对照品种金山 57 增产 47.62%；薯干亩产 805.3 kg，比对照品种金山 57 增产 20.28%。生育期在 90 天的情况下，鲜薯亩产高达 2840 kg。

【适宜地区】耐旱、耐涝、耐瘠薄、耐寒性较强，适应性广，不择土壤。

【栽培要点】培育壮苗，用秋薯留种；施足基肥，早追苗肥，重施"夹边肥"，后期看茎叶生长情况酌情追施"裂缝肥"或根外追肥；适期早插，合理密植。早薯一般在 5 月上中旬插，秋薯扦插期在立秋前。扦插密度为 3500 ~ 4000 株/亩为宜；注意防治病虫害。由于该品种茎叶生长量偏小，中后期注意防治斜纹夜蛾等食叶害虫；适时收获。全生育期不宜超过 130 天。

（五）烟薯 25（蜜薯）

【品种来源】原系号烟薯 0579，山东省烟台市农业科学研究院 2005 年从鲁薯 8 号放任授粉后代中育成。2012 年通过全国甘薯鉴定委员会鉴定和山东省农作物品种审定委员会审定推广。

【特征特性】优质食用型品种。该品种顶叶紫色，叶形心形，叶片色、叶脉色、柄基色、蔓色均为绿色，中长蔓，分枝数 5～6 个，茎蔓中等粗。薯皮淡红色，薯肉橘红色，薯形呈纺锤形。薯块萌芽性较好，结薯集中整齐，单株结薯 5 个左右，大中薯率较高。抗根腐病和黑斑病。干基还原糖和可溶性糖含量较高，国家区试测定分别为 5.62% 和 10.34%，均居参试品种之首。经农业部辐照食品质量监督检验测试中心测定：烟薯 25 黏液蛋白（鲜薯汁）为 1.12%，比对照遗字 138 高 30.2%。烟薯 25 肉色美观漂亮，蒸煮后呈金黄色，胡萝卜素含量为 3.67 mg/100 g 鲜薯。

【产量水平】产量高，2010—2011 年参加国家北方组区域试验，鲜薯亩产 2014.6 kg，较对照品种徐薯 22 增产 1.30%，居第一位；生产试验中鲜薯产量在宝鸡市、济宁市、石家庄市 3 个试点均比对照品种增产，平均鲜薯亩产 2382.0 kg，比对照品种徐薯 22 增产 8.58%；平均烘干率 27.04%，比对照品种低 4.02%；平均淀粉率 17.16%，比对照低 3.50%。2009—2010 年参加山东省区域试验，鲜薯亩产为 2430.5 kg，较对照品种徐薯 18 增产 23.88%，居第 2 位；2011 年山东省生产试验鲜薯产量在济宁、日照、泰安、济南、烟台 5 个试点均比对照品种增产，鲜薯亩产为 2495.5 kg，较对照品种徐薯 18 增产 33.58%。

【适宜地区】适宜山东全省范围内及相似生态薯区种植。

【栽培要点】深耕并增施有机肥料，每亩施用施土粪 2000～3000 kg 和氮磷钾复合肥 20 kg、尿素 5 kg、硫酸钾 10 kg，以利于薯苗生长和薯块膨大；覆盖地膜，可增温保墒；栽植密度一般为

4000~4500 株；种薯与种苗均要消毒防病后再栽植；脱毒快繁，可达到增产、保持种性的目的。该品种容易裂口，应注意重茬地水、肥及病害控制。

（六）黄玫瑰

【品种来源】系中国农业大学以美国的 Goldstar 为母本，遗字 138、徐薯 18 以及美国的 Rose 等 15 个品种为父本，经集团杂交选育而成。2015 年通过北京市品种鉴定委员会鉴定。

【特征特性】优质食用型品种。中长蔓，分枝数 6~9 个，茎粗中等偏粗，叶片心形，顶叶淡紫色，成年叶绿色，叶脉紫色，茎蔓绿色带紫；薯块纺锤形，薯皮红色，薯肉橙黄色，结薯集中利于机械收获，薯块较整齐，单株结薯 4~6 个，大中薯率较高；薯干光滑平整，食味良好，胡萝卜素含量较高；耐贮藏性好；区试和生产试验田间表现出高抗茎线虫病，抗黑斑病和抗根腐病，综合抗病性较好。

【产量水平】2010—2014 年，在北京密云、河北廊坊等地进行的区试和生产试验中表现高产、中等干物质含量、高胡萝卜素含量。2013—2014 年两年在密云和廊坊甘薯品种区域试验中，每亩鲜薯产量 2957.05 kg，较对照增产 41.38%，增产达显著水平。三年评比试验，亩产量 2600~3300 kg，均高于对照品种遗字 138 的 1700 kg，增产效果明显，

【适宜地区】该品种适宜种植范围广，可在山岭薄地、丘陵和平原旱地、肥地种植，均表现出很高的生产力水平。

【栽培要点】该品种萌芽性较好，育苗时每平方米用种薯 20 kg 左右，及时剪苗以培育壮苗；种植时垄宽 80~90 cm 为宜，春栽约 3800 株/亩，夏栽约 4200 株/亩，地力偏低田块应适当增加栽插株数；北方栽插最佳时间，春薯是每年的四月底至五月初，夏薯是每年的 6 月中旬；水肥管理与当地甘薯主栽品种同等

管理即可，注意排涝降渍，确保丰产丰收；适期收获，北京及周边地区应在当年 10 月中旬左右完成收获。

(七) 湘薯 17 号

【品种来源】是湖南省作物研究所于 1992 年用湘薯 86－75 作母本，南薯 88 作父本杂交选育而成，2003 年通过湖南省农作物品种审定委员会审定。

【特征特性】食用和食品加工用品种。该品种中蔓型，顶叶浅绿色，叶片绿色，叶脉紫色，叶片心脏形，茎绿色，单株分枝 5～7 个；结薯较早，整齐集中，单株结薯 4～5 个，薯块纺锤形，薯皮黄色，薯肉橘黄色，商品率高；适宜作薯脯加工，粗纤维含量少，熟食味优，薯块烘干率 29.6% 左右，淀粉含量 18.5% 左右，纤维少，总糖含量 6.38%，粗蛋白含量 3.45%，维生素 C 含量 20.83 mg/100 g。耐旱、耐瘠薄，抗薯瘟病。

【产量水平】一般夏薯鲜薯亩产 2800 kg 左右，高产可达 3480 kg，适于湖南省各地种植。

【适宜地区】适宜湖南全省范围内及相似生态薯区种植。

【栽培要点】施足基肥，追肥为辅，控氮稳磷补钾；深耕起垄栽培，一般深耕 25～30 cm；适时早栽，合理密植，一般间隔 5～10 cm，低温稳定在 16℃以上时开始栽插薯苗，春薯每亩 3000～4000 株，夏薯每亩 3500～4500 株；加强田间管理，及时查苗补苗，防治病虫害；及时收获，防止低温受冻。

(八) 湘薯 19 号

【品种来源】系湖南省作物研究所于 1998 年以徐薯 18 作母本，Georgiared 作父本杂交选育而成，2009 年通过省农作物品种审定委员会审定。

【特征特性】食用及食品加工用品种。该品种中长蔓型，茎粗

0.6 cm 左右，紫色，分枝 5 ~ 7 个，顶叶浅紫绿色，叶片深绿色，叶形浅裂单缺刻，叶脉紫色，叶片大小中等，萌芽性好，采苗量多，苗床及大田长势强，结薯早，薯形美观，薯块纺锤形，薯皮淡红色，薯肉桔黄色，单株结薯 3 ~ 4 个，商品薯率高，薯块烘干率 33.5% 左右，淀粉含量 22.7% 左右。

【产量水平】经湖南省多点试验平均鲜薯亩产 2346.1 kg，薯干亩产 715.5 kg，在不同区域进行生产示范，鲜薯平均亩产 3252.6 kg，薯干平均亩产 1056.5 kg，均显著高于对照品种南薯 88。

【适宜地区】适宜湖南全省范围内及相似生态薯区种植。

【栽培要点】控制排种量，培育壮苗。每平方米排种量 18 kg 左右，于 3 月下旬至 4 月初排种，薄膜覆盖温床育苗。每次采苗后及时追肥、培土，促进薯苗健壮生长。夏薯每亩栽插 3600 株左右，秋薯每亩栽插 4000 株以上。在中、高肥力土壤条件下，栽前施足基肥，氮、磷、钾肥配合施用。收获时留无病害、无破损的薯块做种，薯种入窖时进行高温愈合，以防治病害发生；不宜在茎线虫发生田块种植；育苗和移栽时用药剂处理防治病害；栽插前用药剂防治地下虫害。

（九）苏薯 16 号

【品种来源】由江苏省农业科学院粮食作物研究所利用 Acadian 和南薯 99 杂交选育而成。2012 年通过江苏省农作物品种审定委员会鉴定，鉴定编号：苏鉴甘薯 201201。

【特征特性】食用及食品加工用型品种。顶叶绿色、叶脉绿色，叶片心形，茎绿色，短蔓型，分枝 10 个左右。薯块短纺锤形，薯皮紫红色，薯肉橘红色，单株结薯 5 个左右。薯块干物率为 27%，可溶性糖为 4.46%，每 100 g 鲜薯胡萝卜素含量为 3.91 mg。薯形光滑整齐，熟食黏甜，风味佳，品质好；萌芽性较好，耐贮藏；抗黑斑病、中抗根腐病、不抗茎线虫病。

【产量水平】2009—2010 年参加江苏省甘薯品种区域试验，两年平均每亩鲜薯产量 2067.6 kg，比对照品种苏渝 303 增产3.79%；薯干产量 578.8 kg，比对照品种增产 7.78%。2011 年参加江苏省甘薯品种生产试验，平均每亩鲜薯产量 1996.0 kg，比对照品种平均增产 8.06%；薯干产量 517.7 kg，比对照品种增产 7.73%

【适宜地区】适宜在江苏省等地作为春、夏薯种植。

【栽培要点】苏薯 16 可作春、夏薯种植，每亩春薯栽 3000～3300 株，夏薯 3300～3600 株。适宜中、高肥力土壤，栽前施足基肥，注意氮、磷钾肥配合施用，每亩施 45% 的复合肥 40 kg，另加施 10 kg 硫酸钾。栽插前喷施除草剂或栽后及时人工除草，防止草害。开好田间一套沟，做到三沟配套，防止涝害、渍害。栽前施用毒死蜱颗粒剂防治地下害虫。

（十）苏薯 8 号

【品种来源】系江苏省农科院以苏薯 4 号为母本，苏薯 1 号为父本，经有性杂交选育的优良甘薯品种。其商品性、高产性比同类食用甘薯品种有明显优势，综合性状在国内处于领先地位。

【特征特性】食用及食品加工用品种。该品种顶叶绿、叶脉紫、蔓长 50～90 cm，属特短形蔓、基部分枝多、半直立型。薯块为短纺锤形，整齐均匀，大中薯率高（90% 以上），薯皮黄色（红色），光洁漂亮；肉色橘红，出干率 25%，品质与北京 553 相当。熟食甜，并带有清香，纤维少，适于烤食、蒸煮和加工地瓜枣。高抗茎线虫病、黑斑病、耐旱、耐瘠薄，耐肥水，早熟不早衰。但耐贮藏性和萌芽性一般，出苗量中等。

【产量水平】在 1995—1996 年省区试中，鲜薯每亩产量2832.0 kg，比徐薯 18 增产 43.5%。1996 年生产试验中鲜薯每亩产量 2896.0 kg，比徐薯 18 增产 52.6%。在较大面积的生产示范中，鲜薯产量比当地品种增产 5.0% ~ 10.0%；与其他育成品种相比，苏薯 8 号具有明显的产量优势，夏薯每亩平均产量 2800 ~ 3000 kg，比徐薯 18 增产 50% 以上。

【适宜地区】适宜江苏全省范围内及相似生态薯区种植。

【栽培要点】排种育苗。3 月中旬—4 月上旬排种，一般采用冷床薄膜盖法育苗，每平方米排种量 15 ~ 20 kg，勤施肥浇水，以促进薯苗健壮。合理密植。4 月底—7 月中旬栽插，栽插密度每亩 3500 ~ 5000 株左右，栽插前每亩施氮磷钾复合肥 15 ~ 20 kg 或有机肥入田。适时收获。由于苏薯 8 号结薯早，如 5 月中旬栽插，8 月中旬即有 1400 ~ 2000 kg 鲜薯产量，比其他食用品种提前上市 1 个月。5 月中旬—6 月上旬栽插，9 月上旬—10 月上旬为苏薯 8 号早挖上市的最佳季节。苏薯 8 号不宜在根腐病区种植。

(十一)心香

【品种来源】系浙江省农业科学院作物与核技术利用研究所以浙 127 为母本，集团杂交获得种子选育而成。2007 年 1 月通过浙江省农作物品种审定委员会审定。

【特征特性】早熟鲜食迷你型甘薯品种。早熟性好，适宜生育期(栽插至收获)100 天左右，株型半直立，顶芽绿色凹陷，叶片心形，叶脉绿色，脉基紫色，叶柄绿色，茎绿色中粗，主蔓长 141.6 cm，分枝 7.6 个，很少现蕾。萌芽性较优，薯块为紫红皮、黄肉，结薯浅而集中、整齐，呈长纺锤形。表皮较光滑，皮层薄，口感粉甜，质地细腻，根毛少，芽眼不明显，薯形美观。单株结薯，夏薯 4 个左右，秋薯 6 个左右，大中薯率 82.2%，烘干率 32.71%，淀粉率 22.10%。抗蔓割病、感黑斑病。

【产量水平】播种后 70 天开始收获，可以栽种双季，每亩产量 2000 kg 左右。2006 年浙江省品比试验，平均亩产鲜薯 2061.4 kg，比对照品种徐薯 18 增产 6.0%。

【适宜地区】适宜长江流域、江苏北部、山东南部地区种植。

【栽培要点】采用大棚育苗，施足底肥，有机肥和氮、磷、钾肥配合使用。起垄栽培，垄距 80 cm，垄高 25～30 cm，适宜种植密度为 4500～5000 株/亩，水平栽插，3～4 节入土。4 月中旬地膜覆盖栽培，7 月中旬始收供应市场，收获后可以再种第 2 茬。选新土或两年没有种过甘薯的地块作为留种地，剪带了 7 片叶的健壮顶芽薯苗于 8 月 10 日前栽插，少施氮肥、防止徒长，霜降前收获。

三、兼用型

（一）湘薯 16 号

【品种来源】系湖南省作物研究所于 1991 年用南薯 88 做母本，湘薯 75－55 做父本杂交选育而成，1999 年通过湖南省农作物品种审定委员会审定，2003 年获省科技进步三等奖。

【特征特性】高产、抗病兼用型甘薯品种。该品种顶叶浅绿色，叶片绿色，叶脉紫色，叶片心齿形，中蔓型，茎绿色，单株分枝 5～7 个；结薯较早，整齐集中，单株结薯 3～4 个，薯块纺缍形，薯皮姜黄色，薯肉黄白色，抗薯瘟病。商品薯率高（92% 以上），薯块烘干率 28.5%，淀粉含量 18.4%，食味中上等，纤维少，每百克鲜薯总糖含量 6.59%，蛋白质含量 3.58%。

【产量水平】抗薯瘟又抗黑斑病，抗逆性强，较耐旱、耐贮藏，一般鲜薯亩产 3000 kg 左右，高产栽培可达 4000 kg。

【适宜地区】适宜湖南全省范围内及相似生态薯区种植。

【栽培要点】培育壮苗；大垄双行，合理密植；均衡配套施肥与用药；加强田间管理，确保地上部和地下部协调生长，构建合理的群体结构；适时收获，防止薯块遭受冷害。

（二）徐薯 28

【品种来源】由江苏徐州甘薯研究中心以徐 P616 – 23 为母本放任授粉集团杂交选育而成。2011 年通过国家品种鉴定委员会鉴定，鉴定编号：国品鉴甘薯 2011002。

【特征特性】鲜食与加工兼用型品种。萌芽性好，中短蔓分枝数 12 个左右，茎蔓中等偏细；叶片绿色、深裂，顶叶淡紫色，叶脉和茎蔓均为绿色；薯块长纺锤形，红皮白肉，结薯集中，薯块整齐，单株结薯 3～4 个，大中薯率高；薯干较洁白平整，食味较好，干基可溶性糖含量较高；夏薯平均烘干率 28% 左右，淀粉率 18% 左右，与徐薯 18 相比耐贮藏性好；抗蔓割病，中抗根腐病、茎线虫病和黑斑病。

【产量水平】春薯每亩鲜产 2600 kg 左右，夏薯鲜产 2300 kg 左右。2008—2009 年国家大区区试 20 点次平均每亩鲜薯产量 2312.7 kg，较对照品种徐薯 18 增产 17.80%；薯干产量 6410 kg，较对照增产 17.68%；淀粉产量 410.6 kg，较对照增产 17.64%。2010 年参加生产试验，平均每亩鲜薯产量 2220.8 kg，比对照徐薯 18 增产 17.79%；薯干产量 629.8 kg，比对照增产 22.92%，淀粉产量 406.6 kg，比对照增产 2481%。

【适宜地区】适宜在北方区作春、夏薯种植，不宜种植在根腐病重发地块。

【栽培要点】排种量 20 kg/m² 左右，培壮苗、适时早栽，增加栽插入土节数，前期促早发，促薯块早形成，中期促控结合，使薯块迅速膨大，施足底肥，增施钾肥，每亩栽插 3300～3500 株。

（三）郑红 23

【品种来源】系河南省农业科学院粮食作物研究所以世中 1 号×徐薯 18 有性杂交，从杂交后代中系统选育而成。2013 年通过河南省种子管理站鉴定并编号。

【特征特性】鲜食与加工兼用型品种。叶绿色，心形，叶脉紫色；茎绿色，平均蔓长 183.9 cm，平均分枝数 12.4 个，平均茎粗 0.58 cm；结薯集中，薯块较整齐，大中薯率较高，薯块纺锤形，薯皮紫红色，薯肉白色，熟食味优。抗根腐病和蔓割病，中抗黑斑病和茎线虫病。

【产量水平】2011 年河南省甘薯新品种区域试验，平均每亩鲜薯产量 2103.2 kg，比徐薯 22 增产 13.3%；平均薯干产量 593.2 kg，比对照品种增产 14.3%；平均淀粉产量 382.6 kg，比对照品种增产 4.8%。2012 年河南省甘薯新品种区域试验，平均每亩鲜薯产量 2270.1 kg，比对照品种增产 8.16%；平均薯块干物率为 29.8%，比对照品种高 0.9%；平均薯干产量 665.1 kg，比对照品种增产 10.22%；平均淀粉产量 428.2 kg，比对照品种增产 7.97%。2012 年河南省甘薯新品种生产试验，平均每亩鲜薯产量 2008.9 kg，比对照品种增产 8.84%；平均薯干产量 589.6 kg，比对照品种增产 8.95%；平均淀粉产量 386.1 kg，比对照品种增产 9.35%。

【适宜地区】黄淮春夏薯区北方春夏薯区均可种植。在浇水条件较差的丘陵、旱薄地及发病较严重地区均可种植。

【栽培要点】早育苗、育壮苗，足墒栽种；合理栽插，一般单行垄作春薯每亩栽插 3000～3300 株、夏薯为每亩 3300～3500 株；采用综合抗旱栽培技术，包括蓄水保墒、冬耕起垄打格子等，保证一次全苗。重施基肥、以肥调水，可适当增加底肥，以农家肥为主，化肥为辅，甘薯的氮、磷、钾需求比例一般为 2∶1∶3，在每亩鲜产 2500 kg 水平下，约需施氮 20 kg、磷 15 kg、钾 35 kg。利用 40% 毒死蜱乳油 1000 倍液和 50% 辛硫磷乳油 1000 倍液等防治茎线虫病等病和金针虫、地老虎、蛴螬等地下害虫，保证薯块商品性优良；中后期采取提蔓或喷施多效唑的方法防止茎蔓旺长，切忌翻蔓。

（四）广薯 87

【品种来源】广东省农业科学院作物研究所以广薯 69 和广薯 70－9 等 10 个父本群体杂交选育而成，2006 年通过国家甘薯品种鉴定和广东省品种审定，2010 年通过福建省品种审定，2013 年通过新疆维吾尔自治区认定。

【特征特性】食用与淀粉兼用型品种。该品种株型短蔓半直立，单株分枝数 7～11 条，成叶深复缺刻形，成叶、顶叶、叶柄、茎均为绿色，叶脉浅紫色，蔓粗中等；薯块纺缍形，薯皮红色，薯肉橙黄色，萌芽性好，苗期长势旺。结薯集中，单株结薯数多，一般 5～9 个，大中薯比率 76%，薯形下膨，薯身光滑、美观，薯块均匀，耐贮藏性好。干物率 28.5%，食味 82.0 分，淀粉率 19.75%。蒸熟食味粉香、薯香味浓、口感好，中抗薯瘟病、抗蔓割病。

【产量水平】2004—2005 年在广东省区试中，鲜薯和薯干产量分别比对照品种广薯 111 增产 27.52% 和 23.02%，均达极显著水平。2004—2005 年国家区试（南方薯区）中，鲜薯和薯干产量分别比对照品种金山 57 增产 5.18% 和 19.18%，达极显著水平。

【适宜地区】适宜在春、夏薯与间套作鲜食商品薯区、无根腐病与轻病高肥地种植，丘陵薄地亦可种植。

【栽培要点】种植密度在南方薯区亩插 3000～5000 株，北方薯区亩插 4000～4500 株左右；避免田间渍水；夏秋薯植后 120～140 天收获；选用无虫口的薯块作种薯育苗，繁苗后选用顶端嫩壮苗种植；育苗时应加强水分和温度管理。

四、食用及加工型

（一）徐紫薯8号

【品种来源】系江苏徐淮地区徐州农业科学研究所，以徐紫薯3号×万紫56为亲本，通过有性杂交选育而成。2018年通过农业农村部非主要农作物品种登记，编号为"GPD甘薯（2018）320033"。

【特征特性】高花青素鲜食及加工用品种。萌芽性较好，中、短蔓，株型半直立，分枝数14个左右；叶片深缺刻，成熟叶、叶脉绿色，顶叶色为黄绿色带紫边；紫皮、深紫肉。结薯习性好，商品率高。单株结薯3~6个，薯块纺锤形，薯块大小均匀。鲜薯花青素含量高达86 mg/100 g。花青素组分共有16种。以天竺葵素为主，占花青素含量的34.92%。淀粉含量18%，可溶性糖含量3%~4%，贮存后可溶性糖可达6%左右，蒸煮口感香、糯、粉、甜，食味优。

【产量水平】平均鲜薯亩量超过2066.67 kg，平均薯干产量超过600 kg，平均淀粉产量接近400 kg，均比宁紫薯1号显著增产；平均烘干率超过29%。夏薯亩量在2300 kg左右，春薯亩产3500 kg左右。

【适宜地区】适宜在江苏、河南、山东、福建、新疆中部、内蒙南部、河北等地种植。

【栽培要点】排种量20 kg/m²左右，培育壮苗，适时早栽；垄栽，每亩栽种3000~3500株；施足底肥，适当追肥。根据不同用途，适期收获。薯块：80天左右，小薯块适宜做鲜食甘薯；薯块：140天左右，全粉、花青素加工；薯块：170天左右，紫薯淀粉加工；茎尖：菜用，30天后即可采摘。

（二）浙紫薯 1 号

【品种来源】浙江省农业科学院利用宁紫薯 1 号和浙薯 13 杂交选育而成。2011 年通过浙江省非主要农作物品种审定委员会审定，审定编号：浙（非）薯 2011001。

【特征特性】紫薯食用型品种。萌芽性好，苗期长势旺，茎蔓长，叶片心形带齿，叶色绿；结薯集中，个数较多，平均单株结薯 5.1 个，平均单薯重 106.1 g，50～250 g 中薯比例为 58.7%；薯块呈纺锤或长纺锤形，薯皮、薯肉紫色，表皮光滑；薯块干物率 35.3%，鲜薯蒸煮食味较甜，粉；高抗茎线虫病、抗根腐病和蔓割病，中抗黑斑病，耐贮藏性好。

【产量水平】2007 年浙江省甘薯品比试验，平均每亩鲜薯产量 2148.7 kg，比对照品种 1 渝紫 203 增产 49.7%，达极显著水平，比对照品种 2 徐薯 18 增产 2.3%，增产不显著；2008 年平均每亩鲜薯产量 1878.7 kg，比对照品种 1 增产 33.4%，达极显著水平，比对照品种 2 减产 3.0%，减产不显著；两年试验平均每亩鲜薯产量 2013.7 kg，比对照 1 增产 41.6%，比对照 2 减产 0.2%。2010 年生产试验，平均每亩鲜薯产量 1925.7 kg，比徐薯 18 减产 8.0%。

【适宜地区】适于浙江省甘薯产区种植。

【栽培要点】栽培每亩栽插株数 3500 株左右，正常栽培 3000 株左右；施肥宜控氮增钾，避免徒长。

（三）广紫薯 1 号

【品种来源】广东省农业科学院作物研究所和福建省种子总站用广薯 95～1 与广薯 88～70 杂交后代选育而成。

【特征特性】紫薯食用型品种。该品种株型中蔓半直立，单株分枝数 7～15 条，成叶浅复缺刻，成叶、叶柄均为绿色，顶叶淡紫色，叶脉紫色，茎绿带紫色，蔓粗中等；单株结薯 2~4 个，薯块纺缍形，薯皮紫红色，薯肉紫色。晒干率 29.18%，比对照高 2.64%，出粉率 19.03%，比对照高 2.30%，食味评分 83.2 分，比对照高 3.2 分。抗蔓割病、中抗薯瘟病，耐贮藏性较好。

【产量水平】2007 年参加广东省甘薯区试，平均鲜薯亩产 2037.37 kg，比对照品种金山 57 减产 15.04%，达极显著水平；平均薯干亩产 585.59 kg，比对照减产 5.14%，达显著水平。2008 年续试，平均鲜薯亩产 2333.74 kg，比对照减产 15.82%，达极显著水平；平均薯干亩产 697.33 kg，比对照减产 7.65%，达极显著水平。两年平均：鲜薯亩产 2185.56 kg，比对照减产 15.46%；薯干亩产 641.46 kg，比对照减产 6.52%。2009 年全省生产试验平均鲜薯亩产 2307.2 kg，比对照金山 57 减产 6.48%。

【适宜地区】适宜福建、广东等省及相同生态区种植。

【栽培要点】选用薯块光滑、无病虫害的中等薯块作种薯进行薯块育苗。早薯在 6 月上旬前栽插，晚薯 8 月上旬前栽插。亩插 3500~4000 株，薯苗入土以 2~3 节为宜。亩施纯氮 11 kg，氮：磷：钾比例为 1:0.5:1.8，基肥、点穴肥、夹边肥比例为 4:2:4。注意防治食叶害虫及地下害虫，做好排水防渍，防止茎叶徒长。植后 130~150 天，商品率达到 70% 左右，及时收获。

（四）渝紫薯 7 号

【品种来源】西南大学重庆市甘薯研究中心在日紫薯 13 集团杂交后代中选育而成。在 2010 年、2014 年分别通过国家甘薯品种鉴定委员会鉴定、重庆市农作物品种鉴定委员会鉴定鉴定编号：国品鉴甘薯 2010001。

【特征特性】萌芽性中等，中长蔓，基部分枝数 8 个左右，茎蔓中等粗，叶片缺刻，顶叶、成熟叶、叶脉均为绿色，茎蔓绿色带紫；结薯集中、较整齐，单株结薯 3 个左右，大中薯率高；薯块纺锤形，紫红皮紫色肉，干基粗蛋白含量较高，食味中等；抗茎线虫病，感根腐病和黑斑病，综合评价该品种抗病性一般，耐贮。

【产量水平】在2010—2012年两年的国家区域试验中，渝紫薯7号平均鲜薯亩产量为1581.73 kg，比对照品种（宁紫薯1号、下同）增产22.97%，达极显著水平，居第二位；平均薯干产量为452.6 kg，比对照增产为43.47%，达极显著水平，居第一位；薯块平均烘干率为28.62%，比对照高为4.49个百分点，两年平均鲜薯花青素含量为16.69 g/100 g。

【适宜地区】稳定性好、适应性广，适宜北方、重庆和长江流域薯区种植。

【栽培要点】3月上中旬气温稳定在15℃以上，采用双膜覆盖方式育苗，5月中旬至6月上旬栽插。套作地密度为每亩2500～3000株，净作地密度为每亩3500～4000株。每亩用农家肥1500～2000 kg，磷肥30～50 kg，钾肥30～50 kg，集中沟施后起垄栽培。不翻藤，注意防治蔓割病、薯瘟病及地下害虫。收获适期为10月下旬至11月上中旬。

(五)烟紫薯1号

【品种来源】烟台市农业科学研究院。由烟紫薯80放任授粉后系统选育。

【特征特性】属紫色特用型品种。该品种蔓绿带紫色中长，分枝中等；叶片心形、绿色，顶叶淡绿，叶脉紫色；结薯整齐集中，薯块中膨筒形，薯皮紫色，薯肉深紫色，色泽均匀。国家试验测试：每100 g鲜薯花青素含量31.9 mg，食味中等。国家区域试验抗病性鉴定：抗根腐病、黑斑病和茎线虫病。

【产量水平】2002—2003年全国甘薯品种特用组区域试验中，山东试点（济南、烟台）两年平均亩产鲜薯1763.1 kg、薯干514.5 kg，分别比对照徐薯18号增产0.3%和3.8%。2007年山东省引种试验平均亩产鲜薯 1722.9 kg、薯干 563.2 kg，分别比对照徐薯 18 减产 15.1% 和 11.0%；干物率 32.9%，比对照徐薯 18 高 2.0%。

【适宜地区】在山东全省范围内的平原旱地或山地丘陵地块作为紫色特用型甘薯品种推广利用。

【适宜地区】深耕，增施有机肥，建议地膜覆盖增温保墒，种植密度每亩 4000 株左右，种薯与种苗均用 800 倍多菌灵浸种、浸苗 10 分钟后再排种、栽植。

（六）宁紫薯 1 号

【品种来源】宁紫薯 1 号是江苏省农科院粮食作物研究所以宁 97 - 23 为母本，通过与蕹菜为砧木进行嫁接和短日照处理诱导开花，经放任授粉获得杂交种子，然后经加速繁殖、综合鉴定试验选育而成。

【特征特性】该品种顶叶绿色带紫边、叶脉绿色，叶片心脏形，叶色和茎色均为绿色，长蔓型，单株分枝数 6～8 个，薯形长纺锤形，薯皮紫红色，薯肉紫色，单株结薯数 5 个左右，结薯集中整齐，薯形光滑，商品性好。薯块烘干率 27.2%，花青素含量 22.41 mg/100 g，总可溶性糖含量为 5.6%。抗茎线虫病和根腐病，不抗黑斑病。

【产量水平】2003 年参加国家特用组甘薯品种区域试验，宁紫薯 1 号在全国 10 个试点的平均鲜薯产量比对照品种徐薯 18 增产 16.1%，10 个试点中有 8 个试点表现为增产；薯干平均产量比对照品种徐薯 18 增产 6.6%。2004 年参加长江流域薯区甘薯品种区域试验，对照品种为南薯88。试验结果表明，宁紫薯 1 号的平均鲜薯产量比对照品种南薯88 减产 6.0%，薯干产量比对照品种南薯88 增产 1.0%。2004 年同步参加了国家甘薯品种生产试验，在广州、南宁和武汉三点的生产试验结果表明，平均鲜薯产量和薯干产量分别比对照品种徐薯18增产6.9%和7.4%。宁紫薯1号在2003—2004年参加了江苏省甘薯品种区域试验，试验结果表明，2003年平均鲜薯产量比对照品种苏渝303减产9.0%，2004年平均鲜薯产量比对照品种增产4.5%。在2005年江苏省甘薯品种生产试验中，平均鲜薯产量比对照品种增产3.0%。综合2003—2005年宁紫薯1号的多点试验结果，鲜薯平均亩产1895.1 kg，比对照品种增产2.6%，平均干物率27.2%。

【适宜地区】适宜在山东省全省范围内及相同生态区的中等以上肥力条件下种植。

【栽培要点】培育壮苗，宁紫薯1号萌芽性好，采苗量大，排种量以20 kg/m²为宜；合理密植，春薯每亩栽插密度3300～3500株，夏薯栽插密度3500～3800株；施足基肥，该品种较耐贫瘠，适宜在中等以上肥力的田块种植；防治病害，排种前用500倍液多菌灵溶液浸种，采用高剪苗和多级采苗圃，并结合多菌灵药剂浸苗的方法进行黑斑病的综合防治。

(七)万紫56

【品种来源】重庆三峡农业科学院以日本紫心集团杂交选育而成。

【特征特性】高花色甙型品种。该品种株型匍匐，茎绿色带紫斑，叶形浅裂，顶叶和成叶绿色，叶脉深紫色，叶柄绿色，柄基紫色。单株基部分枝7～9个，单株结薯4～5个，薯块短纺锤形，紫皮紫肉，结薯集中整齐，上薯率72%以上，薯块萌芽性好，生育期120天左右；高抗根腐病，抗蔓割病，中抗茎线虫病，耐贮性好；夏薯薯块干物率24%～26%，熟食品质较好；2008年经江苏省农科院食品质量安全与检测研究所检测，薯块总花色甙含量66.86 mg/100 g，总可溶性糖含量3.51%。

【产量水平】2007—2008年在重庆市甘薯区域试验紫肉甘薯

组中，7 个试点两年平均鲜薯亩产 2307. 4 kg，比紫色薯对照种山川紫增产 104. 43%；藤叶亩产 2675. 3 kg，增产 29. 42%；薯干亩产 567. 3 kg，增产 47. 02%；生物鲜产量每亩 4927. 3 kg，增产 55. 42%；淀粉亩产 300. 7 kg，增产 14. 41%；总花色甙产量每亩 1175. 08 kg，比山川紫平均每亩高 531. 84 kg。

【适宜地区】适宜在重庆市及相似生态薯区种植。

【栽培要点】重庆市 3 月初采用露地盖膜方式育苗，5 月中下旬至 6 月上旬栽插。种植密度每亩 4000 ~ 5000 株，起垄栽培。施肥以有机肥为主，重施底肥，增施磷钾肥，亩施尿素 8 ~ 10 kg，硫酸钾 30 ~ 35 kg。栽后 30 天内中耕、除草、追肥、培土。不打尖，不提藤，不翻藤。收获时期为 10 月下旬至 11 月上中旬。

（八）群紫 1 号

【品种来源】群紫 1 号系河南生农科院粮作所甘薯基地，用日本黑薯王做母本，苏薯 8 号做父本，杂交选育而成。

【特征特性】薯菜兼用型紫薯品种。该品种茎蔓粗短，分枝多，半直立生长，蔓长 80 ~ 100 cm。叶心脏形，复缺刻，叶色紫绿，顶叶紫红，茎、叶柄红色，叶柄长而粗，叶片大，产菜量大，叶菜美观、好吃、营养价值高，有较好的采用开发价值。薯块纺锤形，烘干率 28% ~ 30%，薯皮薯肉紫红色，熟后紫黑色，食味香甜，纤维少，富含抗癌物质硒、碘等元素。高抗茎线虫病、黑斑病，耐旱耐瘠薄、耐贮性好，萌芽性强。

【产量水平】春薯一般亩产 4000 ~ 5000 kg，夏薯 3000 kg。

【适宜地区】适宜在河南全省范围内及相同生态区种植。

【栽培要点】种植密度为春薯每亩 3000 株，夏薯每亩 3500 株。不翻藤，少施氮肥，增施磷钾肥，注意防治地下害虫。

五、叶菜用型

(一)福薯7-6

【品种来源】福建省农科院作物研究所以白胜为母本计划集团杂交选育的茎叶用型甘薯品种。2003 年通过福建省品种审定,审定编号:闽审薯2003002。2005 年通过国家品种鉴定,鉴定编号:国鉴甘薯2005002。

【特征特性】国内第一个通过省级审定和第一个通过国家鉴定的茎叶菜用型甘薯品种。该品种茎叶品质好,颜色翠绿,煮熟后食味清甜,无苦涩味,适口性好,食用方式与空心菜相同。藤蔓短,株型半直立,单株分枝 10 条左右,顶叶、成叶、叶脉、叶柄和茎蔓均为绿色,叶脉基部淡紫色,叶片心脏形,茎尖绒毛少;地下部结薯习性好,单株结薯 3 个左右,薯块纺锤形,薯皮粉红色,薯肉橘黄色,薯块食用较软、味淡。鲜嫩茎叶(鲜基)Vc 含量14.87 mg/100 g,粗蛋白(烘干基)30.8%,粗脂肪(烘干基)5.6%,粗纤维(烘干基)14.2%,水溶性总糖(鲜基)0.06%,烘干率22%~23%,出粉率10%左右。

【产量水平】一般每亩产早薯3000~3500 kg,晚薯2500 kg 左右。专用采收茎叶,平畦种植,每亩产鲜嫩茎叶 2500~3000 kg,盛长期平均每次每亩可采嫩茎叶 3500 kg 以上。

【适宜地区】适宜在福建全省范围内非蔓割病地块或相同生态薯区种植。

【栽培要点】选用无虫口的薯块作种薯育苗,假植繁苗后选用嫩壮苗种植。福建省南部 4 月底后、北部 5 月中旬栽插。采摘用一般每亩栽插1.5 万~1.8 万株,薯菜两用栽插 0.7 万~1.0 万株。整地起平畦时,亩施土杂肥 1000 kg,磷肥 10 kg,栽后 15~20 天,亩施尿素 5~10 kg,连续采收 2 次后每亩追施尿素 20~

30 kg、花生麸 25 kg，磷肥 25～30 kg 及钾肥 25 kg。缓苗后一周内摘心促进腋芽形成侧枝，每次采摘枝条茎部留 2 个节间左右，以保证再生新芽。光照过强时，应适当遮阴，防止纤维提前形成和增加，促进产量和食用品质的提高。注意斜纹夜蛾、玉米螟等食叶性害虫危害。

（二）福薯 10 号

【品种来源】系福建省农业科学院作物研究所以福薯 7－6 为母本，台农 71 为父本，经有性杂交选育而成。2008 年，通过国家品种鉴定，鉴定编号：国品鉴甘薯 2008008。

【特征特性】叶菜型甘薯品种。株型短蔓半直立，成叶心形，顶叶浅绿色，成叶、叶脉、叶柄和茎均为绿色。单株结薯 2～3 个，薯块纺锤形，薯皮、薯肉均为白色。茎尖无茸毛，烫后颜色绿色，有香味略甜、有滑腻感、无苦涩味。经检测，茎尖可食部分维 C 含量 31.49 mg/100 g。国家区试两年抗病性鉴定综合评价为中抗根腐病、中抗黑斑病、感蔓割病，食味鉴定综合评分 74.04 分，略高于对照福薯 7－6。

【产量水平】2005 年国家叶菜用型甘薯品种区试，平均茎尖亩产 1362.9 kg，比对照福薯 7－6 增产 2.7%，其中福建点茎尖亩产 1893.0 kg，比对照增产 1.2%；2006 年续试，平均茎尖亩产 2055.4 kg，比对照增产 8.3%，达极显著水平，其中福建点茎尖亩产 3645.3 kg，比对照减产 0.6%。两年平均茎尖亩产 1709.2 kg，比对照增产 6.0%，其中福建点茎尖亩产 2769.2 kg，与对照相当。2007 年福建省生产试验，5 个点平均茎尖亩产 2078.6 kg，比对照福薯 7－6 增产 4.7%。

【适宜地区】适宜在福建、广西、四川、河南和江苏等地种植，不宜在蔓割病重病地种植。

【栽培要点】当气温稳定在 15℃以上时进行排种育苗，茎叶菜用平畦种植,畦宽(含沟)1.2 m左右,畦高15~20 cm,种植密度亩植1.6万~2.2万株;留种用每亩种植0.4万株。扦插后前3天,每天浇水1次,保证水分充足。返苗后10天追一次肥,亩施尿素5 kg兑水浇施;25天左右可进行第一次采摘,采摘标准为茎尖15 cm以内鲜嫩可食茎叶,采摘时进行修剪保证分枝,并浇水至土壤湿润。此后10天左右可采收一次,每采摘两次后追肥一次,亩浇施尿素5 kg。及时防治害虫,尤其要注意防治斜纹叶蛾、红蜘蛛等叶片害虫的危害。

(三)湘菜薯2号

【品种来源】湖南省作物研究所以湘薯18号集团杂交选育而成。2016年通过国家农作物品种鉴定委员会鉴定登记鉴定编号:国品鉴甘薯2016031。

【特征特性】叶菜型专用品种。株型短蔓半直立,茎顶端无茸毛,顶叶色、叶色和茎色均为中等绿色绿色,顶叶心形,成叶为三裂片;薯块纺锤形,薯皮浅红色,烘干率28.1%,淀粉率18.1%,粗蛋白1.1%,还原糖4.8%,可溶糖1.8%,对黑斑病和蔓割病具有一定抗性,适应性强,产量稳定。薯肉白色,薯叶烫后颜色呈翠绿色,微甜有香味,带滑腻感。

【产量水平】2011—2012年通过品比鉴定试验,平均茎尖亩产比对照福薯7-6增产10.3%;2013年在湖南省长沙、慈利、浏阳通过多点鉴定试验,平均茎尖亩产比对照福薯7-6增产10.6%;2014—2015年通过国家区域试验,两年平均茎尖亩产比对照福薯7-6增产9.40%。

【适宜地区】适宜在湖南省、山东省、江苏省、河南省、四川省、浙江省、广东省、海南省、福建省和湖北省的甘薯产区春、夏两季种植。

【栽培要点】选择水肥条件较好且无病害的田块,平畦种植,

畦宽 1 m，畦高 15～20 cm，施用适量有机肥做基肥。每亩种植
1 万～1.2 万株，薯苗扦插成活后适时打顶促进分枝。适时采摘，
每隔 8～10 天采摘 1 次，采收茎尖长度 10～18 cm，每条分枝采
摘时底部应留 2～3 个节，采摘后要及时施肥、浇水。

（四）鄂菜薯 1 号

【品种来源】鄂菜薯 1 号系 2002 年从徐州甘薯研究中心引进
的 W-4 为母本，以水果型甘薯鄂薯 3 号为父本，进行定向杂交，
再从实生种子中选育而成。

【特征特性】叶菜型甘薯品种。该品种顶叶色、叶色、叶脉
色、茎色均为绿色，叶片心形，茎粗 0.28 cm，基部分枝数 10.8
个。鲜样蛋白质含量 3.28%，脂肪 0.39%，粗纤维 1.18%，干物
质 10.2%，碳水化合物 5.23%，灰分 1.34%，维生素 347.0 mg/
kg，类胡萝卜素 24.1 mg/kg，钙（干基）8.0 mg/kg，磷（干基）
6.0 mg/kg，铁（干基）209.0 mg/kg。

【产量水平】该品种 2007—2008 年两年分别在新洲、黄陂、
江夏和湖北省农业科学院等 5 点进行区域试验，对照品种为南薯
88。每年采摘 6 次，平均每次每亩茎叶产量 652.2 kg，居参试品
种第一位，比对照南薯 88 平均每次每亩茎叶产量增加 177.87 kg，
增产 37.5%。

【适宜地区】适宜与湖北全省范围内种植。

【栽培要点】选育壮苗，合理密植。茎尖菜用型甘薯栽培密度
一般以每亩 13.33 万～16.67 万株为宜，且以平畦种植为好；摘
心打顶，促进分枝。移栽后 12 天，应摘心打顶促进腋芽形成侧
枝，之后每次采摘后要在枝条茎部留 2 个左右的节间，以保证再
生新芽；适时采摘。一般移栽 25 天后开始封行，此时已有 10～
12 片舒展叶的嫩梢，就可以开始少量采摘，之后产量逐渐上升。

（五）广菜薯2号

【品种来源】该品种由广东省农业科学院作物研究所以湛江菜叶和广州菜叶进行有性杂交选育而成。

【特征特性】叶菜型甘薯品种。该品种株型半直立，萌芽性好，苗期长势较旺，中蔓分枝较多。顶叶绿色，叶尖心形带齿，叶脉、茎皆为紫色，茎尖无茸毛。薯形纺锤形，薯皮白色，薯肉白色。幼嫩茎尖烫后颜色绿色，略有香味和苦涩味、微甜、有滑腻感，食味品质优。室内薯瘟病抗性鉴定为中抗。田间表现中抗薯瘟病，抗蔓割病、根腐病、黑斑病，高抗茎线虫病。

【产量水平】2006年参加省区试，上部茎叶平均亩产1702.1 kg，比对照种福薯7－6增产7.87%，增产达显著水平。2007年复试，上部茎叶平均亩产2071.2 kg，增产9.84%，增产达极显著水平。

【适宜地区】适宜广东省灌溉条件较好的甘薯产区春、夏、秋季种植。

【栽培要点】选用无虫口的薯块作种薯，假植繁苗后选用嫩壮苗种植；畦宽100～130 cm，株行距20 cm×30 cm，亩植10000株左右；薯苗成活后摘心打顶促分枝，采收上部茎叶长度一般在15 cm以内，每条分枝被采摘时应留有2~3个节。

（六）福菜薯18

【品种来源】福建省农业科学院作物研究所和湖北省农业科学院粮食作物研究所利用泉薯830与台农71杂交选育而成。2011年通过国家品种鉴定委员会鉴定，鉴定编号：国品鉴甘薯2011015；2012年通过福建省农作物品种审定委员会审定，审定编号：闽审薯2012001。

【特征特性】叶菜型甘薯品种。株型短蔓半直立；叶片心形带齿，顶叶、成年叶、叶脉、叶柄和茎均为绿色；薯块纺锤形，薯皮黄色，薯肉淡黄色；茎尖无毛，烫后颜色翠绿，食味香、有甜味，入口有滑腻感。

【产量水平】2008—2009年参加国家甘薯新品种菜用组区域试验，两年平均每亩茎尖产量24.56 kg；2010年参加国家甘薯新品种生产试验，平均每亩茎尖产量3180.58 kg。

【适宜地区】建议在我国叶菜型甘薯区种植。

【栽培要点】适合于水肥条件较好、无病的田块种植，冬季进行塑料大棚种植（温度保持15℃以上）。茎叶菜用平畦种植宽（含沟）1 m，畦高15~20 cm，每亩种植16000~22000株。留种用每亩种植4000株。平畦种植整畦时每亩施用1500~2500 kg有机肥（杂肥）作基肥，薯苗扦插成活后打顶促进分枝。春、夏季种植时要注意浇水保湿，秋冬季种植要注意盖膜保湿，同时采摘后要及时补肥、浇水，定植后30天左右用手直接摘，嫩茎叶长15 cm以内，每条分枝采摘时应留1~2个节。平畦种植凡达到长度，嫩茎叶均可采收。

（七）薯绿1号

【品种来源】由江苏徐淮地区徐州农业科学研究所和浙江省农业科学院作物与核技术利研究所利用台农71和广菜薯2号定向杂交选育而成。2013年通过国家品种鉴定委员会鉴定，鉴定编号：国品鉴甘薯2013015。

【特征特性】叶菜型品种。植株呈直立，顶芽凸出，顶叶心形带齿，分枝多；顶叶黄绿色，叶基色和茎色均为绿色；薯块纺锤形，白皮白肉，薯块芽性好；大多数地点茎尖无茸毛，烫后颜色翠绿色，无苦涩味、微甜和有滑腻感；茎尖食味好，两年区试综合评分居第一位；耐湿耐水肥；抗蔓割病和茎线虫病，受食叶害虫和白粉病危害较轻。

【产量水平】2012 年生产试验,漯河、成都和儋州三点平均每亩收获茎尖产量 1774.54 kg,比对照增产 11.25%,三点食味平均得分 74.39 分,比对照高 6.27%。

【适宜地区】适合于全国根腐病、病毒病不严重的地区推广种植。

【栽培要点】选择肥力较好、排灌方便土层深厚、疏松通气、富含有机质的土壤,平畦栽培。施足基肥,选用壮苗。蔬菜专用一般每亩扦插 10000 株为宜。高温高湿、科学管理、成活后苗长 25~30 cm,进行打顶。生长最适温度为 18~38℃,该范围内温度越高其生长越快。每天早晚喷水 2 次,保持土壤湿度 80%~90%,以满足茎叶生长对水分的要求适时采摘,及时修剪植株:一般 7~10 天采收 1 次,保留 20 cm 以内的分枝,以保证养分充足供应,促进植株分枝及新叶生长。注意病虫害防治。采用高效、低毒、低残留的生物杀虫剂(如苦树藤素、甲维盐等)防治斜纹夜蛾、蚜虫、菜青虫等食叶性害虫。

第四章　甘薯大田栽培技术

第一节　甘薯垄作栽培技术

甘薯垄作栽培对甘薯增产与高产栽培具有重要意义。一方面，垄作加厚了土层，增加了土壤空隙度，改善了通气性，且吸热散热加快，昼夜温差大，降低夜晚的呼吸消耗。另一方面，垄作增加了地表面积和受光面积，增加了土体与大气的交界面，有利于田间降湿排水，以及光合产物在块根中的累积，促进块根膨大。

一、土壤准备

甘薯生长与土壤的关系极为密切，不仅需要从土壤中吸收养分与水分，而且块根也是在土壤中形成与膨大的。虽然甘薯的适应性很强，对土壤的要求不甚严格，在一般作物不能正常生长的瘠薄土壤上仍能获得一定的产量，但要保证高产稳产，必须具备耕层深厚、地力肥沃、质地疏松和保墒蓄水良好等基本条件。

（一）耕层深厚

耕作层（活土层）是甘薯块根膨大和根系密集的地方。耕作层深厚能贮藏和提供更多的水分、空气和养分，有利于甘薯根系伸展。甘薯根系可下扎 1 m 以上，但80%的根系分布在深 30 cm 左右的土层内。实践表明，耕层深度宜在 20~30 cm，超过 30 cm 增产幅度不大。土层 0~5 cm 处，由于水分不足，薯块难以生长；25 cm 以下土层通气性较差，亦不利于薯块膨大。

（二）疏松透气

土层疏松透气是甘薯高产的重要条件。甘薯根系的生长和块根的形成及膨大都需要充足的氧气，耕作层疏松，土壤中空隙多，有利于通气。当土壤中氧气不足时，呼吸作用降低，影响钾营养的吸收，导致甘薯植株体内 K_2O/N 含量比降低，不利于块根的膨大；若土壤通气性良好，可提高钾营养的吸收量，提高 K_2O/N 含量比值，则有利于光合产物向块根运转，增加块根中营养物质的积累。

（三）肥沃适度

土壤养分与甘薯植株体内养分的吸收量有着密切关系，即土壤养分含量高，植株中养分的吸收量也高，特别是土壤速效性养分含量是左右甘薯植株养分吸收量的主要因素。因此，土壤养分含量必须适宜，以使甘薯地上部、地下部协调生长，最终取得高产。

甘薯一般多种在旱薄地上，养分含量往往不足。因此，合理施肥是必要的。此外，甘薯对土壤的酸碱度要求不严格，在 pH 4.5~8.5 范围内均能生长，而以 pH 5~7 之间最为适宜，过酸或过碱则不利于甘薯生长，结薯数也会有明显减少的趋势。

（四）保墒蓄水

甘薯多种植于旱地，降水是其生长发育需水的主要来源，最大限度地积蓄水分、减少消耗、增加土壤含水量，是提高甘薯产量的重要措施。甘薯是旱生作物，虽较其他旱生作物耐涝，但雨水过多或田间积水，也会影响块根形成、膨大，降低产量和品质，甚至导致薯块腐烂。

二、机械作垄

（一）技术要点

起垄前对土地进行深耕处理，破碎土壤形成均匀小土块。选择适宜起垄工具，起垄方向要因地制宜，坡岗地的垄向与山坡垂直，平原地区以南北向较好。耕地含水量20%～40%能达到最佳作业效果，起垄方式和作业要求依据栽培方式调整；垄侧坡度角以45°为宜，有利于保肥、保墒和保持垄型的稳定性，也有利于甘薯块根生长。

（二）作垄方式

大垄单行：垄距1 m（含沟）左右，垄高0.3～0.4 m，每垄栽插一行薯苗。由于垄高沟深，便于灌溉与排涝，使结薯层能保持良好的通气状况，在易涝地块或多雨年份，增产效果较好；在多肥情况下，由于通风透光，不易徒长。因此，在生长期长、灌溉次数多的情况下，多采用大垄单行密植。

小垄单行：垄距一般0.7～0.9 m，垄高0.2～0.3 m，每垄栽插一行。小垄单行种植的甘薯植株分布比较均匀，茎叶封垄早，但因薯垄低小，在易涝或多雨年份容易受涝减产；在干旱年份，垄体易干透而影响植株生长；在多肥密植情况下，茎叶易出现徒长。

（三）常用起垄机介绍

1.1GQL－2型甘薯两行旋耕起垄机

该机是国家现代农业甘薯产业技术体系研发成果，由农业部南京农业机械化研究所研发，徐州天晟工程机械集团有限公司生产。该机与大马力拖拉机配套，可实现一次两垄作业，具有旋耕、起垄、镇压等功能，作业效率高。其采用三段式单翼过中起垄犁和侧向密封防护装置，有效减少甘薯起高垄作业中侧向壅土、降低对邻垄的影响。适用于平原坝区或丘陵缓坡地的沙土沙壤土、壤土、轻质粘土的甘薯起垄作业。

技术指标：配套动力：50马力以上；适宜单垄垄距：800～1000 mm；起垄高度：≥250 mm；起垄行数：2行；纯生产率：4.5～6亩/h。

2.100微型甘薯旋耕起垄机

该机由农业部南京农业机械化与重庆华世丹机械制造有限公司联合研制。

主要技术参数：作垄宽度：1000～1200 mm；额定功率：4 kW；起垄高度：≥250 mm；整机重量：120 kg（旋耕、起垄、行走等部件可根据需要变换）；纯生产率：0.6～0.8亩/h；适宜平原薄地、丘陵等地作业。

三、施肥技术

（一）甘薯需肥规律

甘薯生长对氮、磷、钾三要素的需求中钾最多，氮次之，磷较少，从土壤中吸收水分、养分趋势亦大体相同。甘薯整个生育过程中的不同生长阶段吸收氮、磷、钾的数量和速率有显著的差异，对氮素的吸收在生长的前、中期速度快、需求量大，主要用于茎叶生长，茎叶生产盛期对氮素的吸收利用达到高峰，后期茎叶衰退，薯块迅速膨大，对氮素吸收速度变慢，需求量减少；对磷素的吸收利用，随着茎叶的生长，吸收量逐渐增大，到薯块膨大期吸收利用量达到高峰；对钾素的吸收利用，从开始生长到收获均较氮、磷高，尤其以薯块膨大阶段最为明显。增施钾肥增产最显著，但过量地施用钾肥也会降低甘薯对钾肥的利用率和薯块的烘干率。

据研究每产 1000 kg 鲜薯，需氮（N）4.9~5.0 kg、磷（P_2O_5）1.3~2.0 kg、钾（K_2O）10.5~12.0 kg，氮、磷、钾之比约为1:0.3:2.1。根据多年试验调查，一般亩产鲜薯 1500~2000 kg，要求每亩施粗肥 2500~4000 kg；亩产鲜薯 2500~3500 kg，每亩施粗肥 5000~7500 kg；亩产鲜薯 4000 kg 以上，一般要求每亩施粗肥 7500~12500 kg，标准氮肥 10 kg，过磷酸钙 25~50 kg，草木灰 100~150 kg。

甘薯一生对必需的微量元素的吸收量虽然很小，但若土壤缺乏，甘薯正常生长就会受到严重的影响。若土壤有效锌含量在0.5 mg/kg 以下，则甘薯叶色淡、叶片小，分枝少，抗旱能力降低等；叶片镁含量低于 0.05% 时，即出现小叶向上翻卷，老叶叶脉间变黄等缺镁症。因此，生产上还必须密切重视土壤中微量元素的含量变化动态，倘若缺乏，需及时补充。

（二）施肥技术

1. 施足基肥

农家肥是一种营养全面，施用后分解缓慢、肥效作用时间长、适应甘薯生育期较长需要的肥料，还可以改良土壤、培肥地力、提高土壤基础产量。因此，基肥应以农家肥为主、化肥为辅，农家肥但要充分腐熟，防止带有病菌。基肥用量一般占总施肥量的 60% ~80%，具体施肥量为每亩产 4000 kg 以上的地块，一般施基肥 5000 ~7500 kg；每亩产 2500 ~4000 kg 的地块，一般施基肥 3000 ~4000 kg。同时，可配合施入过磷酸钙 15 ~25 kg，草木灰 100 ~150 kg，碳铵 7 ~10 kg 等。施肥方法则采用集中深施、粗细肥分层结合的方法。基肥的半数以上在深耕时施入底层，其余基肥可在起垄时集中施在垄底或在栽插时进行穴施，这种方法在肥料不足的情况下，更能发挥肥料的作用。基肥中的速效氮、速效钾肥料，应集中穴施在上层，以便薯苗成活后即能吸收。

2. 因地制宜追肥

根据不同生长时期的长相和需要确定追肥时期、种类、数量和方法，做到合理追肥。

（1）提苗肥

提苗肥是基肥不足和基肥作用缓慢的重要补充，一般追施速效肥。追偏肥在栽后 3 ~5 天内结合查苗补苗进行，在苗侧下方 7 ~10 cm 处开小穴，施入一小撮化肥（每亩 1.5 ~3.5 kg），施后随即浇水盖土，也可用 1% 尿素水灌根；普遍追施提苗肥最迟在栽后半个月内团棵期前后进行，每亩轻施氮素化肥 1.5 ~5 kg，注意小株多施，大株少施，干旱条件下不要追肥。

（2）壮株结薯肥

分枝结薯期地下根网形成，薯块开始膨大，吸肥力强，为加大叶面积，提高光合生产效率，需要及早追肥，以达到壮株催薯、快长稳长的目的，追肥时间在栽后 30 ~40 天。施肥量因薯地、苗势而异，长势差的多施，每亩追硫酸铵 7.5 ~10 kg 或尿素 3.5 ~4.5 kg 或硝酸铵 4.5 ~6 kg，硫酸钾 10 kg 或草木灰 100 kg；长势较好的，用量可减少一半。如上次提苗或团棵肥施氮量较大，壮株催薯肥就应以磷、钾肥为主，氮肥为辅；要氮钾并重，分别攻壮秧和催薯。基肥用量多的高产田可以不追肥，或单追钾肥。分枝结薯期是调解肥、水、气三个环境因素最合适的时机，施肥同时结合灌水，施后及时中耕，用工经济、收效也大。

（3）催薯肥

以钾肥为主，施肥时期一般在栽后 90～100 天。一是叶片中增加含钾量，能延长叶龄、加粗茎和叶柄，使之保持幼嫩状态；二是提高光合效率，促进光合产物的运转；三是茎叶和薯块中的钾、氮比值高，能促进薯块膨大。催薯肥如用硫酸钾，每亩施 10 kg，如用草木灰则每亩施 100～150 kg，草木灰不宜和氮、磷肥料混合。

（4）裂缝肥

容易发生早衰、茎叶盛长阶段长势差的地块或前几次追肥不足的地块，在薯蔸土壤裂开成缝时，追施少量速效氮肥，有一定的增产效果。一般每亩追硫酸铵 4～5 kg，兑水 500 kg；或用人粪尿 200～250 kg，兑水 600～750 kg，顺裂缝灌施。

（5）根外追肥

薯块膨大阶段，在栽后 90～140 天，是甘薯生长的后期，喷施磷、钾肥，不但能增产，还能改善薯块质量。用 2%～5% 的过磷酸钙溶液或 1% 的磷酸钾溶液，或 0.3% 的磷酸二氢钾溶液或 5%～10% 过滤的草木灰，在午后 3 时以后喷施，每亩喷液75～100 kg。每隔 15 天喷 1 次，共喷 2 次。

四、栽插技术

甘薯的栽插是甘薯生产的重要环节，包括栽插方式、栽插时间和栽插技术等，对甘薯茎叶和薯块生长、产量以及品质都有明显影响。

（一）选择壮苗

栽插壮苗，剔除弱苗。因为壮苗生活力强、返苗快、成活率高，长出的根多、根壮，吸收养分能力强。薯苗长度一般要达

20～25 cm，具有六个展开叶较好，薯苗太长则带的叶片较多，蒸腾面积大，返苗迟；而苗太短，则需要较长时间才能达到正常苗的长度，薯苗过长或过短都不利高产。

尽量使用第一段苗，切忌使用中段苗（第二、三段苗）。薯块常常携带黑斑病、根腐病菌及线虫病等，这些病原物会缓慢向薯芽顶部移动，但病原物的移动速度低于薯芽的生长速度，病原物大部分滞留在基部附近，顶苗则很大程度上避免了薯苗携带病菌。有些地方很少用薯块育苗，习惯用茎蔓多年连续繁苗，有的还用第二段苗，造成甘薯品种种性退化和产量下降，这也是海南甘薯连年低产的主要原因之一。

（二）适时早栽

甘薯的生长期由于前期低温和栽培制度的限制，以至各地区甘薯生长都有一定的时间范围。甘薯是无性繁殖作物，早栽可延长甘薯的生育期，生长时间越长，营养物质积累越多，产量就越高。可见，通过适时早插充分利用有限的生育时期是甘薯获得高产的关键。

甘薯生长所需的温度以当地平均气温开始稳定在15℃以上，浅土层地温达到17～18℃时为宜。不能片面地求早，以防幼苗生长迟缓、发僵和严重缺苗。湖南省甘薯生产在4月底至立秋前这段时间内，栽插愈早、产量愈高，随着插薯时间的推迟，产量明显下降。具体为：春薯一般在4月下旬开始栽插，5月中旬插完；夏薯在5月中旬开始栽插，6月下旬前插完；秋薯在立秋之前插完。

（三）合理密植

合理密植就是因地制宜的确定适宜密度，构成合理的群体结构，促进个体与群体的协调发展，最大限度地利用地力和光能，以充分发挥群体的生产力，提高单位面积产量。甘薯的单位面积产量是由株数、薯数和薯重三个因素构成的，因此，合理密植必须协调好株数、薯数和薯重间的关系，最终才能获得高产。

甘薯栽插密度应根据品种、土壤肥力、栽插期及栽插方法而定。一般短蔓、早熟品种宜密些；土壤肥力低，容易干旱或生育期短的夏薯，也应以较高的密度夺取高产。反之，长蔓、晚熟品种、水肥地及生育期较长的春薯栽种时应稀一些。另外，采用短苗直栽、斜栽时，宜密些；而采用大壮苗进行水平栽插时，可略稀一些。综合各地密度试验和生产实践的经验，目前我省一般春、夏薯每亩 3000 ~ 4000 株，秋薯每亩 5000 ~ 6000 株为适宜的密度范围。

（四）栽插方法

栽插方法与结薯数的多少、大小以及产量高低有密切关系，生产上常见的栽插方式有直插、斜插、水平插等。

1. 直插法

薯苗较短，仅 25 ~ 30 cm，垂直插入土中 2 ~ 3 个节，其余在土外，栽插深度 8 ~ 10 cm。由于插苗较深，能吸收下层水分和养分，故较抗旱耐瘠，成活率高，且省工。直插法结薯多集中在上部节位，下部节位土壤条件差，结薯很少。同时，入土节数不多，单株薯数较少，但如适当增加密度，也可弥补单株结薯数少的不足。直插在较差的生产条件下产量较稳，尤其多适于在易旱的瘠薄地栽培。

2. 斜插法

苗长 25 cm 左右，插入土中 3 ~ 4 个节，与地面呈一定斜角，苗尖露出土表 2 ~ 3 个节。斜插既能抗旱又易成活，山岭坡地或砂土地等均可采用。此法栽插较简易、且省工。单株结薯比直插多，靠近土表易结大薯，下部结薯较少、较小，薯块大小不匀，但结薯数较直插多且大。如能合理密植，增加单位面积株数，便可增加总薯数和总薯重，也能获得高产。

3. 水平插法

薯苗长 23~27 cm，栽插时先在垄面开 5 cm 左右的浅沟，将薯苗水平放入沟中 3~5 个节，盖土压紧后外露 2~3 个节，让叶片多数在土外。由于插苗较浅，入土节位都处在良好的土壤环境中，薯块形成早，膨大快，同时在土中节数多（又称地下密植），深浅一致，所以结薯也多，大小均匀，产量亦高。所以，水平插多适于水肥充足、多雨湿润地区应用。

甘薯栽插最好选择阴天土壤不干不湿时进行。晴天气温高宜于午后栽插，大雨天栽插容易形成柴根，影响产量，应当避免。栽插深度 10 cm 左右即可，砂质土稍深些，壤质土可浅些；墒情好稍浅些，墒情差可深些；气候干旱时可深些，阴雨天气稍浅些。不论采用哪种方式栽插，封土时薯苗露土的苗尖必须保持直立，以保全母叶，促进还苗。因为空气温度较土表温度低，叶面蒸腾量少，有利保苗。若露土茎叶与土表接触，由于中午前后土表的最高辐射使叶面的蒸腾加剧，使甘薯体内水分失去平衡，从而使植株发生萎蔫，甚至死亡，在生产上也是造成小株的原因之一。

（五）机械移栽

作物的半自动化移栽领域的研究已经比较成熟，链夹式、钳夹式、导管苗、挠性圆盘、吊杯式、夹取式栽植器等已经可以满足不同作物的移栽农艺要求。甘薯的种植农艺方式包括水平栽插法、斜插法、直栽法、舟底形栽插法、压藤插法等。链夹式、钳夹式栽植器配置相应的调整装置可以满足垄作斜插、直栽、舟底形栽插的农艺要求。对于膜上种植的甘薯则应采用夹取式栽植器，相应成本较高。

1. 技术要点

合理密植，每亩插植2500～4000株；机械化起垄，保证起垄的作业质量要求；移栽机配备包括水箱以及点施浇水控制的装置，解决甘薯一般选择在雨后土壤湿润时栽插或非雨天栽插后浇水问题；较大的地块，单垄单行移栽要求机械化起垄，单行链夹式移栽机，先栽后浇水；大面积单垄单行移栽推荐采用机械化起垄，移栽机组配水车同步浇水；单垄双行移栽，可以配双行移栽机小面积膜上移栽，采用夹取式移栽机，成本较高。

2. 移栽机械

(1)2ZQ–1甘薯移栽机：该机由南通富来威农业装备有限公司生产，农业部南京农业机械化研究所试验筛选。该机为链夹式移栽形式，为单元组配式结构，可根据用户需要增加单元数，实现一次完成单行至多行的移栽。该机由悬挂架、多层放苗架、苗箱、施肥装置、链夹机构、开沟放苗机构、回土镇压取功装置等组成，配套动力为20～30马力。移栽时人工将秧苗放置在转动的链夹上，秧苗被夹持并随着压土取功盘转动，到达苗沟时，链夹被打开，秧苗落入苗沟，然后覆土，完成栽植过程。该机可通过更换不同齿数的链轮以实现栽植株距的调节。

主要技术参数：配套动力：20～30马力；作业行数：1行(可根据需要组配扩增至数行)；适宜单垄垄宽：800～1000 mm；适宜株距：230～350 mm；栽植深度：50～100 mm；纯生产率：1.0～1.5亩/h。

(2)2ZGF–2型甘薯移栽复式作业机。

该机为国家甘薯产业技术体系研发成果，填补了国内技术空白，突破了传统甘薯机械移栽先旋耕整地起好垄，然后再由拖拉机牵引移栽机进垄地栽插作业的习惯，可一次完成旋耕、起垄、破压茬、栽插、修垄等作业，有效解决了当前甘薯种植中拖拉机与种植垄距的匹配性差、下田作业次数多、压垄伤垄、二次修垄、茬地难栽插等难题，为国内甘薯栽插提供了一款适用机型和一种技术思路。适用于平原坝区或丘陵缓坡地的沙土、沙壤土、壤土、轻质粘土的甘薯栽插作业。

主要技术参数：配套动力：75 马力以上；适宜垄距：900 mm；栽后垄高：≥200 mm；作业行数：一次两行；株距：200~300 mm；栽插深度：60~100 mm；栽插速度：25~30 株/（min·人）。

五、中耕管理

在甘薯生长过程中必须根据各生长阶段的生育特点，创造适宜的环境条件，运用各种管理措施促进或控制茎叶生长，以协调地上部和地下部的矛盾，从而达到增产提质的目的。但许多地方的甘薯多种在干旱、土层薄、肥力低的地块，有些地方则是连年种植甘薯，土壤得不到轮作和休闲，保水保肥能力降低，土壤的水肥条件满足不了甘薯高产的生长要求，是目前甘薯低产劣质的主要原因之一。

（一）查苗补苗

甘薯栽插后常因干旱、弱苗等原因，造成死苗缺株，因而需要进行查苗补苗，保证全苗。查苗补苗愈早愈好，宜在插后 4~5 天内进行。补苗时要选择壮苗补插，并浇透水，成活后追施"偏心肥"，促进其早发棵以赶上先栽的植株。

（二）中耕除草

中耕可以消除杂草，疏松土壤，提高地温。中耕时间在栽后 10 天至封垄前，一般进行 2~3 次，如遇多雨导致垄土潮湿或杂草多时，还要增加中耕次数。中耕深度应根据甘薯不同生长期的根系发育情况而定，一般是由深到浅，上浅下深。甘薯生长初期，根系刚开始发生，分布较浅，范围也窄，因而初次中耕可达

7 cm 左右，但在植株附近宜浅些，以免伤根。随着根系生长，分布逐渐深广，特别是块根开始形成后，为了不损伤根系和块根，中耕深度随之渐浅，一般以 3 cm 左右为宜。中耕时，要注意锄匀、锄透、不漏锄，这样才能达到增产的目的。

(三)藤蔓管理

目前甘薯选育多是以短蔓和茎蔓发根少为目标，生产上一般不提倡翻蔓。因为，翻藤提蔓一是因机械损伤导致叶面积减少，降低了茎叶制造养分的能力；二是茎叶受损后刺激腋芽萌发，新枝新叶成倍增长，消耗大量养分，使输送到块根的养分大大减少。但若在连续大雨后或连绵阴雨天时，容易引发甘薯茎蔓徒长和滋长新根，这会增加营养损耗，并且中后期的新根难结薯，就算成薯也很小，应适当翻蔓控长和抑制茎蔓长根。翻蔓应是提蔓断根，轻放回原位，不可翻乱茎叶的原有正常分布，特别是茎叶反放，需较长时间才能恢复，严重影响光合作用和产量。

(四)早施提苗肥，巧施壮株肥

为了促进幼苗和根系快长，保证苗匀苗壮，平衡大小株，常在栽后发棵前结合浇水施提苗肥。常用人畜粪尿兑水 2～3 倍，每亩施 500～800 kg，栽后浇于苗穴附近，或在插后 7～10 天，追施少量速效性氮肥。施提苗肥要做到小苗多施、大苗少施或不施。

在茎叶生长盛期以前，为促进早结薯早封垄，要巧施壮株肥。如果基肥和前期追肥足，幼苗生长良好，壮株肥可少追或不追，如需追施，应以栽后 30～40 天薯块形成后追施为宜；基肥不足或前期追肥少，以及旱薄地则应在栽后 20 天施用，用量亦可多些。本次施肥以氮素为主、钾肥为辅。一般亩施氮素化肥 10 kg，或腐熟人畜粪尿 1000 kg，适当配合一部分钾肥施用。

（五）防旱、抗旱

甘薯虽然具有较强的耐旱能力，但干旱阻碍茎叶生长和薯块的膨大，对产量影响极大。湖南省夏、秋干旱发生频繁且旱情较重，为减少干旱的危害，可结合中耕，在薯行间覆盖稻谷壳、作物秸秆等，以减少土壤水分蒸发，有灌溉条件的地方，可在早晨或傍晚进行灌水，但在甘薯收获前一个月要停止灌溉。低洼易涝地块或多雨地区，除在整地时做到高垄深沟和开好排水沟外，生长期间还应根据雨水情况及时排水，防止垄土过湿和甘薯受涝。

第二节　专用型甘薯栽培技术

一、能源及淀粉加工型甘薯栽培技术

我国是世界上最大的甘薯生产国家，每年种植面积约9000万亩，年生产量约1.2亿吨，占世界甘薯总产量的85.9%，这对保障我国粮食与能源安全起了重要作用。随着甘薯综合利用的发展，尤其是能源及淀粉加工型甘薯，作为生物质能原料越来越受到人们的重视。湖南省甘薯有超过40%用于加工，目前加工用原料仍存在较大的需求缺口，且以专用型甘薯品种为主，其中淀粉类产品是市场消费主要类别。近年来高淀粉型甘薯生产模式有较大变化，传统散户为主体的人工种植模式逐渐转变为生产大户或者生产合作社为主体的机械化、轻简化生产模式，这主要得益于高淀粉型品种与配套农机的推广应用。

（一）选择良种

选择高产、高淀粉的淀粉专用甘薯良种，如湘薯98、徐薯

22、徐薯 25、湘薯 20、商薯 19 等。

(二)适时育苗

能源及淀粉加工型甘薯高产示范以春薯为主(4 月中旬—5 月中旬定植),夏薯为辅(5 月下旬—6 月下旬定植),一般在 3 月上中旬排种育苗。

(三)作垄

小垄单行:适于土壤贫瘠、土层较浅的山地或坡耕地,垄带沟宽 80 cm,垄高 30~35 cm,每垄插苗一行;

大垄单行:在多雨水地区或易涝耕地一般采用大垄单行,垄带沟宽 1 m,垄高 35~40 cm,每垄插苗一行;

大垄双行:适于土层深厚的高产薯田,垄宽、垄高与大垄单行种植相似,每垄交叉插苗 2 行。

(四)合理密植

应根据品种特性、土壤肥水条件、栽插期及栽插方法,并结合各地栽培经验来确定甘薯栽插密度。

1. 净作

一般春薯亩栽 3500 株,株距 35~40 cm;夏薯亩栽 4000 株,株距 33 cm 左右。

2. 与玉米间作

玉米选用半紧凑型良种,3 月中下旬播种育苗,4 月中下旬实行宽窄行、东西向移栽,宽行 1.33 m,窄行 33 cm,株距 24 cm,每亩栽玉米 3000 株左右。甘薯实行起小垄栽植,在玉米宽行中间起一小垄,垄宽 66 cm、高 15 cm,垄沟 33 cm,垄上行距 50 cm,春薯每亩栽 2400 株,株距 33 cm;夏薯每亩栽 3000 株,株距 24 cm。

（五）栽插方法

直插法：薯苗一般为 4～5 个节，将苗段垂直插入土中 2～3 节，1～2 节露于土外，苗茎入土较深，可吸收较多下层水分、养分，抗旱能力较强，成活率也较高。但入土节数少，单株结薯数也就较少，应适当密植，以弥补单株结薯少对产量的影响；

水平插法：将薯苗平插入土 3～5 节，外露 2～3 节，苗段入土节数多，入土节盖土较浅，结薯节位较多，有利于早结薯，多结薯，但栽插费工、用苗量多、不耐旱，适用于水肥条件好的薯地；

斜插法：将薯苗斜插入土 3～4 节，2～3 节露出土外，抗旱性能、成活率和单株结薯数均介于直插法与平插法之间。

（六）平衡配套施肥

施肥原则是：控氮、稳磷、增钾，推广使用腐熟有机肥、生物菌肥和优质叶面肥；以农家肥为主、化肥为辅；基肥为主、追肥为辅；追肥以前期为主、后期为辅。

（七）田间管理

1. 查苗补栽

薯苗栽插后，常因日晒、病虫危害或栽插手法失误等引起少量死苗缺株，需要补苗。查苗补苗应在栽插后一周内进行，以确保全苗和个体间均匀生长，补苗应选用壮苗补插，同时浇透水护苗。补苗成活后用 2% 碳酸氢铵水溶液浇施，促使其快发速长，以上正常栽插苗。

2. 中耕除草

甘薯还苗后至封垄前应进行 1～2 次中耕除草，做到先深后浅、垄沟深锄、垄面浅锄、消灭杂草。同时注意保持垄型，将塌土和沟中泥土壅培上垄，防止露根、露薯，减少虫鼠危害，排水防渍。培土厚度以 4 ~ 5 cm 为宜，不能过厚，以免降低垄内土壤通透性，影响结薯及薯块膨大。

3. 水分管理

遇晴天栽插薯苗时，应浇水护苗，每天浇水 1 次，连浇 2 ~ 3 天，以促进薯苗发根成活。分枝结薯期遇干旱，应灌 1 ~ 2 次"跑马水"，保证分枝结薯期水分供应。生长中后期薯块迅速膨大，需水量大增，遇干旱应每周灌"跑马水"1 次，但收获前 15 天停止灌水。多雨时段要注意清沟排渍，防止垄土过湿，以免影响薯块形成和膨大，尤其是后期薯田积水会降低块根出粉率，严重积水时会导致烂薯。

4. 藤蔓管理

在肥沃土壤上种植长蔓型品种，或多雨潮湿季节与甘薯植株旺长时段重叠时，可对薯株进行摘心，以促进分枝、抑制徒长。但在瘠薄地或易旱坡地上种植甘薯，或栽培品种为短蔓薯种时，则不提倡摘心，以免影响其地上部生长而减产。整个生育期不需要进行翻蔓、提蔓操作，若地上部薯藤长势过旺，每亩可用 15%多效唑 50 ~ 75 g 兑水 50 ~ 75 kg 喷洒茎叶进行化学调控，并适当提蔓，扯断茎节上的不定根，控制营养的吸收，来/以确保薯块产量。

5. 病虫害综合防治

甘薯病害综合防治措施：(1)选用抗病品种；(2)加强种薯和种苗调运检疫，选用无病区的种薯和种苗；(3)选用脱毒种苗，培育无病壮苗；(4)做好薯苗防病处理；(5)实行水旱轮作，加强水肥管理，增施草木灰和石灰，注意田间排水，合理密植，增强薯田通透性。

（八）适时收获

收获适期主要根据当地的气候条件、耕作制度和薯块用途来决定，一般在 10 月下旬（寒露至霜降之间）。此时日均气温已接近 15℃，转运至块根的地上部养分趋于停止，块根已基本停止膨大，块根淀粉含量处于最高值，即可开始收获，并在霜前结束收获。在采收开始前先用镰刀割除薯藤，并捆扎成适宜的小捆。经晾晒或糖化处理后用作牲畜饲料。块根采收方法有手工挖取和机耕采收两种，刚采收的薯块需适度晾晒去除表面水分。采收操作应做到轻挖、轻放，以减少薯块破伤，防止腐烂。采收完成后，应及时加工制取淀粉，避免因长时间储藏而薯块淀粉含量降低。

二、茎尖叶用型甘薯高产高效栽培技术

长期以来人们较重视甘薯地下部分块根的利用，对地上部分的茎叶多作为饲料，对具有营养保健功能的甘薯茎尖嫩叶研究及开发利用较少。近年来，人们对甘薯茎叶的营养保健作用倍加重视，形成了食用甘薯茎尖嫩叶的热潮，甘薯已由原来单一的食用块根型向食用茎叶型、食品加工及饲料等多用途方向转变。

菜用甘薯没有明显的生育期，因而可以周年生产。茎尖叶用型甘薯在 6—10 月高温多雨季节生长速度快，10～15 天即可采摘 1 次，可连续采收 7～10 次，每亩产量 800～1000 kg，按目前本地市场价 8～10 元/kg 计，平均每亩纯收入可达 5000 元以上。目前长沙县郊区茎叶菜用甘薯种植面积已超过千亩，茎尖嫩叶的上市不仅丰富了夏秋蔬菜上市种类，而且管理成本低、经济效益和社会生态效益提升极为显著。

（一）品种选择

选择株形直立，分枝多，节间短，再生能力强，生长速度快，

叶色翠绿，叶面光滑，尖端茸毛少，无苦涩味，茎尖脆嫩，含纤维少，适口性好，产量稳定，有较强的抗热性和耐寒性，耐湿抗病性强的叶用型甘薯良种，如福薯 7 - 6、福薯 10、湘薯 18、台农 71、湘菜薯 2 号等。

（二）耕作施肥

选择土壤肥力中等以上、排灌方便、土层深厚、疏松通气、富含有机质的地块，如菜园地等较肥沃土壤为佳，大田栽培每亩施腐熟厩肥 2500 kg 或进口三元复合肥 100 ~ 150 kg 作基肥。做宽 1.2 ~ 1.5 m 的畦，沟深 0.35 m，以防田间积水。

（三）育苗移栽

1. 适时育苗

长江流域薯区，露地栽培一般在 3 月中下旬（设施栽培可提前 1 个月左右）播种育苗。育苗地应选择地势高、避风向阳、排灌良好、阳光充足地块。

2. 合理密植

按株距 18 ~ 20 cm，行距 20 cm 栽苗，每亩栽 1.5 万 ~ 1.8 万株。采用斜深插（深度以苗的 3/5 为宜）的方法，既有利于幼苗成活又利于抗旱，保证全苗。缓苗后摘心以促进分枝，每亩追施发棵速效肥（含氮 46% 的尿素）10 ~ 15 kg。

3. 栽后管理

扦插后 1 周，薯苗成活后，及时查缺补苗，保证苗全和苗均匀生长，施稀薄人粪尿（浇灌）。栽后 20 天左右，结合中耕除草，施尿素 10 kg/亩，促进茎叶生长；勤浇水，保持土壤湿度 90% 左右，以满足甘薯茎叶生长对水分的要求。

（四）田间管理

1. 中耕除草

栽插后 15 天至封行前，一般进行 1 ~ 2 次中耕培土。第一次中耕宜深，以后随着地下部分生长势的加强，中耕深度宜渐浅，以利于根部的健康发育。在生长期间，要及时拔除杂草和防治病虫害。如遇干旱，应及时浇水抗旱。

2. 摘心打顶，促分枝

不同季节扦插的薯苗，其封行时间不一，春季在 35 天左右，夏季在 25 天左右，秋季在 28 天左右。封行后应及时摘除植株顶尖，因为摘除顶尖能有效控制蔓长，促进分枝发生，并使株型疏散，改善植株群体受光条件，增强群体光合效能，这也是提高蔬菜产量的关键技术。一般在薯苗移栽成活后 15 天左右，摘除每根藤蔓的顶尖，只保留地上部分 3 节的长度，让其发芽分枝，待分枝长出 3 节后，再次摘除侧枝顶尖，保留 3 节长度，此时植株已达到理想的分枝数，待茎尖再长出后，就可以开始采摘茎尖食用。

3. 调温控湿遮光，提高品质

茎尖菜用甘薯生长最适温度为 18 ~ 30℃，在这范围温度越高其生长越快，夏季高温时，则可以采用遮阳、喷雾降温等方式将温度控制在此范围内，30℃ 以上高温时叶片蒸腾量大，光照过强，则易使纤维提前形成和增加，适当遮阴有利于产量和食用品质提高。到 10 月 1 日前后，温度下降，需再换上薄膜保温。采取小水勤浇的措施进行频繁补水，有条件的可采用喷灌，保持土壤湿度 80% ~ 90%，以满足茎叶生长对水分的要求。

4. 病虫草害防治

以农业防治为主，药剂防治为辅。主要虫害是生长后期斜纹夜蛾的发生为害，可在低龄期（3 龄幼虫）前，每亩用 5% 抑太保乳油 30~45 mL，或 20% 螨胶悬剂 60 mL 兑水 50 kg 均匀喷雾。扦插前 2~3 天清除杂草，每亩用 90% 禾耐斯（乙草胺）乳油 45 mL 兑水 50 kg 喷雾畦面，中后期结合中耕进行除草。

（五）采收及采后管理

1. 及时采收

甘薯茎叶菜用以幼嫩的茎叶为产品，组织柔嫩，含水分高，较易萎蔫脱水，同时又要求保持较高的产品档次。因此必须及时收获，并尽量缩短和简化产品运输流通的时间和环节。栽后 20 天左右，甘薯茎叶就可以少量采摘，采摘可用剪刀或用手直接摘取，适宜的采摘茎尖长度为 12 cm 左右，茎尖完全开展的叶片数为 4~6 片，产量逐渐上升，采摘间隔时间为 10~15 天。应根据蔬菜市场供求情况和当时的气候情况分期分批采收，以调整价格和保证长期供应。采摘宜在早晨日出前进行，一方面可保证当日供应新鲜薯苗，另一方面茎尖生长主要在夜间，此时茎尖收获较脆嫩。采摘完叶片的长蔓应及时修剪，保留 20 cm 以内的分枝，以保证养分充足供应，促进植株分枝及新叶生长。

2. 采后管理

每次茎尖采摘后应加强田间管理工作，采摘当天不宜马上浇水施肥，才能利于植株伤口愈合，防止病菌从伤口侵染植株。第 2 天便可修整藤蔓，清除老、病、残枝叶，同时除草、浇水、施肥、进行病虫害防治，确保藤蔓生长对水肥的需求，肥料以氮肥为主，用量为尿素 5 kg/亩，或施稀释 2~3 倍的人粪尿 1 t/亩。

（六）留种贮藏

由于茎尖叶用甘薯系块根繁殖作物，几次采收后，地上部茎叶生长较快，地下部生长消耗相应增加，易导致条状薯发生。因此，留种薯的地上部分不可采摘，以防止条状薯产生，影响留种。

应在霜前选晴朗天气采收种薯，力求做到四轻：轻挖、轻拿、轻运和轻放，尽量减少薯块损伤，以提高种薯的贮藏效果。种薯应选择大小匀称的薯块（以 200～250 g 为宜），并经严格检查，剔除破伤薯、病虫薯、裂薯、受冻薯等。

（七）秋冬季温室大棚菜薯栽培技术要点

选择福薯 18、湘菜薯 2 号等适宜湖南地区种植的茎叶菜用型甘薯品种。

大棚每亩施腐熟厩肥 2500 kg 或进口三元复合肥 100～150 kg 作基肥。

一般在 9 月中下旬栽插，确保霜降前薯苗能增生 4～8 节，在冬季才能保证较强的生命活力。可以从前茬薯苗或者专用苗床选择健康薯苗进行移栽，移栽方法与春夏季茎叶菜用甘薯相同，栽插密度可增加至 2 万株/亩。

水分和温度是保证越冬苗安全成活的关键。10 月份以后，选择最高气温 15℃，土壤水分 60% 时扣棚，可在大棚内加盖一至两层地拱膜，或者铺设地膜、地热线来维持土壤水分，保证最低棚温。气温低于 15℃ 时其茎叶生长停滞，低于 6～8℃ 则呈萎蔫状，会受到明显的霜冻型伤害而大面积死亡。冬季连续阴雨天气时根据实际条件应适当补充光源。

薯苗新增 5～6 节以上即可酌情采摘，采摘过程应注意防寒。管理条件较好时可在春节期间投产，2—4 月期间具有较高的市场红利。

2 月份以后气候回暖，薯苗生长速度加快，应及时撤除内拱膜，晴朗天气时在中午可提供太阳直射条件。2—3 月期间应防止倒春寒造成的冷、冻害。大棚菜薯可投产至 4 月底，应及时清理温室大棚，不建议直接用作春夏菜薯生产。

三、极早熟迷你型甘薯高产高效栽培技术

郊区农业是城市行政辖区内的市区外围地区，以提供蔬菜、副食品满足城市居民需要为主的农业，是一种特殊的农业地域类型。郊区农业是伴随城市的出现和发展而形成的，其地域大小往往取决于城市人口规模。在郊区农业的布局上，近郊以生产蔬菜、肉、乳、禽、蛋、水产品、果品、花卉等为主；远郊以生产粮食、经济作物等居多。

近年来，甘薯市场需求与日俱增，迷你型甘薯价格居高不下，发展前景非常好，迷你型甘薯采用无公害高产高效栽培模式，一般迷你型甘薯亩产 1000 kg，产品经高压冲洗、凉干、贴牌、装箱等工序后多销往长沙、北京、上海、深圳等地的宾馆、超市，每千克价格 6.0 元，亩产收入 3000 元，扣除育苗、化肥、人工等费用，每亩纯效益在 2400 元以上。种植、推广迷你型香薯是发展特色产业、促进农民增收的有效途径。

（一）基地建立

在适宜甘薯生产区内，选择交通便利、远离交通主干道，环境无污染，水源和土壤质量符合《无公害农产品生产技术规范》要求，地势平坦，排灌方便，土壤质地疏松肥沃，通气性好的砂壤土地，群众科学种植技术较高的地区建立生产基地。湖南省长沙市郊区各鲜食用迷你薯种植企业多位于远郊区，距离市区 2～3 小时车程，种植面积过万亩，完全按照有机食品的要求进行标准化流程管理，保证了迷你薯从农田到餐桌的天然、安全、营养、健康。

（二）品种选择

根据市场需求以及近几年的实践经验，选用了适宜当地种植

的品质优、产量高、抗逆性强、薯形美观、商品率高、早熟性能好的食用型甘薯品种。目前，主推品种有湘薯 17、湘薯 19、心香、广薯 87、龙薯 9 号、普薯 32 等。

(三) 培育壮苗

适时育苗，排种后至出苗前，保持床土湿润，床温 30~35℃，最高温度不超过 37℃；苗出齐后至采苗前 5 天，床温保持在 25~30℃，当中午温度高于 30℃时要适时揭开薄膜两端通风降温，以防烧苗；采苗前 3~5 天，适当降温来炼苗和培育壮苗。

(四) 整地起垄

结合整地施足有机肥，采用甘薯起垄机起垄，起垄规格：垄距 60 cm，垄高 20~25 cm，垄端行直，垄型饱满，垄面平整。

(五) 平衡施肥

以基肥为主，基、追肥比例以(70~80):(20~30)为宜；氮磷钾配合施用，重施有机肥、钾肥，高产田块施肥量：基肥亩施腐熟有机肥 2500~3000 kg，尿素 15~20 kg、磷肥 30~50 kg、钾肥 15~20 kg，或复合肥 30~50 kg。高肥田取下限，中肥田取上限。

(六) 适时栽插

一般在 4 月上旬至 8 月上旬，根据市场行情和公司订单，采用"一插二卧三抬头"的改良水平栽插法进行剪苗种植。栽插时，先挖窝，后浇水，再栽苗覆土。由于入土各节结薯条件基本一致，所以各节大都能生根结薯，很少空节，配合较好的水肥条件，能发挥其结薯多而均匀的优点，获得高产。

（七）合理密植

采用小垄单行种植，株距 25~30 cm，垄距 60 cm，栽插密度为 5000~6000 株/亩。

（八）田间管理

栽插后及时查苗，发现缺苗、死苗，要立即补栽。封垄前浅锄除草，中耕培土。培土应做到不压藤蔓，不损伤茎叶。封垄后根据长势适量进行叶面喷肥，可选用 0.5% 尿素或 0.2% 磷酸二氢钾或 20% 过磷酸钙液及叶面肥。干旱天气及时灌水补墒，雨天遇涝及时排水。雨后及时提蔓，控制茎蔓旺长，严禁翻蔓和使用化学抑制剂。

（九）适时收获、贮藏

迷你型甘薯生育期较短，多为 60~90 天。应根据公司订单以及迷你薯生长发育情况，选晴好天气进行机械收获。对于做种用种薯则在秋季 10 月中下旬至 11 月上旬适时收获。贮藏前，精选剔除病、烂、伤、残薯，实行"八不要"：薯块受霜冻的不要；带病的不要；严重断伤和碰伤的不要；大田生长后期受涝渍的不要；露头青的不要；虫孔多的不要；严重开裂的不要；在露地放置过久的不要。入窖时做到轻起轻运，当天收获当天入窖，不宜在地里放置过夜，以免遭受冷害。贮藏期间管理要经常检查，调节好温、湿度，窖温控制在 10~13℃，湿度保持在 85%~95% 左右。

四、高花青素型甘薯高产高效栽培技术

紫薯又叫黑薯，薯肉呈紫色至深紫色。它除了具有普通红薯的营养成分（丰富的淀粉、蛋白质、脂肪和多种维生素）外，还富

含硒元素和花青素。由于营养价值高,用途广,紫薯在国际、国内市场上十分走俏,已成为当前非常流行的一种保健食品,同时还是一种非常重要的化工原料,近年来不断受到人们的青睐,栽培面积不断扩大,发展前景非常广阔。湖南省一些地方,种植紫色薯已成为农民调整种植结构、实现增收致富的一条好途径。

(一)品种选择

紫色甘薯按用途可以分为鲜食型和加工型,选种时根据栽培的目的具体选择。鲜食型的选择口感好、色素含量适中、抗病性好、薯型美观的品种;加工型的选择色素高、抗病性好、干率高的品种。

(二)育苗

早育、育足壮苗,形成既早又粗壮的不定根,是幼苗成活快、结薯早而多、产量高的基础。为了防止紫甘薯黑斑病等病害的发生,育苗前要严格把关,选择无伤痕、无病斑的薯块作种薯。

(三)深耕作垄

紫甘薯对土壤适应性广,要达到高产一般选择疏松肥沃、有机质较高的砂质土壤。因紫甘薯块根伸长性强,块根膨大需要深厚疏松的土地,要获得高产,须在春季解冻后深耕耙糖保墒,移栽前拣净根茬,打碎颗粒,结合施肥防虫(土壤处理)、起垄一次过手。作垄的方式有单垄单行(垄距60~70 cm含沟,株距20~25 cm)、单垄双行(垄距120 cm含沟,株距25~30 cm)等。

(四)田间管理

1.前期管理

重点是查苗补苗,防止缺株断垄,及时用大苗、大蔓补栽,保证密度。扦插后 10 ~ 15 天进行第一次中耕,结合追肥。在肥水条件较好、长势旺的地块将薯苗摘顶,以促进茎基部分枝,利于多结薯、结大薯。该品种需肥量大,在扦插后 30 天左右,对于地力较瘠薄的地块,结合破垄晒白,每亩追施复合肥 5 ~ 7 kg。

2. 中期管理

(1)注意除草

在中后期一般小草生长受到抑制,主要危害是高秆杂草,要及时拔除。杂草太多不但和甘薯争养分,还会影响甘薯光合作用,导致藤蔓间通风透气差、呼吸加剧、养分积累少、产量严重降低,杂草多还会影响机械化收获。

(2)一般不要翻蔓

翻蔓会严重打乱甘薯生长秩序,在翻动过程中容易折断藤蔓,造成减产。同时翻蔓还会消耗大量工时,提高种植成本。一般个别藤蔓接地生根不会影响产量,适当的提蔓就可以了。

(3)适当控制生长

中后期藤蔓生长已经成形,如果太旺盛将会影响养分向地下部转移,进而影响块根产量,此时很难控制,可适当喷施缩节胺等调节剂控制,但不能起到根本性作用。理想的藤蔓结构是大部分分枝直立或半直立,尽量减少接地藤蔓比例,提高冠层高度,保证透气良好,从上部观察能看到 5% 的地面。

(4)合理追肥

如果藤蔓生长缓慢,能看到 10% 以上地面,藤蔓短、叶片小,在收获前 40 ~ 60 天可用复合肥稀释浇根部,肥料用量每亩折合磷酸二铵 3 ~ 5 kg,硫酸钾 2 kg,注意稀释倍数要高,防止烧根。如遇茎叶徒长,可用 15% 多效唑喷施,控制地上部陡长,以利于薯块膨大。巧施裂缝肥,促进薯块膨大。一般待垄面开裂时施裂缝肥,以氮肥和钾肥为主,每亩用量为尿素 5 kg 和硫酸钾 10 kg。在不同时期施用追肥,可利用雨后撒施,其施用量要根据土壤、基肥用量及茎叶长势，分别在苗期、茎叶旺长期、薯块膨大期用尿素加钾肥施用。

(5)注意拔除病株

近年来甘薯病害传播很快，造成严重减产，在中期要注意拔除具有明显症状的植株，如茎基部开裂、植株发黄、叶片表现异样颜色、藤蔓皱缩等，降低病害传播风险。

3.后期管理

重点是看苗补施根外追根肥，防止早衰。紫甘薯中后期如遇连续阴雨，地上部茎叶旺长，应采用提蔓方法。折断茎节上生长的不定根，控制地上部生长，以利块根膨大。切忌用翻蔓的方法，避免人为造成不必要的减产，并适当延迟收获。

(五)地膜覆盖栽培

1.地膜覆盖栽培的优点

紫甘薯产量与其生长期存在极大的正相关关系，生长期越长产量越高，一般大田生长期要 170 天以上。栽培方式主要有常规、稻田免耕及地膜覆盖栽培等。适时早插及采用地膜覆盖栽培有利于提高鲜薯产量和淀粉含量，且提高品质。地膜覆盖栽培具有以下优点：

(1)保温增温：紫甘薯覆盖地膜后，土壤能更好地吸收和保存太阳辐射能，地面受光增温快，地温散失慢，起到保温作用。据报道，甘薯地膜覆盖栽培，全生育期比未覆膜增加土壤积温460℃，由于保温增温效果好，为甘薯生根和生长打下了良好的基础。

(2)调节土壤墒情：由于地膜的阻隔，土壤水分的蒸发减少，特别是春旱较重的地区，保墒效果更为理想。进入雨季，覆膜地块易于排水，不易产生涝害。后期遇干旱，覆膜又能起到保墒作用。

（3）增加养分积累：覆盖地膜后，土壤温度升高，湿度增大，微生物异常活跃，促进了有机质和潜在腐殖质的分解，加速了营养物质的积累和转化。

（4）改善土壤物理性质：覆盖栽培土壤表面不受雨水冲击，故土壤始终保持疏松，既有利前期薯根系生长，又有利于后期薯块膨大。

（5）防治病、草危害：甘薯线虫病是甘薯生产上的一种毁灭性病害，目前药剂防治效果不够理想，而盖膜后可利用太阳辐射能，提高土壤温度，杀死线虫，防病效果好，又不污染环境。同时膜下高温可烫死杂草，减少除草用工，避免杂草与甘薯争夺肥水和空间等。

（6）促进甘薯根、茎、叶的发育：覆膜比露地栽培的甘薯发根早4~6天，根系生长快，强大的根系可以从土壤中吸取更多的养分，为植株健壮生长和薯块形成、膨大奠定基础。覆膜栽培由于条件适宜，长势旺，甘薯的分枝数、叶片数、茎长度、茎叶鲜重均比露地栽培增加50%以上。

（7）增产显著，品质提高：甘薯覆膜后，薯苗生长快，夏薯剪苗出售，即可收回地膜成本。薯块平均单株产量比对照多0.7 kg左右，总产量提高32.6%，并提高了大薯比率和淀粉含量。覆膜栽培的土壤疏松、易于收刨，降低了收获破损率，提高了甘薯质量。

2. 栽插密度

根据不同土壤肥力和特性确定合理的扦插密度，扦插密度是决定每亩薯块数的主要因素之一。在一定范围内，随着密度的提高，每亩薯块数增多，产量随之提高。据试验，每亩产量达到1500 kg，单薯鲜重保持在200 g以下，扦插密度4000~5000株/亩。

3.栽苗盖膜

盖膜的方法有两种。一是先扦插薯苗后盖膜，其优点是操作方便、速度快，适合大面积栽植。方法是先把薯苗放入穴内，有条件的地方可以逐穴浇水，水量要大，待水渗完稍晾后埋土压实，并保持垄面平整，趁苗子柔软时盖膜，这样可避免随栽随盖膜易折断苗现象。盖膜后用小刀对准薯苗处割一个丁字口，用手指把苗插出，然后用湿土把口封严。覆膜后要经常检查，发现膜被风刮起或膜面破损，应及时盖土封严；缺点是栽后不易保持原有垄型，需要重新平整垄面，盖膜才能严实。另一种方法是先覆膜后栽苗，其优点是可以早作垄、早盖膜，有利于保湿、增温。扦插薯苗时地温较高利于缓苗、成活。扦插时无需刨埯，在栽苗时将膜垄面划出长 5 ~ 7 cm、深 5 cm 的土沟，将薯苗插于沟中，破膜、挖埯、栽苗一次完成。

4.种植及栽插方式

种植方式可以采用窄垄单排，即行距 50 ~ 60 cm，株距 25 ~ 30 cm，也可采用双垄双排，即垄宽 1 ~ 1.2 m，每垄扦插 2 排，株距 30 ~ 35 cm。扦插方法以浅斜插为宜，结薯早、结薯多、薯块大小均匀、产量高、商品性好。

5.施肥

按照"有机肥为主、化肥为辅；基肥为主、追肥为辅"的原则，甘薯生长期长、吸肥力强、需肥量大。需求以钾肥最多，氮肥次之，磷肥最少。每生产鲜薯 500 kg 的施肥量统计：大约需施氮 2.5 kg、磷 2.5 kg、钾 3.1 kg，氮：磷：钾比例为 1∶1∶2。施肥以基肥为主，基肥一般占总施肥量的 70% 左右。一般亩产鲜薯 2500 ~ 3500 kg，要求亩施 1500 ~ 2000 kg 有机肥加烤烟专用复合肥 40 ~ 50 kg，或亩施 1500 ~ 2000 kg 有机肥加 10 ~ 12 kg 尿素、12 ~ 15 kg 硫酸钾、20 ~ 25 kg 过磷酸钙。亩产 1500 ~ 2000 kg，要求亩施 750 ~ 1250 kg 有机肥加优质硫酸钾复合肥 30 ~ 40 kg，或

亩施 750～1250 kg 有机肥加 5～8 kg 尿素、10 kg 硫酸钾、15 kg
过磷酸钙。基肥采用破垄条施。

五、鲜食及食品加工型甘薯高产高效栽培技术

甘薯含有丰富的膳食纤维、多种维生素和矿物质，具有良好
的保健功能和药用功能。随着人们生活水平的提高和对食品多样
化的要求，鲜食甘薯越来越受到青睐。改善鲜食型甘薯品质，提
高产量和增加无公害鲜食型甘薯的上市率，是促进种植业结构调
整和农民增收的有效途径。

（一）产地环境要求

1.产地选择

按照无公害食品—蔬菜产地环境条件标准选择种植地。要求
产地周围无大气污染，无有毒有害的气体排放，大气质量要求稳
定，接近国家绿色食品大气环境标准。灌溉用水符合农用灌溉的
质量标准。

2.田块要求

甘薯对土壤的适应能力很强，各类土壤都可栽培，甚至在一
般作物不能正常生产的瘠薄土壤上，也可获得一定的产量。但作
为鲜食商品甘薯栽培，必须具备良好的土壤条件，如耕作层疏
松、深厚、营养丰富、保水力强、渗透性好等。同时，必须实行轮
作，保证土壤呈偏酸性。

（二）适时播种，培育壮苗

选用无病、生活力强的薯块作种薯，种薯以秋薯作种为好。
苗床地要求土质疏松，肥力中等以上。播种时间的安排，应按栽
培制度，在育苗经假植后能配合及时供应大田薯苗来决定。一般
应距离大田大量需种苗前 100 天左右（种薯圃需 50 天，假植圃需

50 天），但也应考虑薯块发芽生长所需环境条件，主要是温度条件。一般 2 月下旬整土、开播种沟，施足底肥；3 月上中旬排种，采用土杂肥盖种、随后培土，雨后薄膜覆盖育苗。若气温低于 20℃，可采用小拱棚＋地膜两层保温育苗，出苗后揭膜，以防晴天高温烧苗，及时松土、除草，追施速效肥提苗。剪苗后苗床要及时培土、施肥，确保下茬苗生长健壮。

（三）深耕土地，高垄双行

作垄一般选择干湿适宜的土壤，在犁耕细碎后进行，作垄时要求做到垄子直、垄沟深、垄面宽平。作垄规格一般为垄宽 100 cm（包沟），垄高 33～40 cm，在垄上开穴，种植双行。

（四）加强肥水管理

整地起垄前施足基肥，掌握好少施氮肥、多施磷钾肥的原则。施肥以基肥为主，基肥多以有机肥为主。基肥应集中穴施，一般每亩施菜枯饼肥 80 kg，优质复合肥 50 kg。追肥应根据茎叶长势而定，长势弱则适当追施速效肥，反之少追或不追。生长期间一般不需浇水，但在雨季应注意排水防涝。

（五）适时早插，合理密植

湘北部分地区春薯扦插期一般在 4 月底到 5 月中旬，秋薯应在立秋前插完，夏薯一般在 5 月中旬栽插产量较高，适时早插延长了生育期，增加了营养物质积累，提高了干物质含量，还可增强对湖南省常见的"伏旱"的抵抗能力。种植密度要求 4000～5000 株／亩。春、夏薯或早秋薯宜疏些，晚秋薯宜密些；坡旱地、瘠地、施肥水平较低的宜密些，较肥沃的田块或施肥水平较高的宜疏些。

(六)强田间管理

田间管理内容主要包括中耕除草、防旱排涝等。栽插后15天至封垄前一般进行1～2次中耕培土,第一次中耕宜深,以后渐浅,垄面宜浅,垄腰宜深,垄脚则要锄松实土,即"上浅、腰深、脚破土",使土壤保持良好的通气状态,以利于块根的形成和膨大。此外,还要及时拔除杂草和防治病虫害,若遇干旱,应灌水抗旱;遇到涝灾,要及时排水。生长期间一般不翻蔓,如生长长势过旺,可采用提蔓、断气根等措施,控制地上部分生长,以利于薯块膨大。

(七)综合防治病虫害

湖南地区重点防治斜纹夜蛾,即7月下旬至8月上旬的薯块膨大期,在幼虫尚未危害叶片时,进行药剂防治。用20%氰戊菊酯乳油2000倍稀释液等,下午4—5时喷洒,效果最佳。

(八)适时收获,安全贮藏

1.适时收获

甘薯没有明显的成熟期,确定收获时间要通过田间取样,连续挖10株,测定产量和商品率,当商品薯率达到70%左右时即可收获。各地也可根据当地气候特点和市场需求来确定收获期。湖南全省范围内,一般在10月下旬至11月初开始选晴天进行收获,在霜前结束,以防薯块受冻,确保丰产丰收。需要注意的是不能在雨天收获甘薯,以免薯块上有较多泥土,影响商品外观;收获时要轻挖、轻装、轻运、轻卸,防止薯皮和薯块碰伤,导致病菌从伤口感染,不利贮藏。

2.运输贮藏

使用塑料周转箱运送,短途运输要防止日晒、雨淋,长途运输要防冻保温或降温。甘薯适宜贮藏温度 10 ~ 15℃，相对湿度 85% ~ 90%，贮藏期间应注意通气、保温，防止低温冻伤和减少水分蒸发。

六、观赏型甘薯水培技术

甘薯作为观赏植物利用虽然只有十几年，但其独特的观赏特性很快受到了人们的喜爱。水培观赏甘薯是将甘薯种植在装有溶液的容器中使其正常生长、便于观赏的一种形式。水培观赏甘薯只需一个造型独特而细长的玻璃器皿，非常适合于家庭室内绿化。水培甘薯营养液以 1/2 霍格兰营养液配方即可，根据栽植体不同，水培观赏甘薯的可分为三种：单叶水培、茎叶水培和块根苗水培。

（一）单叶水培

叶片是主要的观赏部位，有心形、戟形、圆形和三角形等，叶片有深绿、浅绿、淡紫、深紫和花叶。除形状奇特的叶片外，须根也具有很好的观赏效果。须根生长势强，细腻光滑，根据颜色的不同，可分为红白根、白色根和绿色根。

取下观赏甘薯的健壮单叶片，立即放入盛有培养液的容器中，放入阴凉处发须根。待须根长到 2 cm 时便可种植在装有培养液的细颈玻璃瓶中。单叶水培的容器要小，细长的玻璃容器最为适宜，还可用瓷器、塑料、铁质做培养容器。如果是玻璃容器，可在水中放一两条小鱼，有须根的庇护，小鱼可在水中自由自在的游戏。宜放在课桌、书桌、阳台等地方，闲暇时看看碧绿的叶片、飘逸的须根，快活畅游的小鱼，所有的劳累和不快都会在不知不觉中远去。

（二）茎叶水培

取生长势强的观赏甘薯茎端置于水中，待长出须根便可用于观赏。茎叶水培由于叶片较多，便具观赏效果，其水培阶段新生嫩叶也具有很高的观赏价值。另外，如果选择自然开花性好的品种，还可观花，如花者（鸡爪形叶片）、花心（心形叶片）。

茎叶是茎叶水培主要的观赏点，对容器的要求不高，体积较大。可放在冰箱、书柜、立式空调和窗台上，轻盈细柔的茎蔓随风摇曳，更显得娇美动人。

（三）块根水培

块根水培是将生有茎叶的块根在溶液中作观赏，块根的形状、表皮的颜色是观赏的主要组成部分。块根上有郁郁葱葱的绿色和紫色，容器中有轻柔飘逸的须根，很赏心悦目。

块根是较独特的观赏点，有光滑的外皮和多变的颜色，如白色、桃红色、紫红色、柠檬黄和橙色等，还可嫁接不同品种的茎蔓，做成一株具有不同颜色、叶型的作品。块根置于水中，恍若岛屿上的一片树丛。还可以在块根上雕刻图案、文字，给栽培者提供自娱自乐、自我创造的空间。

第三节　湖南省甘薯主要栽培模式

一、湖南湘西玉米－甘薯间作高产高效栽培模式

高杆作物玉米与蔓生作物甘薯的间作套种是南方旱地多熟制的主要种植模式。湘西是我省传统的甘薯种植主产区，玉米－甘薯间作栽培模式较普遍，而该模式下全省甘薯种植面积约150万亩。要实现间套作物的共同高产，关键是既要稳定上层作物的产量，又要建立有利于下层作物稳产、高产的复合群体结构。

甘薯是一种蔓生作物，可利用地表的太阳辐射光能；玉米是

高秆作物，可有效利用空间的光能。特别是甘薯从移栽后到封垄前的 2 个多月时间地表裸露，作物覆盖率较低，造成大量的光热资源白白浪费。通过甘薯玉米立体种植，可进一步提高土地利用率，提高作物对空间光热资源的利用。同时，还可增大玉米的通风透光性，最大限度地发挥玉米的边行优势，获得较高的产量。

（一）经济效益分析

湖南湘西玉米 - 甘薯套种栽培模式下，玉米平均亩产 600 kg，甘薯块根 2000 kg，藤蔓 2000 kg。按市场价每千克玉米 2.5 元，产值 1500 元；每千克甘薯按 0.7 元、藤蔓 0.2 元计算，产值 1800 元，两项亩均收入 3300 元。所以，在湘西地区进行甘薯玉米立体种植，是一条促进增产增收，发展我省高产、优质、高效农业的有效途径。

（二）栽培方式

田间种植示意图如图 4 - 3 所示。

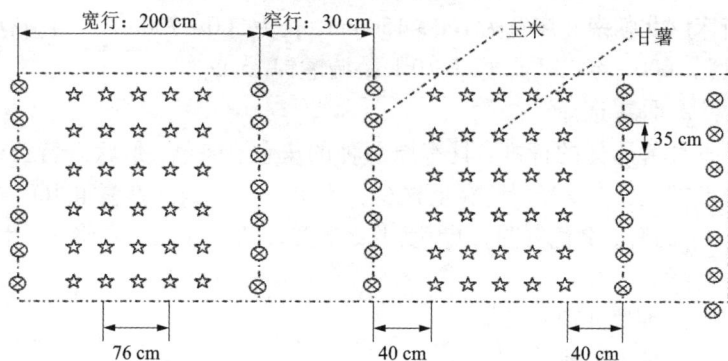

图 4 - 3　田间种植示意图

(三)栽培技术要点

1.品种选择

根据湖南的气候特点以及市场需求,玉米选用矮秆、抗倒、紧凑型或半紧凑型、早熟或中熟性优良品种,如洛玉 1 号;甘薯则选用耐阴蔽、短蔓、结薯早且膨大快的高产品种,如南薯 88、徐薯 18、湘薯 20 等进行配套种植。其中,湘薯 20 号为湖南省作物研究所 2003 年以湘薯 16 作母本,徐薯 22 为父本经有性杂交获得种子,再经逐级试验选育而成。在湖南不同区域进行生产示范,平均鲜薯产量 3315.1 kg/亩,薯干产量 1105.5 kg/亩,薯块烘干率 33.1% 左右,均比对照南薯 88 增产,且抗薯瘟病兼抗黑斑病、耐寒、贮藏性好、品质佳、增产潜力大。

2.栽培技术要点

(1)培育壮苗

1)苗床选择

一般选择在地势平坦而稍高,排水好、距水源近,土质肥沃而疏松,阳光充足,无病虫(黑斑病、甘薯蚁等)的地方建苗床,苗床座北朝南。床宽为 100~150 cm,长为 500~700 cm。亩施有机肥 2000~4000 kg,尿素 10 kg,硫酸钾 15 kg。

2)种薯选择

种薯选择的标准:具有原品种的皮色、肉色、形状等特征,薯形端正,薯皮光滑,次生根少,薯块整齐一致,单薯重 100~300 g 为宜,颜色鲜明,无病无伤,未受冷害和湿害,白浆多、生命力强。

3)种薯处理

①温汤浸种:

将经过精选的种薯装入箩筐,置入 58~60℃ 温水中,上下轻缓运动几次,使薯块受热均匀,2~3 分钟后,水温降至 51~

54℃，保持10分钟后，将箩筐提出降温。

②药液浸种：

将经过精选的种薯用50%甲基托布津可湿性粉剂200倍液，或25%多菌灵200倍液，浸种10分钟，药液可以连续应用10次左右，对防治黑斑病效果好；防治线虫病可用50%辛硫磷200倍液浸种。因辛硫磷怕光，在自然光照下4小时即失效，故需在室内进行浸种。

4）排种育苗

①适时排种育苗：

甘薯排种育苗时间一般是早春季，土温稳定在10℃以上，即在栽前40天左右开始比较适宜。

②排种要求：

在整理好的苗床上，按33 cm行距开沟，遵循"上齐下不齐"、"大小薯分排"、"头上尾下"等原则将种薯斜排于沟内，浇足底水，盖2~3 cm厚的土，每亩用种量为25~35 kg。除遇特殊干旱外，出苗前一般不浇水，以免土温降低，影响出苗。

（2）实时播种（或移栽）

玉米于3月中下旬按种植要求适时早播，缩短玉米甘薯的共生期，实现玉米甘薯双丰收；甘薯在5月上旬地温稳定在17℃左右时移栽。

（3）合理密植

紧凑、半紧凑型玉米种植密度3000~3500株/亩；甘薯栽插密度3500株/亩左右，有利于两种作物的效应互补，获得较高的产量和经济效益。

（4）田间管理

在中等肥力田块，玉米亩用纯氮13 kg，氮磷钾比例为4:2:1，磷钾肥用作底肥，氮肥按底3，拔2，穗5适时施用。玉米出苗后及时查苗补苗，5~6叶期浅中耕结合定苗，拔节前深中耕并亩追大粪 50 担。甘薯移栽缓苗后发现缺苗及时补栽，进入 7 月份一般不浇水，以控制茎叶徒长，玉米收获前 20~30 天，甘薯以腐熟的有机肥为主，一般亩用 100~200 kg 粪水兑匀无机纯氮 3 kg 左右追肥。

（5）适时收获

玉米一般在 8 月上旬收获、砍秆；甘薯则在当地平均气温降到 15℃ 左右开始至 12℃ 时收获结束。湖南地区，甘薯收获适期为 10 月中下旬至 11 月上旬。

二、山地丘陵烟草 – 甘薯间套作模式

（一）经济效益

按照烟叶亩产 150 kg，亩产值 2000 元以上；甘薯亩产达 2000 kg，亩产值 2000 元以上，合计亩产值达 4000 元以上。同时，烟草 – 甘薯间套作模式可节省作垄、施肥等田间管理成本，又能有效解决烟田控草的问题，从而达到节本增效的目的。

（二）间套作方式

推荐采用 1∶1 间作套种模式，即每株烟草对应 1 株甘薯。每垄 1 行，栽在垄中间，垄高 30 cm，垄距 90 cm，垄面宽 60 cm，烟草株距 50 cm，亩植烟草 1500 株；甘薯栽植于两株烟草中间，亩植甘薯 1500 株。

烟草育苗适当提前，于 2 月 5—10 日催芽播种，4 月 5—15 日壮苗移栽，7 月上旬—8 月下旬收获。甘薯育苗适当延迟，4 月 25 日左右育苗，6 月上中旬移栽，10 月下旬—11 月上旬收获。烟草、甘薯共生期大约在 2 个月左右。

（三）栽培技术要点

1. 整地施肥

深翻整地：植烟田应选择土层深厚、肥力中等均匀、壤土或沙壤土、排灌方便、前茬种植甘薯的田块。在冬季进行深耕整地，冬耕的深度为 25 ~ 30 cm。冬耕能有效地破除板结，改善土壤的物理性状，同时，消灭部分病虫源，减轻病虫害的发生。春季整地要精细，要求土壤平整细碎，上虚下实。

施足底肥：结合冬季深耕整地亩施腐熟土杂肥 3000 kg 左右；春季整地时亩施速效肥烟草专用肥 30 ~ 40 kg、硫酸钾 15 ~ 20 kg（烟草属忌氯作物，禁用氯化钾）。土杂肥和速效肥应在耕地之前均匀撒施于土壤表面，然后耕翻，利于掩埋、拌匀肥料。

2. 播种育苗及移栽

烟草育苗及移栽：烟草育苗在塑料大棚内采用营养钵育苗。苗期管理要拔除杂草，剔除弱苗、小苗，一个营养钵内留一棵壮苗。棚内温度控制在 25℃ 左右。移栽前，注意通风、炼苗，先起垄后移栽，垄面的宽度、高度要均匀一致。移栽时，适当挖大穴，确保定植后烟苗顶端不超过垄面，以防与地膜接触灼伤烟苗，定植后浇足水并及时覆膜。待日最低气温达到 10℃ 以上时破膜。

甘薯育苗及移栽：甘薯育苗应选择土壤肥沃、管理方便的田块，采用小拱棚育苗。种薯选用大小适中、整齐均匀、无病虫、无伤口、无冻害的薯块。育苗参照湖南省甘薯栽培技术规程。6月中下旬采苗移栽。移栽前，结合中耕除草对烟垄培土一次，有利于薯苗成活、提高产量。

3. 田间管理

（1）烟草的田间管理

防治虫害：春栽作物易受地下害虫危害，栽植后为确保全苗，亩用 5% 氯氰菊酯乳油 100 g 兑水 30 kg，选择下午 5 点以后对烟苗周围进行喷雾，或者用敌百虫拌炒熟的麦麸子，撒在烟苗周围，防治蛴螬、地老虎、金针虫等地下害虫。

合理追肥：烟草需肥量较大，生长期应适当追肥。在烟草旺盛生长期（5月下旬），结合中耕除草亩施烟草专用肥 5~10 kg、硫酸钾 5 kg。在生长中后期，根据长势向叶面喷施 0.2% 磷酸二氢钾水溶液 1~2 次作追肥。

合理排灌：烟草是既需水量大又怕涝的作物，烟草旺长期是需水的关键时期，天气干旱的情况下，应人工浇水 1~2 次，可满足烟草这一生长时期水分的需要，同时可以增加产量，提高品质。烟草成熟期怕涝，若恰逢多雨季节，低洼易积水，烟田极易受涝，要注意清沟排涝。

中耕培土：根据墒情和草情进行中耕除草，一般中耕 2~3 次，缓苗期应浅锄、不伤根、不动苗、清除杂草，有利于烟苗成活，提高地温，缩短缓苗期。伸根期，即栽后 20~25 天，结合深中耕培土一次。第三次中耕应在旺长期进行，此时烟草生长旺盛，根系较发达，根系旁边宜浅锄。中耕、除草、培土和追肥可同时进行。

打顶除杈：打顶除杈是提高烟草产量和质量的有效途径，能促进烟株整齐，生长落黄一致，增加烟草叶片分量，有利于烘烤，应及时进行打顶除杈。在出花时根据预留叶片数开始打顶，烟杈可以用菜籽油涂抹烟草叶腋或人工的方法清除干净。

加强病虫害防治：烟草病害有花叶病毒病、黑胫病、赤星病、野火病等，其中主要病害花叶病毒病用病毒 A 加叶面肥或植病灵加叶面肥叶面喷雾防治，黑胫病用瑞毒霉灌根防治。烟草虫害有蚜虫、烟青虫等，蚜虫用吡虫啉或啶虫脒喷雾防治，烟青虫用 5% 氯氰菊酯乳油或甲维盐喷雾防治。

（2）甘薯的田间管理

查苗、补苗：查苗补苗是确保全苗的关键。一般在栽植后 5

天内进行。选择阴天或晴天的下午，备足薯苗逐行检查，对没有成活的薯苗进行补栽。查看死苗原因，若是被地下害虫危害，应注意防治地下害虫。防治方法参考烟草田间管理。

追施促薯肥：返苗后，根据田间长势应及时补施返苗肥，对补栽的薯苗适当多施。在栽植后 60 天左右，烟草采收已经结束，及时拔除烟柴并结合大培土进行追肥，亩施尿素 7.5 kg、硫酸钾 7.5 kg。在栽植后 90 天左右，对有早衰迹象的田块用磷酸二氢钾加尿素叶面喷施 2 次，防止早衰。

控制旺长：甘薯生长的中后期，对薯秧较厚、茎叶旺长的田块，采用人工的方法进行翻秧，同时结合中耕除草，改善通风条件，抑制茎叶生长，促进块根膨大。生长过于旺盛的田块亩用多效唑 40 g 兑水 30 kg 喷雾施用。

注意防治虫害：甘薯主要害虫有卷叶虫、甘薯天蛾、斜纹夜蛾、小象鼻虫等，可用 4.5% 氯氰菊酯乳油 800 倍液或 5.7% 甲维盐水分散粒剂 1500 倍稀释液于上午 10 点前或下午 5 点后喷雾防治。勿在正午喷药。

4. 适时收获

烟草采收：烟草采收从底部叶片（脚叶）开始，依次向上，每次采收 2~3 片叶，6~7 天采收一次，直至采收完毕。烟叶采收时要将不同部位的叶片分类存放，采收后要及时烘烤、分拣（具体技术略）和出售。

甘薯收获：10 月中旬以后至霜降前完成收获。收获后及时制干、制粉和销售，若需贮藏要去除带有病斑、刀伤、虫伤的甘薯。

三、油菜－甘薯连作高产栽培模式

(一) 经济效益

"油菜－甘薯"种植模式油菜籽亩产 100 kg、甘薯亩产 2000 kg，全年亩产值3000元左右。

(二)连作方式

10月初秋播油菜,密度为每亩4000株左右。5月上旬油菜收获后及时起垄栽插甘薯。

(三)栽培技术要点

1.冬季油菜

(1)苗床准备。苗床地应选择地势较高、土壤肥沃、质地疏松、排灌方便的田块,不宜选择重茬田、十字花科蔬菜田作苗床。按秧大田比1:5留足苗床。播种前苗床耕翻拍细,开沟作畦,畦宽1.5～1.7 m,畦与畦之间开畦沟,畦沟宽0.2 m、深0.2 m。在苗床四周开围沟,围沟宽0.2 m、深0.3 m,沟沟相通,确保能排能灌。每亩苗床施腐熟有机肥1500～2000 kg、过磷酸钙25～30 kg、氯化钾5～8 kg或相当量的复合肥作底肥,均匀撒施于田面,并在翻土后碎土、拍细、整平,使土肥充分相融。

(2)提高播种质量。一般在9月20日前后适期播种,将油菜种子和细土拌匀后均匀撒播于苗床上,达到稀播匀播的目的。播种时如遇干旱,应先浇透水或沟灌窨足水,待土壤吸水稍干后浅松土,再抢墒播种。播种后用平板轻拍床面弥合土缝,减少露籽。

(3)加强苗床管理。油菜秧苗齐苗前遇干旱,应多次浇水抗旱。如采取沟灌抗旱,应速灌速排,以湿润田面为宜,不能积水,防止表土板结。2～3叶期时间苗定苗,按"去弱留强、去病留健、去小留大、去杂留纯"的原则,留秧苗100～120株/m²。定苗后每100～120 m²苗床追施薄粪水150 kg。3叶期时每100～120 m²苗床用15%多效唑6.5 g,对水6～7 kg叶面均匀喷雾,培育矮壮苗。出苗后应注意防治蚜虫、青虫。春季搞好1～2次清沟理墒,疏通沟系，防止湿渍危害。

（4）查苗补缺。及时查苗补缺，保证移栽密度。

（5）肥料运筹。苗肥在移栽活棵后 7 天内施用，每亩用人畜粪 1000 kg 或碳酸氢铵 10 kg 兑水浇施；腊肥在越冬期施用，每亩用农家肥 1000 kg，并结合人工除草、松土小壅根；苔肥在苔高 5～10 cm 时施用，每亩用尿素 5～6 kg、氧化钾 3～4 kg 兑水浇施。

（6）病虫害防治。在油菜主花序 90% 开花时，用三病清防治油菜菌核病，该药剂与磷酸二氢钾或春泉 883 等叶面肥进行药肥混喷，效果更佳，隔 5～7 天再喷雾防治 1 次；当田间有蚜株率达 20%～30%、百株蚜量 500 头以上时，用吡虫啉及时喷雾防治蚜虫。

（7）收获。60% 以上角果变黄时即可收割。割倒后晒 2～3 天，抓住晴好天气脱粒扬净。

2. 夏甘薯

（1）品种选择。选择湘薯 19、西瓜红等商品薯率较高的鲜食用甘薯品种，挑选无病、无伤口、色泽鲜明、未受冻害、大小适中的种薯。

（2）育苗。在地温稳定通过 10℃ 以上时整地施肥，每亩施腐熟农家肥 1000～1500 kg 或商品有机肥 250 kg，肥土充分拌匀，做成宽 2.0 m 左右的苗床，浇足底水，按行距 60 cm 左右开挖薯种沟。3 月中旬当地温达 14 ℃ 以上时排薯种，覆盖厚 3 cm 的床土，覆盖地膜，出苗后及时挑膜、浇水、追肥。

（3）起垄。5 月初当油菜收获后，抓紧时间打田起垄，垄距 1 m，垄高 35 cm，垄面宽 80 cm，垄底宽 40 cm。

（4）栽插。5 月份及时栽插，栽插密度为每亩 4000 株左右，按照早栽密度小、迟栽密度大的原则实施。在苗床上剪取 4 节长的壮苗为单株，株距 25 cm 左右。栽插后压实穴坑。

（5）施肥。施足基肥，在前茬油菜收获后，结合整地每亩施腐熟优质农家肥 1000 kg 或商品有机肥 250～300 kg。在薯苗栽插成活后，可在下雨前每亩追施尿素 3～5 kg。封垄后可适当追施复合肥或者钾肥催产。

（6）防治病虫。主要病害有黑斑病，应采取严格选种、药剂浸种和带药移栽等方法，即选种时剔除病、虫、冻、伤薯块；在选种后播种前用 50% 甲基托布津可湿性粉剂 800 倍液浸种 5 分钟；在栽插前 1～2 天，用 75% 达科宁可湿性粉剂 600 倍液均匀喷洒，带药移栽。主要虫害有地下害虫和夜蛾类害虫。防治方法：在整地后起垄前，每亩用 50% 辛硫磷乳油 250 mL 拌细土 30 kg 均匀撒施于表土，防治地老虎、蛴螬等地下害虫。在甘薯生长后期，用阿维·甲盐颗粒剂防治甜菜夜蛾和斜纹夜蛾等害虫。

（7）适时收获。9 月底完成收获，主要以鲜食用商品薯为主，在甘薯收获高峰期前上市能获得更好的经济效益。

四、甘薯–马铃薯连作高产栽培模式

（一）经济效益

国内有"秋马铃薯–冬马铃薯–甘薯"三薯连作模式和"冬马铃薯–夏甘薯"两薯连作栽培模式，湖南地区以冬马铃薯–夏甘薯连作栽培模式为主，冬马铃薯亩产量为 1500 kg，收益为 1500 元左右；甘薯亩产量为 3000 kg，收益为 3000 元左右，比"油–稻"模式效益增加 3000 元左右（水稻收益 900 元，油菜收益约 600 元，合计 1500 元），本小节主要介绍两薯连作模式。

（二）连作方式

冬马铃薯 1 月份播种，5 月初收获，甘薯五月底栽插，10—11 月收获。

（三）栽培技术要点

1. 冬马铃薯

（1）整地施肥：选择土层深厚、质地疏松、前茬种植禾谷类作物的轻壤和沙壤质土地。每亩施用农家肥 1500～3000 kg，种植前结合深耕基肥施用。

（2）适时播种：马铃薯是喜冷凉作物，不适宜太高的气温和地温。低温长根，高温长芽，当地温升到 6℃ 时就能萌动长根。块茎膨大的最适地温是 16～20℃，适时早播，虽然不能出苗太早，但能早长根，形成强大的吸肥、吸水的根系组织，为后期高产打好基础，可延长薯块膨大最适宜温度的时间，有利于高产。湖南低海拔地区覆膜栽培一般在 1 月份开始播种，5 月份温度显著上升后应完成收获，生育期较短，因而宜选择青薯 9 号、中薯 5 号等早熟且抗晚疫病的品种。

（3）单高垄覆膜栽培：覆膜可增温保墒，为马铃薯前期的生长提供了良好的环境，不仅能提高马铃薯产量，而且简单易行，开春出苗后可集中时间挑膜。

（4）合理密植：推荐每亩 5000 株左右。

（5）病虫害防治：防治早疫病、晚疫病等真菌性病害，交替使用大生或甲霜灵锰锌可湿性粉剂、克露等。

2. 夏/秋甘薯

（1）深耕整地：一般耕深 30 cm 左右，有地下虫害的田块可每亩用 2.5 kg 5% 的辛硫磷，深翻前撒入土中。

（2）规格起垄：采用单行垄栽，垄距 100 cm，垄高 35 cm 左右，要求垄形高胖，垄沟深窄，既利于防旱排涝，又利于块根膨大。

（3）品种选择：选择商薯 19、湘薯 98 等高淀粉型甘薯品种，挑选无病、无伤口、色泽鲜明、未受冻害、大小适中的种薯。

（4）栽插：5月份完成栽插，栽插密度为每亩3200株左右。在苗床上剪取4节长的壮苗为单株，株距25 cm左右。

（5）施肥：施足基肥，在前茬油菜收获后，结合整地每亩施腐熟优质农家肥1000 kg或商品有机肥250～300 kg。在薯苗栽插成活后，可在下雨前每亩追施尿素3～5 kg。封垄后可适当追施复合肥或者钾肥催产。

（6）防治病虫：适时防治病虫害。

（7）适时收获：11月霜降前完成收获，收获后直接投入淀粉类产品加工，可减少窖藏等环节的成本。

第五章　甘薯病虫草害及其防治

甘薯病虫草的防治原则，按照"预防为主，综合防治"的植保方针，坚持以"农业防治、物理防治、生物防治为主，化学防治为辅"的原则。

农业防治：选用脱毒甘薯品种，实行 2—3 年轮作，深耕晒土，培育壮苗，创造适宜的生育环境条件，增施经无害化处理的有机肥，适量使用化肥，清洁田园，病株残枝及时带出田园，集中处理。全生育期防止沟内积水。

物理防治：采用频震式灯光诱杀、性诱剂等措施防治害虫。每亩大棚内悬挂黄板 50 块，均匀挂在棚内离甘薯植株顶 10 ~ 20 cm 处，防治蚜虫和粉虱危害。

生物防治：利用自然天敌如瓢虫、草蛉、蚜小蜂、丽蚜小蜂等对蚜虫、粉虱自然控制。使用植物源农药、农用抗生素、生物农药等防治病虫，如苦参碱、印楝素等生物农药防治病虫害。

化学防治：农药使用应符合 NY/T 393—2013 的规定。严格按照农药安全使用间隔期要求用药。

第一节　甘薯病害

我国甘薯病害种类繁多，其中发生比较广泛、危害比较严重的有甘薯病毒病、黑斑病、根腐病、茎线虫病、软腐病、疮痂病、薯瘟病、紫纹羽病等病害。

一、甘薯病毒病

（一）症状

甘薯病毒病症状与毒原种类、甘薯品种、生育阶段及环境条件有关。叶片表现可分5种类型。一是叶片褪绿斑点型：苗期及发病初期叶片产生明脉或轻微褪绿半透明斑，生长后期，斑点四周变为紫褐色或形成紫环斑，多数品种沿脉形成紫色羽状纹。二是花叶型：苗期染病初期叶脉呈网状透明，后沿叶脉形成黄绿相间的不规则花叶斑纹。三是卷叶型：叶片边缘上卷，严重时卷成杯状。四是叶片皱缩型：病苗叶片少，叶缘不整齐或扭曲，有与中脉平行的褪绿半透明斑。五是叶片黄化型：形成叶片黄色及网状黄脉。薯块感病表现为表皮龟裂，薯块上产生黑褐色或黄褐色龟裂纹，排列成横带状或贮藏后内部薯肉木栓化，剖开病薯可见肉质部具有黄褐色斑块。

（二）发生特点

甘薯褪绿矮化病毒和甘薯羽状斑驳病毒复合病害（简称SPVD）和甘薯曲叶病是目前在甘薯上发生的两大病毒病害，SPVD传播介体为蚜虫和烟粉虱，甘薯曲叶病则由烟粉虱传播。烟粉虱在甘薯上的飞行距离很短，只能进行短距离传播。因此，拔除感染病毒病及其周围的甘薯植株可有效控制烟粉虱向周围健康植株传播病毒，是控制这两种主要病毒扩散的有效措施。加强苗期病害调查，发现疑似病株及时拔除，可有效减少大田病毒发病率。SPVD 显症植株的产量比健康植株可减少80%。该病2009年在我国首次发现，近几年几乎已蔓延至所有的甘薯主产省份，一旦爆发将对我国甘薯生产造成不可估量的损失。种苗调运是该病长距离扩散的主要途径，必须引起甘薯种植大户的高度重视。

（三）防治方法

1. 农业防治

加强检疫措施，切断病害传播。在留种田要加强对该病的识别，加强产地检疫，发现病株及时拔除销毁，减少带病种薯、种苗跨区调运。

选好种薯。育苗选用的种薯必须是在生长期间长势正常、收获时薯块无畸形的种薯，如果在种薯繁育田发现有叶片发黄、花叶、皱缩、薯块龟裂等不正常情况，建议将该薯块生产的种薯作商品薯处理。用于繁殖种薯的采苗圃所用薯苗一定要选择头茬苗。

苗床管理。加强苗期病害调查，如发现有疑似病株及时拔除；每次采苗后，加强对介体昆虫的防治，可有效减少该病的扩散蔓延。

2. 物理防治

黄板诱集：在黄板上涂抹捕虫胶诱杀白粉虱效果优于涂抹黄油或机油；黄板放置位置应在距植株边缘0.5 m处；悬挂高度以黄板下沿距生长点15 cm为最佳；悬挂密度以每亩挂50块为宜。

防虫网：在甘薯育苗圃，可用60目防虫网防护，防止白粉虱的入侵。

3.化学防治

防治烟粉虱药剂：每亩用25%阿克泰（噻虫嗪）水分散颗粒剂10～20 g兑水进行喷雾；或水分散粒剂3000～4000倍稀释液喷雾或灌根（每株用30 mL）；3%啶虫脒微乳剂0.9～1.8 g/亩或1000倍喷雾；10%吡虫啉2000～3000倍稀释液喷雾，或用5%吡虫啉乳油1000～1500倍稀释液喷雾或灌根；1.8%阿维菌素乳油1500倍稀释液喷雾。

4.生物防治

在保护地内烟粉虱成虫平均0.5头/株时，即可第一次放蜂（丽蚜小蜂）按3～5头/株，7～10天放蜂1次，放3～5次，第一次3头/株，以后5头/株，原则上蜂虫比以1:3为宜。使寄生蜂建立种群并有效控制粉虱发生危害。

二、甘薯黑斑病

甘薯黑斑病又称黑疤病、黑膏药、黑疮等，是甘薯的主要病害之一。1890年在美国发现，日本于1919—1921年从美国引种时传入，1937年又从日本传入我国辽宁省，逐渐自北向南蔓延危害。目前，我国各甘薯产区均有发生，此病不仅在大田危害严重，是一种毁灭性病害，导致烂苗床、烂窖、严重减产，而且病薯含有莨菪素等有毒物质，人食用后会引起头晕，牲畜食后会引起中毒，严重的可导致死亡。若用病薯为酿造原料，其有毒物质还会影响酵母菌发酵，降低酒精产量。

（一）症状

甘薯黑斑病在育苗期、大田期和贮藏期均能发生，主要危害薯苗和薯块。若种薯或苗床带病，种薯萌发后，薯苗的地下白嫩部分最易受到侵染，初形成黑色圆形小斑点、稍凹陷，病斑逐渐扩展，环绕薯苗基部、呈黑脚状，病苗地上部衰弱、叶片发黄、发病严重时薯苗枯死。病苗定植到大田 1～2 周后，即可显现症状。病重的不能扎根，基部变黑腐烂、枯死，造成田间缺苗断垄；感病较轻的植株，在与表土层交接处长出少数侧根继续生长，但植株衰弱，结薯少而小。薯块受害，病斑多发生在虫口或自然伤口处，出现圆形、椭圆形或不规则形病斑，病斑中间凹陷，病健交界处轮廓清楚，病部组织坚硬，薯肉呈墨绿色，味苦。贮藏期间，病斑多发生在伤口和根眼上，初为黑色小点，逐渐扩大成圆形或不规则形病斑包围整个薯块。贮藏后期，变色组织可深入薯皮下 2～5 mm，有时深达 20～30 mm。由于黑斑病的侵染，使其他真菌或细菌乘机侵入，引起各种腐烂。

（二）发生特点

甘薯黑斑病菌是真菌，为子囊菌亚门，核菌纲，球壳菌目，长喙菌目，长喙壳菌属，其主要以厚壁孢子、子囊孢子、菌丝体等在贮藏病薯和大田及苗床土壤、粪肥中越冬，为次年发病的初侵染来源，而病薯、病苗是病害近距离及远距离传播的主要途径，带菌土壤、肥料、流水、农具及鼠类、昆虫等也都可传病。病原菌主要从伤口侵入，也可从芽眼、皮孔等自然孔口及幼苗根基部的自然裂伤等处侵入。

黑斑病发生的轻重与温度、土质、品种以及薯块伤口数量有着密切关系。其发病温度最低为 8℃，最高为 35℃，最适为 25℃，10℃以下和 35℃以上一般不发病。甘薯入窖初期，薯块呼吸强度大，散发水分多，温度高，病菌极易萌发侵入，常引起冬前烂窖。病害发生还与水分条件有关，苗床期湿度大，病苗基部产生菌量大，可随浇水向四周传播，引起再侵染。甘薯品种间抗病性存在明显差异，一般薯皮厚、薯肉坚实、水分少、味较淡，愈伤组织形成快的品种抗病性强。

(三)防治方法

根据黑斑病的传播途径,结合防治实际,应采用以繁育无病种薯为基础,以培育无病壮苗为中心,以安全贮藏为保证的综合防治策略。

1. 农业防治

建立无病采苗圃和无病留种地:培育无病薯苗,严格挑选种薯,淘汰带病薯块;建立无病留种基地,选用 3 年未种过甘薯的地块;采用高剪苗插植夏薯,收获时留做种薯,单收单运单藏,运输工具及贮藏窖应不带菌,必要时可用药剂消毒。培育无病壮苗:精选种薯。薯块育苗时应做到三选:出窖时选,浸种时选,苗床排种时选,严格剔除病、虫、伤及受冻薯块。

2. 物理防治

加强苗床管理:育苗时尽量使用新苗床,采用高温育苗。种薯上床后,立即把苗床温度升到 35~38℃,保持 4 天来促进伤口愈合,控制病菌侵入。待种薯出苗后,保持苗床温度在 25~28℃。种薯的安全贮藏:种薯安全贮藏是防止种薯传病的关键措施。贮藏期的病菌来源主要是田间的带病薯块及旧窖中的残存病菌,一旦贮藏期间的温、湿度适宜便促使病害发展。因此薯块入窖后,初期应注意降温排湿,当气温下降时,应及时封窖防冻,严格把窖温控制在 10~14℃。

3. 化学防治

种薯消毒。温汤浸种:将薯块静置在 50~54℃温水中浸10 分钟,捞出后立即上苗床排种盖土。由于甘薯耐热性存在着品种间差异,温汤浸种时应注意不同品种的耐热性,以免影响发芽。药剂浸种:用 50%多菌灵可湿性粉剂 500 倍液、50%甲基托布津可湿性粉剂 500 倍液。药剂浸苗:70%多菌灵粉剂 1200 倍稀释液浸薯苗基部(6 cm 左右)10 分钟。浸种液一次配药可连续浸种薯 10～15 次。

三、甘薯根腐病

甘薯根腐病俗称"烂根病"，是一种毁灭性病害。发病地块藤蔓衰弱不长，一般减产 10%～20%，严重的减产 40%～50%，成片死苗，造成绝产。

(一)症状

甘薯根腐病主要发生在大田生长期，苗床期虽有发病，但危害较轻。发病薯苗生长迟缓，叶色发黄，株型矮小，须根尖端和中部有黑褐色斑点，出苗晚，出苗率明显减少。

大田期发病，藤蔓、块根均表现明显症状，而根部是病菌主要传染部位，须根首先变黑，形成黑褐色病斑，然后逐渐向上蔓延至根茎，严重时地下根茎大部或全部变黑腐烂，幼苗成片死亡；感病轻的病株，虽仍能从地下根茎地表处长出新根继续生长，但根系生长缓慢，大部分根仅能形成细长的畸形柴根，结薯少而小，所结薯块表皮粗糙，布满大小不等的黑褐色病斑，随薯块生长，病斑上及周围产生许多纵横龟裂纹，呈轻度畸形。由于根系受害，使植株水分及营养失调，严重影响了植株的地上部生长，表现为节间短、分枝少，发病重的整株枯死。

(二)发生特点

甘薯根腐病是一种土传病害，主要以菌丝体随病残体和厚壁孢子在土壤中越冬，为次年发病的主要侵染来源。其次是在粪肥、病薯、病苗上越冬，通过耕作和流水传播。病薯和秧苗调运是远距离传播的主要途径，病土、病残体及泡洗病薯的污水掺入土杂肥，使粪肥带菌，也是田间发病的重要来源。

甘薯根腐病的发生与品种、土壤温湿度及耕作制度有着密切的关系。总的规律是高温、干旱条件下发病重；夏薯重于春薯；连作地重于轮作地；晚栽重于早栽；砂土瘠薄地重于壤土肥沃地，且明显存在着品种间差异。甘薯根腐病发病始期春薯一般在5月中旬至6月上旬；夏薯栽后10天左右，7月上中旬至8月份为发病盛期，9月份以后，随气温下降，发病逐渐减轻，发病温度为21~23℃，适宜温度为27℃左右。土壤含水量在10%以下时，对根腐病害发展较为有利。

（三）防治方法

根据病害的传播途径和发病的环境条件，在防治时应采用以选用抗病品种为主，轮作倒茬，加强栽培管理为辅的综合防病措施。

四、甘薯茎线虫病

甘薯茎线虫病俗称糠心病、空心病等，也是一种毁灭性病害，为国内检疫对象。该病不仅在大田生长期直接为害地下薯块和地上藤蔓，造成烂种、死苗、烂床、烂窖等，而且在贮藏期间病情若持续发展，使整个薯块糠心，失去食用价值甚至造成烂窖，一般减产20%~40%，重的减产50%以上。除危害甘薯外，茎线虫病还可危害豆类、花生、马铃薯、荞麦、蓖麻、小旋花、马齿苋、黄蒿等300余种植物。

（一）症状

茎线虫既可危害藤蔓，也可危害薯块，危害处的内部组织呈黑与白的疏松花瓤，俗称糠心。这是因为茎线虫侵入寄主后能分泌唾液，溶解甘薯内部细胞间的中胶层，并使其再次感染杂菌所致，这种典型病症在出窖时最为明显。

育苗期：当线虫侵入数量少或侵入时间短时，症状不明显，不易与健苗区别；发病重的出苗少、矮黄，主要是基部白色部分受害，后渐变为青灰色斑驳，剖视茎基部，内有褐色空隙，髓部变褐色干腐，剪断后不流白浆或很少流白浆，严重的糠心到顶部。

大田生长期：生长前期感病秧蔓无明显病状，中后期在秧蔓近地面以上主蔓基部出现褐色裂隙，髓部由白色干腐变为褐色干腐，呈糠心状，重病植株糠心达秧蔓顶端，叶片由基部向端部逐渐发黄，生长迟缓，甚至枯死。薯块感病后先是外皮褪色，不久变为青色或暗紫色，皮下组织发软，里面空心。薯块受害有以下类型：糠心型，为秧苗带病感染，薯块内部为白色粉末空隙，组织失水干腐，腐烂组织扩展至整个薯块内部，而成糠心，使得薯块重量大减。糠皮型，线虫直接用吻针刺破外表皮侵入薯块，由四周向内，由下向上为害，表现为皮层龟裂，皮下组织变褐发软，呈褐、白相间粉末状干腐，整个薯块表皮青灰色至暗紫色。通常贮藏出窖的薯块和芽苗多属此类型，多为土壤传染。

（二）发生特点

病原线虫为马铃薯腐烂线虫，主要以卵、幼虫和成虫随收获的薯块在窖内越冬，也能以幼虫在土壤及粪肥中越冬，成为第二年的侵染来源。病区土壤、粪肥、流水、农具及耕畜的携带也可传播，但病薯、病苗是远距离传播的主要来源。由于薯块内的线虫在贮藏期间继续为害，所以春季育苗时病薯带线虫直接传入苗床，侵染秧苗。当无病秧苗移栽到大田后，土壤、粪肥中的线虫即可从秧苗末端侵入或从新结薯块表皮直接侵入。收获前一个月是茎线虫的危害猖獗期。

甘薯茎线虫耐低温而不耐高温，2℃时即开始活动，7℃以上能产卵和孵化生长，发育适温25～30℃，35℃以上即停止活动。薯苗中茎线虫在48～49℃温水中处理10分钟，死亡率达98%。

一般湿润、疏松、通气、排水的砂质土、瘠薄白干土发病重；粘土地，有机质多的地块，极端潮湿和极端干燥的土壤发病轻。

（三）防治方法

（1）加强植物检疫，控制带病种薯与种苗的运输与扩散。

（2）农业防治：

繁殖培育无病种薯和无病壮苗。应选三年及以上未种甘薯的地块作苗床，从春薯地剪取无病秧蔓扦插作秧苗。若用薯块育苗，应精选种薯、剔除糠心和薯皮受损的带病薯块；选用抗病品种：在重病区或重病地，选用高产抗病品种，以减少损失；实行轮作：重病地应实行与玉米、棉花、花生等作物 4~5 年轮作，基本能控制甘薯茎线虫发生的危害；消灭病原：在育苗、移栽、收获、贮藏等关键时期，彻底清除病薯、病蔓等组织，并集中深埋或烧掉。

（3）化学防治：30% 的辛硫磷微胶囊 1 kg/亩浸秧或穴施处理。在秧苗移栽前采用 50% 辛硫磷乳油 100 倍液浸根 10 分钟，具有很好的防治效果。

五、甘薯软腐病

甘薯软腐病俗称水烂病，是甘薯贮藏期发生比较普遍的一种病害。如果收获粗放，贮藏管理不善，将导致此病害迅速蔓延，引起薯块腐烂，造成不同程度的损失。

（一）症状

病菌多从薯块两端和伤口处侵入。发病初期，外观症状不明显，仅薯块软化，呈水渍状、发黏，用手指轻轻挤压，病部即流出草黄色汁液，具有芳香酒味。若被次生寄生物入侵，则变成酶酸味和臭味，发病严重时引起全窖薯块腐烂，后期病薯失水干缩成硬块。

(二)发生特点

甘薯软腐病的病原不只一种,均属于接合菌亚门。接合菌纲,毛霉目,毛霉科,根霉属,但主要病菌是黑根霉。当黑根霉与其他根霉共存时,常可排斥其他霉菌而占优势。

软腐病菌的腐生能力强,分布极为广泛,寄主范围也较广。病原菌以孢子囊经气流及农事操作等传播,一般从薯块端部或其他部位的伤口侵入。侵入后,病菌产生的果胶酶,淀粉酶及纤维素分解霉分解细胞中胶层及其他成分,使组织瓦解造成腐烂。

病害的发生与薯块的生活力强弱关系密切,薯块本身生活力旺盛,病害通常不会发生,只有薯块受冻后,生活力降低,病菌才容易侵入。薯块伤口多,带蔓贮藏等都有利于病害发生。

(三)防治方法

软腐病病菌不侵染生命旺盛的健康寄生组织,只侵染受伤的部位,因而在防治上应减少薯块感病机率,尽量杜绝侵染途径。

1. 农业防治

适时收获:甘薯一般 15℃ 以下即可强迫休眠而停止生长,9℃ 以下会遭受冷冻害,因此收获期在平均气温 14~15℃ 时为宜,霜降前收获完毕,并做到当天收获当天入窖,以免夜间遭受冷冻。精选种薯:凡带病、虫、伤及受冷、冻害薯块应严格剔除,运输过程中要轻装、轻运、轻卸,尽量减少薯块破伤,保证贮藏质量。

2. 化学防治

铲除窖内旧土露出新土,用硫磺熏蒸,15 g/m³。

3. 物理防治

加强贮藏期管理:甘薯入窖初期的 15~20 天内,薯块呼吸作用强，湿度大，应敞开窖门，散去水分，晚上或雨天应关闭窖门，待窖温稳定在 10~14℃ 时封窖。冬季保持恒温，春季气温回升后，随气温变化逐渐开窖通风，防止后期病害发生。

六、甘薯疮痂病

（一）症状

甘薯疮痂病又称甘薯缩芽病或"麻风病"，主要危害甘薯嫩梢、叶柄、幼叶和茎蔓，尤以嫩叶的反面叶脉最易感染，同时也可危害薯块。嫩叶发病的症状多是叶背粗，细叶脉初时出现棕红色稍透明的小斑点，后病斑逐渐扩大，病斑表面组织木栓化、粗糙、突起、易开裂、状如疮痂，呈灰白色或黄白色。叶片发病后常向内卷曲，严重时皱缩变小，不能伸展，呈扭曲畸形。茎蔓和叶柄发病，形成圆形或长圆形疮痂状病斑，后期凹陷，严重时疮痂相连成片，生长停滞。病茎蔓皮层粗糙，木栓化，失去柔性，以致薯蔓顶端硬化僵直，不再伏地蜿蜒。嫩梢发病，产生密集淡紫色病斑，嫩梢皱缩不能生长，称之缩芽。薯块染病，表面产生暗褐色至灰褐色斑点，干燥时疮痂易脱落，残留症状斑或疤痕。病薯薯块小而多呈不规则形。

（二）发生特点

病菌分生孢子是初侵染和再侵染的接种体，借气流和雨水传播，从寄主伤口或表皮侵入致病，病菌主要以菌丝体潜伏在病组织中越冬。以带菌的种苗或带病的薯蔓为田间病害的主要初侵染源。病菌远距离传播则靠薯苗的调运。气温在 20℃ 以上开始发病，最适温度为 25~28℃。湿度是病菌孢子萌发和侵入的重要条件，特别是连续降雨和台风暴雨有利发病。雨天翻蔓，病害扩展蔓延更快。在我国南方省区的 4—10 月均可发病，6—9 月为病害流行盛期。品种间抗病力的强弱差异很大。地势和土质与发病也有很大关系，山顶、山坡地比山脚、过水地等发病轻；旱地比洼地发病轻；砂土、砂质壤土比黏土发病轻；排水良好的土地比排水不良的土地发病轻；轮作能减轻病害发生。

(三)防治方法

1.加强植物检疫

加强植物检疫，先划分无病区与保护区，禁止从疫区调运种苗至保护区。选用抗病品种是防治甘薯疮痂病发生危害的有效途径，也是综合防治的关键措施。

2.农业防治

施用沤制的堆肥，防止偏施氮肥，增施磷、钾肥。合理灌水，雨后排水，降低田间湿度，抑制病害蔓延；早期发现病株，及时拔除。收获后彻底清除田间病残体，并深翻土壤。重病田与粮食作物进行 4 ~ 6 年轮作。

3.化学防治

在春秋甘薯育苗和大田扦插时，可用 50% 多菌灵 600 倍液，浸薯苗 10 分钟，沥干后扦插，其效果较为理想。发病初期，可选用 70% 甲基托布津可湿性粉剂 1000 倍液，或 50% 多菌灵可湿性粉剂 500 倍液，或 80% 代森锰锌可湿性粉剂 600 倍液，或 80% 可湿性粉剂 600 倍液喷施防治，隔 10 天喷 1 次，连续喷施 2 ~ 3 次。

七、甘薯瘟病

甘薯瘟病又名细菌性萎蔫病，俗称烂头、发瘟，是一种毁灭性病害，轻时减产 30% ~ 40%，重时可减产 70% ~ 80%，甚至绝产。

（一）症状

甘薯薯瘟病病菌从植株伤口或薯块的须根基部侵入，破坏组织的维管束，使水分和营养物质的运输受阻，叶片青枯垂萎。整个生长期都能产生危害，但各个时期的症状有所不同。

苗期：若病薯育苗，待苗高15 cm左右时，1～3片叶开始凋萎，苗基部呈水渍状，以后逐渐变成黄褐色乃至黑褐色，严重的青枯死亡。大田生长期：病苗栽插后不发根，几天后死亡；健苗栽后，蔓长30 cm左右时，病菌从伤口侵入，叶片暗淡无光，中午萎蔫，茎基和入土部分，特别在有伤口的地方，呈黄褐色或黑褐色水渍状，最后全部腐烂；生长后期，茎蔓各节已长出不定根，叶片虽不萎蔫，提起蔓扯断不定根后，植株很快青枯死亡。薯块：早期感病的植株，一般不结薯或结少量薯块，后期感病时则完全不结薯。感病轻的薯块症状不明显，但薯块呈黑褐色纤维状，根梢呈水渍状，手拉容易脱皮；中度感病的薯块，病菌已侵入薯肉，蒸煮不烂，失去食用价值，称为"硬尸薯"；感病重的薯皮发生片状黑褐色水渍状病斑，薯肉为黄褐色，严重的全部烂掉，有刺鼻臭味。

（二）发病特点

病菌通过病苗、病薯、带菌土、肥料和流水等方式传播。甘薯瘟病病菌在温度20～40℃范围内都能繁殖，以27～35℃和相对湿度80%以上生长繁衍最快，危害也最重。南方各薯区6—9月是发病盛期。

（三）防治方法

选用抗薯瘟良种，培育无病壮秧，控制瘟疫危害；严格检疫，严防病薯、病苗传入无病区，并封锁限制病区；实行与水稻轮作。

在水淹半年以上的土壤中可使病菌死亡。不宜与旱地作物轮作；清洁田园，清除病残体并集中烧毁，以石灰、硫磺消毒附近土壤。以每亩施 25～75 kg 石灰氮作基肥，调节土壤酸碱度，可增强防病作用。

八、甘薯紫纹羽病

(一)症状

甘薯紫纹羽病俗称抹帽坏、红络、留皮、红网病，此病仅在甘薯田间生长期内发生，危害薯块和垄头，造成薯块腐烂，8 月下旬在大田可看出病株地上部叶片渐次发黄脱落，轻提病蔓容易拔起，但在看到病株时地下薯块已经腐烂。受害薯块初期表面缠绕白色纱线状物，后变褐色(病原菌)，最后变成紫褐色，并在薯块表面结成一层羽绒状菌膜。病薯自下而上，从外向内逐渐腐烂，烂薯肉从破裂薯皮流出，仅留干缩薯皮，形成"僵壳"。

(二)发病特点

根状菌索和菌核依附于病薯、病垄头上或以拟菌核遗落土中越冬，为次年病害初侵染源。病菌在土中可存活 4 年。此病能通过雨水、灌溉和带菌的病株残体、肥料施用等农事操作传播。甘薯紫纹羽病的发生规律是：连作地块发病重于轮作地，与桑、茶等混作重于单作，旱薄地重于肥水地，春薯重于夏薯，管理粗放、缺肥生长不良的山岗地和沙质壤土发病最为严重；秋雨多、高湿年份发病重。该病寄主范围广，除甘薯外，还危害花生、马铃薯、大豆、棉花、蔬菜等多种作物。

（三）防治方法

1. 农业防治

严格选地，不宜在发生过紫纹羽病的桑园、果园以及种植大豆、山芋等地栽植甘薯，最好选择禾本科茬口；提倡施用酵素菌沤制的堆肥；培育无病壮苗，使用清洁土和腐熟的有机肥育苗；实行轮作倒茬，在重病区与禾各类作物实行 3 年以上轮作，防止与桑、茶等间作，以减轻或控制病害；田间早期发现病株，要及时将病株、病土一起铲除，然后用生石灰粉撒于地面进行消毒；清洁田园，减少土壤菌源，把田间病株残体、带病薯块、薯蔓等集中清理烧毁或深埋。发病初期在病株四周挖沟阻隔，防止菌丝体、菌索、菌核随土壤或流水传播蔓延。

2. 化学防治

发病初期及时喷淋或浇灌 36% 甲基硫菌灵悬浮剂 500 倍液或 50% 多菌灵可湿性粉剂 1500 倍液。

九、甘薯黑痣病

（一）症状

农民称之为"黑皮"，主要危害薯块的表层。初生浅褐色小斑点，后扩展成黑褐色近圆形至不规则性大斑，湿度大时，病部生有灰黑色霉层，发病重的病部硬化，产生细微龟裂。病斑只局限在薯块的表皮，薯块内部无症状。甘薯黑痣病只危害薯块的表皮，不影响食用。薯蔓、薯块上的病斑呈黑褐色，像黑痣。受害病薯易失水，逐渐干缩，影响质量和商品价值。

（二）发病特点

病菌主要在病薯块上及薯蔓上或土壤中越冬。第二年春育苗时，导致幼苗发病，之后产生分生孢子侵染薯块。该菌可直接从表皮侵入，发病温度为 6～32℃，温度较高越利于其发病。夏秋两季多雨或土质粘重、地势低洼排水不良及盐碱地发病重。干燥、疏松的砂质土壤甘薯发病较轻，在通气性较差的中壤土中发病较重。分析原因，中壤土通气性较砂壤土差，另外，中壤土保水性好，土壤湿度相对较大，利于黑痣病的发生。

（三）防治方法

1. 农业防治

培育无病薯苗，严格挑选种薯，剔除带病薯块；建立无病留种地：黑痣病严重发生区，应建立无病留种地。选用 2 年未种过甘薯的地块，薯块单收、单藏。实施高剪苗，实行轮作。

2. 化学防治

温水浸种：用 51～53℃温水浸种薯 10 分钟；药剂浸种：用 50% 多菌灵可湿性粉剂 500 倍稀释液或 50% 甲基拖布津可湿性粉剂 500 倍稀释液浸种 5 分钟；药剂浸苗：70% 多菌灵粉剂 1200 倍稀释夜浸薯苗基部（6 cm 左右）10 分钟。

十、甘薯黑腐病

（一）症状

黑腐病病原细菌在田间表现为寄生性弱、致病性强，侵入率高，病株死亡率高；甘薯生长后期病原细菌侵入植株发病后，较少造成死株，分枝症状在主蔓节上终止，主蔓发病症状在长出分枝的节位上终止。

（二）发病特点

残留在土壤中的残余病株是次年发病的初侵染源，土壤过湿和多种气候有利于病害发生流行。甘薯栽种时遇过程性降雨造成土壤过湿,有利于病原细菌侵入,表现前期发病早、流行快。偏氮或过氮施肥及田间排水不良,是加快甘薯前期病害流行和死株增加的原因。生长期多雨,易造成甘薯膨大期病害再次流行,病株率高。前期病株率高低与鲜薯产量呈显著负相关。后期病株率高低对产量影响不明显。

(三)防治方法

1.选用抗病品种

注意种薯和种苗的病害检疫。培育无病壮苗,从无病区选留无病种薯和种苗,或选用脱毒种苗。

2.农业防治

收获时彻底清理病残植株,水旱轮作,加强水肥管理,注意排水、通风透气。

3.化学防治

用50%多菌灵或50%甲基托布津500倍稀释液浸甘薯藤2分钟以上,晾干后种植。大田发现病株应立即拔除烧毁,并用50%多菌灵1000倍稀释液喷洒,根据情况,可连续隔7天喷1次,直到根除为止。

十一、甘薯蔓割病

(一)症状

甘薯蔓割病的危害症状为苗期发病,主茎基部叶片先发黄变质。茎蔓受害,茎基部膨大,纵向破裂,暴露髓部,剖视维管束,呈黑褐色,裂开部位呈纤维状。病薯蒂部常发生腐烂。横切病薯上部,维管束呈褐色斑点。病株叶片自下而上发黄脱落,最后全蔓枯死。

（二）发病特点

病菌以菌丝和厚垣孢子贮藏在病薯内或附着在遗留于土中的病株残体上越冬，为初侵染病源。病菌从伤口侵入，沿导管蔓延，病薯和病苗是远距离传播的途径，流水和耕作是近距离传播的途径。土温 27～30℃，雨量大，次数多，有利于病害流行，连作地、沙土、沙壤土发病较重。

（三）防治方法

1. 选用抗病品种

禁止从病区调入种薯、种苗；选用无病种薯和无病土育苗。

2. 农业防治

重病地块与粮食作物进行 3 年以上轮作，与水稻 1 年轮作就可收效。发现病株及时拔除，集中烧毁或深埋。施用充分腐熟粪肥。适量灌水，雨后及时排除田间积水。

3. 化学防治

发病初期用 50% 多菌灵可湿性粉剂 500 倍稀释液，或 70% 甲基托布津可湿性粉剂 700 倍稀释液浸苗 10 分钟。

第二节　甘薯虫害

我国甘薯害虫的种类很多，除少数专门危害甘薯外，大部分是杂食性的、危害多种作物的害虫。从全国各薯区虫害情况来看，害虫的种类由北向南逐渐增多，造成的损失亦相应加重，专门或主要危害甘薯的害虫约有 10 多种。

一、甘薯天蛾

甘薯天蛾又名旋花天蛾，属鳞翅目，天蛾科，在我国甘薯种植地区均有发生，为间歇性发生的一种害虫。甘薯天蛾食害甘薯、空心菜、牵牛花、月光花等旋花科植物，但主要危害甘薯。三龄以后的天蛾幼虫食量大，食害甘薯的叶片、嫩茎，严重时把叶片吃光，严重影响甘薯产量。

（一）形态特征

成虫　灰褐色或淡灰褐色大型蛾子，体长 41～52 mm，翅展 95～120 mm。触角灰白色，雌蛾棍棒状，末端膨大，雄蛾栉齿状。前胸背面两侧有褐色的鳞毛两丛，呈"八字形"，中胸鳞毛更为发达，向后覆盖达腹背基部。前翅坚硬，灰褐色，有时带茶褐色，上有许多锯齿状和云状斑纹；后翅较小，淡灰色，上有 4 条黑褐色斜带和一些褐色斑纹。腹部背面中央有一条暗灰色宽纵纹，各腹节两侧顺次有白、红、黑色横带 3 条。

卵　圆球形，直径 1.6～2.0 mm。初产蓝绿色，孵化前黄白色，表面光滑。

幼虫　头部小，两侧有黑斑。初孵化时多呈黄绿色，长大后体色变化很大。中、后胸及第一至第八节背面具许多皱纹，形成若干小环。第八腹节末端具弧形的尾角。老熟幼虫体长 70～83 mm。

蛹　半裸蛹型，近长卵形，长 50～57 mm，初为翠绿色，后为褐色或红褐色。喙鞘长而伸出，弯曲呈象鼻状。后胸背面有 1 对粗糙刻纹；腹部 1～8 节背面近前缘处也有刻纹；臀棘为三角形，表面有许多颗粒突起。

(二)为害症状

幼虫取食叶片和嫩茎,高龄幼虫食量大,严重时可把叶食光,仅留老茎。

(三)发生特点

甘薯天蛾以蛹在土下 10 cm 左右处的土室内越冬,在山东一年发生 3 代,安徽 3~4 代,湖南、湖北、四川 4 代,福建 4~5代,田间世代重叠明显。

成虫白天潜伏在甘薯田附近的草堆、屋檐、作物地、矮树丛等处;黄昏后,尤其是 19~23 时为活动盛期,取食各种植物花蜜,并交配产卵,雌蛾大多于交配后的当晚或翌晚开始产卵,卵散生,产在甘薯叶背面的边缘,也产于叶片正面和叶柄上。雌蛾产卵颇具有选择性,生长旺盛、叶色浓绿的薯地产卵多。成虫飞翔能力很强,速度快,在环境条件不适时,能迁飞远地繁殖危害。

初孵幼虫先取食卵壳,继而爬至叶的反面取食叶肉和下表皮而造成膜状斑点,1~2 天食成小孔;第二、三龄幼虫食叶形成缺刻。幼虫一生可取食 33~42 片叶,1~4 龄食量小,5 龄食量大,占总食量的 88%~92%。食料不足时,幼虫可成群迁往临近甘薯田危害。环境因子与甘薯天蛾发生关系密切。凡 6—9 月气温高、微有旱情,7—8 月份小雨勤下、气温高,甘薯天蛾常会发生。因为前期气温高,各虫态发育进度加快,8 月份发生的一代提前,9—10 月份能继续发生危害;反之,8 月份发生的一代推迟,后期不会再造成大的危害。如天气过旱和雨水过多也对其发生不利。

(四)防治方法

1. 农业防治

冬季耕翻,破坏越冬环境,促使越冬虫蛹死亡,可减少越冬虫源。

2. 化学防治

在第三龄幼虫盛期，当幼虫 2～3 头/m²时即可喷药防治，如用 50% 辛硫磷乳剂 1000 倍稀释液喷雾防治。

3. 生物防治

保护如八哥、乌鸦等鸟类，或放鸡群于薯地里啄食幼虫。

二、斜纹夜蛾

斜纹夜蛾又名莲纹夜蛾，属鳞翅目，夜蛾科。在我国各甘薯产区均有发生，其中长江流域及其以南地区发生较多，且间歇性猖獗成灾。斜纹夜蛾幼虫杂食性很强，已知危害的植物达 99 科 290 多种，其中幼虫喜食的有 90 种以上，主要为害大田作物种类有棉花、甘薯、花生、大豆、芝麻、烟草等。斜纹夜蛾危害甘薯以食叶为主，严重时也咬食嫩茎、叶柄等，仅留茎秆，对甘薯植株的正常生长影响很大。

(一)形态特征

成虫　灰褐色中型蛾子，体长 16～21 mm，翅展 32～42 mm。前翅黄褐色至黑褐色，表面具许多白色和黑色斑纹，从前缘基部斜向后方臀角。后翅灰白色、半透明，仅翅脉和外缘呈暗褐色，具有紫红色闪光；腹部圆锥形、呈暗灰色、末端丛生长毛。

卵　卵粒扁平，半球形，直径约 0.5 mm，表面有纵横脊纹；初产时黄乳白色，后变为灰黄色，近孵化时呈暗灰色，常数十粒至几百粒堆积重叠为椭圆形、圆形、直线形或无规则卵块，其上覆以黄褐色鳞毛，似发霉的半个黄豆粒。

幼虫　近圆筒形，小时暗灰绿色，长大后变化很多，可分为深色型和单色型两类。幼虫一般为 6 龄，少数 7～8 龄，末龄幼虫体长 38～51 mm，3 龄前体线隐约可见；腹部第一节两侧三角形上黑斑最大，中后胸黑斑外侧有黄色小点、气门黑色。

蛹　长卵形，头钝尾尖，体长 18～20 mm，赤褐色至暗褐色，有光泽；腹部第四节和 5～7 节腹面的近前缘处密布圆形刻点，末端有一对短而弯曲的臀刺。

（二）为害症状

幼虫食叶，也咬食嫩茎、叶柄，大量暴发时，常把叶片和嫩茎吃光，造成严重损失。

（三）发生特点

斜纹夜蛾一年发生多代，世代重叠。在冬季寒冷地区，以蛹在土中越冬；在冬季比较温暖的南方，无滞育和越冬现象。

幼虫孵化后，先群聚在卵块附近啃食叶片的叶肉和下表皮，仅剩上表皮和叶脉而成膜状斑。此时，幼虫一受惊动多吐丝下坠，随风飘移至他处。二龄后期开始爬行分散，三龄起完全分散，且具有明显的假死性，受惊即曲体缩起向下滚落，具有迁移性。随着虫体生长，食量增加，常咬食叶片使之残缺不全，仅剩粗老的叶脉和叶柄。

7—8 月气温偏高，气候干燥，暴雨少的情况下，易猖獗发生。一般肥水条件好、作物生长茂密的田块，往往虫口密度大。土壤含水量在 20% 以下对幼虫化蛹和成虫羽化不利，蛹期遇大雨，或灌溉造成农田积水也不利于成虫羽化。

（四）防治方法

根据斜纹夜蛾初孵幼虫喜群栖，抗药力弱的特点，采用农业防治与药剂防治相结合的原则，将幼虫消灭在三龄以前。甘薯田每平米幼虫达 5 头，即可用药防治。

1. 农业防治

摘除卵块：结合田间管理、及时铲除杂草，人工摘除卵块和初孵幼虫集中的叶片，集中销毁，有压低虫口密度，减轻危害的作用。

2. 物理防治

诱杀成虫：在各代成虫发生初盛期，尚未大量产卵前，可采用黑光灯、糖醋液或杨树枝诱杀，糖醋液中可加少许杀虫双。

3. 化学防治

根据虫情调查，在幼虫三龄以前抗药性较弱时于午后或傍晚施药效果好，常用药剂有甲氧虫酰肼、溴虫腈、甲维盐和阿维菌素等。

4. 生物防治

斜纹夜蛾常见的天敌有寄生于卵的赤眼蜂；寄生于幼虫的小茧蜂和寄生蝇。此外，它的天敌步行甲、蜘蛛及多角体病毒等，都对斜纹夜蛾有一定的抑制作用，应注意保护利用。

三、麦蛾

麦蛾，为鳞翅目，麦蛾科。分布华北、华东、华中、华南、西南等。以幼虫吐丝卷叶危害，幼虫啃食叶片、幼芽、嫩茎、嫩梢，或把叶卷起咬成孔洞，发生严重时仅残留叶脉。

(一) 形态特征

成虫　体长 4 mm，黑褐色；前翅狭长，黑褐色，中央有两个褐色环纹、长圆形小斑纹，翅外缘有 5 个横列小黑点。后翅淡褐灰色，比前翅宽短，前后翅均有较长缘毛。

卵　椭圆形，乳白色变淡黄褐色。

幼虫　老熟幼虫细长纺锤形，长约 6 mm，头稍扁，黑褐色间有灰白色条纹；前胸淡黄绿色，中胸至第二腹节黑色，第二腹节下各节呈淡黄绿色，背面具有一条较宽的灰白色背线，各节并具一条体后下侧斜行的黑色线条。

蛹　纺锤形，黄褐色。

(二) 为害症状

幼虫啃食新叶，幼芽呈网状，幼虫钻入芽中，虫体长大后啃食叶肉，仅剩下表皮，导致被害部变白，后变褐枯萎。发生严重时仅残留叶脉。长大后把叶卷起咬成孔洞。

(三) 发生特点

全国普遍发生。以蛹在叶中结茧越冬，幼虫在第二年甘薯长出新芽后危害，7—8月份虫量最大，高温干旱的条件，发生更为猖獗。卵散生于薯叶背面，叶脉交叉处。幼虫孵化后，低龄只剥食叶肉，2龄后吐丝卷叶，藏在卷叶内危害，并能转移至它叶危害。

(四) 防治方法

1. 农业防治

秋后要及时清洁田园，消灭越冬蛹，降低田间虫源；开始见幼虫卷叶危害时，要及时捏杀新卷叶中的幼虫或摘除新卷叶。

2. 物理防治

在大面积种植田，利用成虫的趋光性用杀虫灯诱杀成虫。

3. 化学防治

在幼虫发生初期施药防治，施药时间以下午4—5点最好。药剂可选用2%阿维菌素乳油1500倍液、20%甲氧虫酰肼悬浮剂2000倍液、20%除虫脲悬浮剂1500倍液、5%氟虫脲可分散液剂1500倍液、2.5%高效氯氰菊酯2000倍液喷雾防治。在收获前10天停止用药。

四、甘薯蚁象

甘薯蚁象,又称甘薯象甲,是国际和国内检疫性害虫,分布在我国南方甘薯产区,危害甘薯、蕹菜等旋花科植物。

(一)形态特征

成虫　体长 5～7.9 mm,狭长似蚁,触角末节、前胸、足为红褐色至桔红色,其余蓝黑色,具金属光泽,头前伸似象的鼻子。雌虫触角长卵圆形,雄虫触角为棒形,前胸狭长,前胸后端 1/3 处缩入中胸似颈。

幼虫　体长 5～8.5 mm,头部浅褐色,近长筒状,两端略小,略弯向腹侧,胸足退化,幼虫共 5 龄。

(二)为害症状

成虫取食甘薯薯块、藤和叶片。雌虫在薯块表面取食成小洞,产单个卵于小洞中,之后用排泄物把洞口封住。幼虫终身生活在薯块或薯蔓内,取食成蛀道,且排泄物充斥于蛀道中。幼虫的取食能诱导薯块产生萜类和酚类物质,使薯块变苦,即使是少量侵染也能使薯块不能食用或饲用。

(三)发生特点

甘薯蚁象世代重叠,主要以成虫在田间和贮藏薯块中及茎、叶、土缝等隐蔽处越冬;卵、幼虫和蛹也能在薯块中越冬。早春成虫先在过冬植物上完成 1 代,再转移到田间危害。

成虫飞翔力弱,怕直射日光,有假死性。卵多散产在薯块的皮层下,其次是较粗的薯蔓上,产卵孔口一般盖有胶质物,每只雌虫产卵 30～200 粒。整个幼虫期都在薯块或藤头内生活,薯块内部被幼虫蛀食成不定形的弯曲隧道,隧道内充满虫粪,由于伤口诱致病菌侵入，使受害薯块发生恶臭和苦味。老熟幼虫在隧道末端近表层处化蛹。在气候温暖、土壤黏重、缺乏有机质、干燥而带酸性土壤、栽培管理粗放、连作等条件下特别适应甘薯小象虫的生存。

（四）防治方法

1. 加强植物检疫，防止传播蔓延

蚁象的自然迁徙范围有限，向新区扩展蔓延主要靠各虫态随附在鲜薯和薯苗上传送。凡从疫区调运鲜薯或种苗往安全区时，都必须厉行检疫。凡薯块、薯苗表皮有小蛀孔、剖开有曲折虫道与恶臭苦味的种苗都必须及时处理。虫薯一律不准外运，以防此虫蔓延。

2. 农业防治

清洁田园，收获时把病薯彻底清理，用以制作堆沤肥，并在肥堆撒石灰粉，以减少越冬虫口基数；发病地块与花生、烟草、玉米、大豆等非寄主旱作物进行轮作，水旱轮作更佳；改良土壤；适时中耕培土，防止薯块外露。

3. 化学防治

在育苗期进行集中防治效果最好，辛硫磷颗粒每亩有效成分 $100 \sim 200$ g。或在扦插前将薯苗在50%辛硫磷乳剂500倍液中浸1分钟后，立即取出晾干扦插，有较好的保苗效果。

4. 生物防治

甘薯蚁象的生物防治主要包括利用天敌控制、性诱剂诱捕和昆虫不育技术。天敌主要有昆虫病原线虫、昆虫病原真菌和寄生蜂类等，在甘薯移栽后30天左右和80天左右分别用白（绿）僵菌300 g/亩进行灌根。采用蚁象性诱剂诱杀防治，可用塑料瓶制作诱虫器，悬挂在离作物高20 cm左右，每亩5个诱芯，$30 \sim 40$ 天更换一次性诱剂，换下来的性诱剂要深埋或用火烧掉。

五、蛴螬

蛴螬是金龟子幼虫的统称,成虫俗称金龟子、金龟甲。蛴螬喜欢咬食甘薯的幼苗和块根,是危害甘薯产量和质量的最大害虫之一。甘薯幼苗被蛴螬咬食会造成缺苗断垄、死苗,被蛴螬噬食的薯块除了易感染病菌,加重田间和贮藏期病害的发生外,还会直接影响甘薯的外观和质量,造成严重的经济损失。

(一)形态特征

成虫 有假死性,触角鳃叶状,前足呈半开掘式,体近椭圆形,略扁,体壁及翅鞘高度角质化,坚硬。

幼虫 称蛴螬,肥大,身体柔软,皮肤多皱,有细毛,腹部末节圆形,向腹弯曲,全体呈"C"形。

(二)为害症状

幼虫咬食薯块,造成大而浅的孔洞。

(三)发生特点

蛴螬发生的轻重与土壤温湿度、有机质含量、前茬作物、地势高低、天气情况等因素密切相关。一般情况,10 cm 土温达 13~18℃时蛴螬活动最盛;土壤潮湿活动加强,尤其是连阴雨天气会加重危害;背风向阳地的虫量高于迎风背阴地,坡地的虫量高于平地;前茬为大豆、花生、玉米、蔬菜的地块发生严重;土层厚、较湿润、有机质含量高的肥沃中性土壤,蛴螬发生普遍。而有机质含量低、土壤黏重的粘土和沙土,蛴螬危害则较轻。

（四）防治方法

1. 农业防治

主要用耕作措施对蛴螬进行防治。北方薯区常实行薯麦轮作，可在6月初小麦收获后深翻土壤进行晾晒，人工杀死幼虫或饲养鸡群啄食幼虫。10月份在夏薯收获的同时完成土地深耕，破坏蛴螬在土壤中的生活环境，可利用蛴螬怕水淹的特性利用灌溉消灭幼虫。

2. 物理防治

利用成虫趋光、趋化的特性，可用黑光灯、性诱剂等对蛴螬成虫（金龟子）进行诱杀。6月中旬至7月下旬是成虫发生盛期，此时正值甘薯生长旺季，可在甘薯田安装黑光灯诱杀成虫，5亩一盏。

3. 生物防治

目前应用最广也是最有效的是利用白僵菌、绿僵菌等真菌制剂防治蛴螬，尤其是白僵菌在甘薯田防治蛴螬上非常成功。在甘薯栽插期、薯块膨大期或者幼虫发生盛期施用白僵菌后孢子侵染蛴螬幼虫，使其致死，菌土施用三年后仍有一定防治效果。此方法具有不易产生抗药性、残留少、致病率高等优点，应用前景广阔。

4. 化学防治

土壤处理：犁地前每亩用2.5%甲基异柳磷颗粒剂、3%辛硫磷颗粒剂3 kg拌细土50 kg，均匀撒施全田，随撒随犁随耙，立即犁耙进入土中。

药剂拌种：用40%甲基硫菌灵乳油500 mL加水50～60 kg，拌种子500～600 kg，均匀喷洒，摊开晾干后即可播种。有效期30～35天，可防治蝼蛄、蛴螬、金针虫等地下害虫。撒施毒土：每亩用50%辛硫磷乳油1.5 kg，拌细砂或细土375～450 kg，在根旁开沟撒入药土，随即覆土，或结合锄地将药土施入，可防治多种地下害虫。

根部灌药：苗期害虫危害时，可用 50% 辛硫磷乳油 500 倍稀释液，8~10 天灌一次，连续灌 2~3 次，在地下害虫密度高的地块，可采用 40% 甲基硫菌灵 50~75 g，兑水 50~75 kg，在下午 4 小时开始灌在苗根部，还可兼治蛴螬和金针虫。

诱杀成虫：放置糖醋酒盆诱杀地老虎的成虫，比例是糖：醋：白酒：90% 杀虫双 = 6：3：1：1，放置盆中于田间，诱杀地老虎成虫。

植株施药：用 90% 杀虫双 800~1000 倍稀释液，50% 辛硫磷乳油 1000~1500 倍稀释液，成虫发生期喷 2~3 次，每 7~10 天喷一次，有较好的防治效果。

六、金针虫

（一）形态特征

成虫　小至中型，多为灰、褐或棕色。触角 11~12 节，锯齿状、栉齿状或丝状，形状常因性别不同而异。前胸背板后缘角突出成锐刺，前胸与鞘翅相接处明显凹陷，前胸腹板具有向后延伸的刺状突，插入中胸腹板的凹沟内，能作有力的叩头状活动。足较短，腹部可见 5 节。

幼虫　通称金针虫，体细长，体壁光滑坚韧，头和末节特别坚硬，能在紧密上层中自由穿行。

（二）为害症状

幼虫咬食薯块，造成细而深的孔洞，在早期发生的幼虫，也可造成缺苗断垄。

（三）生活习性

在华北地区细胸金针虫 2～3 年形成一代。幼虫活动温度不超过 20℃，最适宜温度为 9～16℃，低洼易涝地区和灌溉条件好的地块是常发易发区。成虫有假死性，对萎蔫鲜杂草有极强的趋向性。成虫 3 月底出土，活动时期为 3—5 月份，将卵产在 0～5 cm 土层中，6 月份卵孵化。

（四）防治方法

见蛴螬防治方法。

七、地老虎

（一）形态特征

成虫　体长 16～23 mm，翅展 42～54 mm，深褐色，前翅暗褐色，其前缘及外横线至内横线区域呈黑褐色，肾状纹、环状纹及楔状纹皆围以黑边。在肾状纹外侧，有一个黑色三角形楔形斑，亚外缘线上有两个尖端向内的黑色三角形楔形斑。

幼虫　体长 37～47 mm，灰黑色，体表布满大小不等的颗粒，背面中央有 2 条淡褐色纵带，臀板黄褐色，具有 2 条深褐色纵带。

（二）为害症状

幼虫在茎基部咬断秧苗，造成缺苗断垄，危害块根，在薯块顶部造成凹凸不平的虫伤疤痕。

（三）发生特点

地老虎是喜湿喜温繁殖力强的昆虫，在全国各地广泛分布，常混合发生，世代重叠现象十分普遍，在不同地区发生世代数明显不同。在河北省，小地老虎一年发生 4 代，成虫可以远距离迁飞，第一代成虫发生期为 4 月上旬至 5 月上旬。黄地老虎可越冬，一年发生 3 ~ 4 代。成虫对糖醋液和黑光灯有很强趋性。产卵在叶背面，初孵幼虫取食寄主新叶或嫩叶，3 ~ 6 龄幼虫转移到农作物根际附近的表土下，白天潜伏土中，夜间活动为害植株，齐地面咬断农作物根茎部位，或者蛀食植物的块根块茎。

(四)防治方法

见蛴螬防治方法。

八、叶甲

(一)形态特征

成虫　体长 5 ~ 6 mm，宽 3 ~ 4 mm。体短宽，体色变化大，有青铜色、蓝色、绿色、蓝紫、蓝黑、紫铜色等，不同地区色泽有异，同地区也有不同颜色。触角基部 6 节蓝色或黄褐色，端部 5 节黑色，头部生有粗密的点刻，刻点间具纵皱纹。鞘翅隆凸，肩胛高隆，光亮，翅面刻点混乱较粗密。

幼虫　黄白色，体长 9 ~ 10 mm，体粗短呈圆筒状，有的弯曲，体多横皱褶纹并密被细毛。

卵　椭圆形，浅黄至黄绿色。

蛹　长 5 ~ 7 mm，初白色，后黄白色。后足腿节末端有黄褐色刺一个，腹末有刺 6 个。

(二)为害症状

成虫危害甘薯幼苗嫩叶、嫩茎，致使幼苗顶端折断，严重危害时也可导致幼苗枯死。幼虫危害土中薯块，把薯表吃出弯曲伤痕，影响薯块膨大。

(三)发生特点

一般一年发生一代,幼虫在土下或薯块内越冬,也有成虫在石缝或枯枝落叶里越冬。在浙江,越冬幼虫5月下旬化蛹,6月中下旬为成虫盛期。成虫飞翔力差,有假死性。初孵幼虫孵化后潜入土中啃食薯块的表皮,幼虫期10个月。

(四)防治方法

1. 农业防治

宜稻、薯轮作。田间秸秆及时妥善处理,如饲用或高温积肥等。震落捕杀成虫。利用该虫假死性,于早、晚在叶上栖息不大活动时,将其震落在塑料袋内,集中消灭。

2. 化学防治

撒施毒土。在甘薯栽秧时或施夹边肥时,施用辛硫磷、克线丹颗粒剂,每亩有效成分150~200 g。成虫盛发期时,可用1%甲氨基阿维菌素苯甲酸盐稀释2000~3000倍喷雾防治。

九、蚜虫

(一)形态特征

体长1.5~4.9 mm,触角圆圈形,罕见椭圆形,末节端部常长于基部。体色因蚜虫种类而异,一般有绿色、黄色、浅绿色、深青色以及黑褐色。翅膜质透明。多数蚜虫腹部第六或第七节背部生有一对"腹管"。腹部末端突起部有尾片。触角丝状,一般为6节。蚜虫分为有翅蚜和无翅蚜个体,一般夏季行孤雌胎生,秋季行有性卵生。蚜虫种类繁多,且繁殖能力很强。

（二）为害症状

蚜虫多聚集在嫩叶、嫩茎和近地面的叶片上吸食汁液，造成叶面卷曲皱缩、叶片发黄、生长不良。蚜虫还可以传播多种病毒，造成更大的损失。

（三）发生特点

蚜虫的繁殖力很强，一年能繁殖10～30个世代，世代重叠现象突出。蚜虫具有一对腹管，吸食植物汁液，传播病毒，而且造成花、叶、芽畸形。多数种类为寡食性或单食性，少数为多食性，部分种类还是粮、棉、油、麻、茶、糖、菜、烟、果、药和树木等经济植物的重要害虫。由于蚜虫迁飞扩散寻找寄主植物时要反复转移尝食，所以可以传播许多种植物病毒病，造成更大的危害。

（四）防治方法

蚜虫可选用3%啶虫脒微乳剂1500倍稀释液，10%吡虫啉可湿性粉剂2000倍稀释液或25%噻虫嗪水分散粒剂4000倍稀释液喷雾。每隔10天左右喷洒一次，连续喷洒2～3次可达到防治效果。

十、粉虱

（一）形态特征

烟粉虱成虫雌虫体长(0.91±0.04)mm，翅展(2.31±0.06)mm；雄虫体长(0.55±0.05)mm，翅展(1.81±0.06)mm。雄虫体长(0.55±0.05)mm，翅展(1.81±0.05)mm。体淡黄色至白色，无斑点，前翅脉一条，不分叉，左右翅合拢呈屋脊状。而温室白粉虱前翅脉一条，有分叉，左右翅合拢平坦。一般雄虫比雌虫的个体小。雌虫尾端钝圆，雄虫尾端呈钳状。

(二)为害症状

烟粉虱是一种食性杂，分布广的小型刺吸式昆虫，已成为一种严重危害农作物的世界性重要害虫。若虫和成虫均可刺吸危害植物的幼嫩组织，影响寄主生长发育；还会分泌蜜露诱发煤污病，影响叶片正常光合作用；传播植物病毒，使植物生长畸形。

(三)发生特点

烟粉虱的寄主范围广。一生由卵期、4个若虫期和成虫期组成，通常将第4龄若虫称为伪蛹。成虫喜在叶片背面产卵，每头雌虫可产卵30~300粒，在适合的植物上平均产卵200粒以上。烟粉虱雌雄成虫往往成对在叶背面取食，雄虫略小于雌虫，多在植株的中、上部叶片产卵。

(四)防治方法

1. 农业防治

秋冬清洁田园，烧毁枯枝落叶，消灭越冬虫源。

2. 物理防治

黄板诱集。在黄板上涂抹捕虫胶诱杀白粉虱，黄板放置位置应在距植株边缘 0.5 m 处；悬挂在距甘薯生长点 15 cm 处，每亩挂 50 块。防虫网：在甘薯育苗圃，可用 30 目防虫网防护，防止白粉虱的侵入。

3. 化学防治

每亩用 25% 阿克泰(噻虫嗪)水分散颗粒剂 10~20 g 兑水进行喷雾；或水分散粒剂 3000~4000 倍稀释液喷雾或灌根(每株用 30 mL)，3% 啶虫脒微乳剂 0.9~1.8 g/亩或 1000 倍喷雾。用 10% 吡虫啉 2000~3000 倍稀释液喷雾，或用 5% 吡虫啉乳油

1000～1500 倍稀释液喷雾或灌根。用 25% 噻嗪酮可湿粉 1000～1500 倍稀释液（几丁质合成抑制剂，不杀成虫），或 1.8% 阿维菌素乳油 1500 倍稀释液喷雾。对于封闭的环境可采用烟雾法，棚室内可选用 20% 异丙威烟剂 250 g∕亩，在傍晚时将温室或大棚密闭，把烟剂分成几份点燃成烟杀灭成虫。

十一、红蜘蛛

（一）形态特征

成螨　长 0.42～0.52 mm，体色变化大，一般为红色、梨形，体背两侧各有黑长斑一块。雌成螨深红色，体两侧有黑斑、椭圆形。卵圆球形、光滑、越冬卵红色，非越冬卵淡黄色、较少。

幼螨　近圆形，有 3 对足。越冬代幼螨红色，非越冬代幼螨黄色。越冬代若螨红色，非越冬代若螨黄色，体两侧有黑斑。

若螨　有 4 对足，体侧有明显的块状色素。

（二）为害症状

红蜘蛛主要集中在叶背部吸食汁液，叶片受害后，初现淡黄色小斑，小斑合并扩大成微红色，再转为棕褐色，严重时叶片干枯脱落，影响产量。

（三）发生特点

红蜘蛛 1 年发生 13 代，以卵越冬。红蜘蛛主要以卵或受精雌成螨在植物枝干裂缝、落叶以及根际周围浅土层土缝等处越冬。第二年春天气温回升，植物开始发芽生长时，越冬雌成螨开始活动危害。展叶以后转到叶片上为害，先在叶片背面主脉两侧危害，从若干个小群逐渐遍布整个叶片。发生量大时，在植株表面拉丝爬行，借风传播。一般情况下，在 5 月中旬达到盛发期。

越冬代雌成螨出现时间的早晚，与寄主本身的营养状况的好坏密切相关。寄主受害越重，营养状况越坏，越冬螨出现的越早；反之越不易受虫害。

(四)防治方法

1.农业防治

根据红蜘蛛越冬卵孵化规律和孵化后首先在杂草上取食繁殖的习性，早春进行翻地，清除地面杂草，保持越冬卵孵化期间田间没有杂草，致使红蜘蛛因找不到食物而死亡。

2.生物防治

田间红蜘蛛的种类很多，其天敌主要有中华草蛉、食螨瓢虫和捕食螨类等，其中以中华草蛉种群数量较多，对红蜘蛛的捕食量较大，保护和增加天敌数量可增强其对红蜘蛛种群的控制作用。

3.化学防治

1.8%阿维菌素乳油 4000～6000 倍稀释液，每亩喷施药液 50 kg，或喷施 12%甲维盐虫螨腈悬浮剂，叶面均匀喷雾。

第三节　甘薯病虫害综合防治

一、育苗期

育苗期防治对象有黑斑病、根腐病、软腐病、茎线虫病等，具体防治措施如下：

1.选择耐、抗病和脱毒良种

选用农艺性状好的抗、耐病的脱毒品种，精选种薯，排种时做到种薯三选。

2. 加强苗床管理

育苗时尽量采用新苗床，旧苗床应清除全部旧床土，更换新土，喷药消毒，且施用无菌净肥。

3. 药剂浸种(苗)

种薯消毒可采用温汤浸种和药剂浸种。如选用 40% 多菌灵 800~1000 倍稀释液或甲基托布津 1500 倍混合液浸种。

二、栽插期病虫害防治

栽插期主要防治对象有黑斑病、茎线虫病、地下害虫等，具体防治措施如下：

1. 高剪苗

离开苗床地面 3 cm 处剪苗，可有效防治黑斑病等病菌。

2. 药剂处理

(1)50% 多菌灵 1000 倍稀释液浸苗。

(2)40% 甲基硫菌灵 200 倍稀释液于移栽前 15~20 天起垄时沟施。

三、大田期病虫防治

大田期主要防治对象有甘薯天蛾、斜纹夜蛾、甜菜夜蛾等，这三种害虫幼虫应在三龄以前、耐药性较弱时防治为宜。

1. 点灯诱杀

利用成虫的趋光性进行诱杀，减少田间虫源。

2. 农药防治

科学使用农药，搞好化学防治。每亩可用甲氨基阿维菌素苯甲酸盐兑水喷雾防治甘薯天蛾、斜纹夜蛾等害虫。此外，甜菜夜蛾具较强的抗药性，应交替施用不同种农药。

四、贮藏期病害防治

贮藏期虫害较轻，主要以病害为主，常见病害有黑斑病、软腐病、灰霉病、干腐病、青霉病及生理性病害等。

1. 适时收获，防止薯块遭受冻害

收获期应在霜降前平均气温 14～15℃时适时收获，收获后当天入窖，以免遭受夜间低温冷冻。入窖前要剔除病、虫、伤、冻害薯块，减少因运输造成的伤口，保证贮藏质量。

2. 选好窖址，做好旧窖消毒

旧窖使用前，须将旧窖壁表面铲土见新，撒生石灰消毒，也可用硫磺熏蒸消毒。硫磺粉按 15 g/m³ 燃烧。消毒时应密闭窖门两天，然后通气使用。

3. 合理调节窖温

甘薯入窖初期的 15～20 天内，应敞开窖门，散去水分，晚上或雨天关闭窖门，待窖温稳定在 10～14℃时封窖。冬季保持窖内恒温，春季气温回升后逐渐开窖通风，防止病害发生。

第四节　甘薯草害及其防治

薯田杂草多为旱地杂草，根据其生命长短、繁殖特点可分为两大类：一类为一年生杂草。一年繁殖 1 代或数代，多为春季发芽出苗，当年开花结实，秋冬死亡；也有的杂草为秋季发芽出苗，当年形成叶簇，次年夏季抽薹开花结实，如碎米砂草（砂草科）、稗草、辣蓼、马齿苋、狗牙根等。另一类为多年生杂草。结实后仅地上部死亡，次年春季从地下鳞茎或块根、块茎等器官上重新萌芽，如香附子、茅根、蒲公英、刺儿菜等都是利用无性繁殖器官多年生长，其中一部分种子还能发育繁殖。此外，杂草也分为

167

单子叶杂草和双子叶杂草等。

（一）农业防治

面积小、短期内杂草可用人工拔除。甘薯田起垄后可覆盖黑色地膜，再进行甘薯栽插。黑色地膜在甘薯田应用效果非常好，黑色地膜内基本没有杂草。

（二）化学防治

用33%二甲戊乐灵乳油150～200 mL 喷施土壤封闭，兑水30～45 kg，在栽插后喷洒药液，地干旱应注意多兑水，尽量不要喷到薯苗上，否则会对甘薯的生长有一定的抑制作用。

在以禾本科杂草与莎草混生而无阔叶草的薯田，可以用精喹禾灵或精异丙甲草胺除草剂防除。每亩用50%乙草胺乳油50～100 mL，兑水40 kg，栽薯秧前或栽薯秧后田间喷雾。要求地面湿润、无风。乙草胺对出苗杂草无效，应尽早施药，提高防效。

在禾本科杂草、莎草、阔叶草三类杂草混生的甘薯田，可用果尔和旱草灵防除，每亩用24%果尔乳油40～60 mL，兑水40 kg喷雾。要求墒情好，最好有30～60 mm 的降雨。用药时精细整地，不可有大土块，一般下午4时后施药。

第六章 甘薯的收获与贮藏

第一节 甘薯的收获技术

收获是甘薯产业链的重要环节之一，收获时间与甘薯产量、出干率等都有密切关系，收获作业的质量更是直接影响薯块的贮藏和加工品质。我国甘薯采后贮藏普遍存在耗损率高、贮藏时间短的问题，这与其采收质量密切相关。我国甘薯采收多采用人工刨、犁耕、拖拉机机耕的挖掘方式，劳动力强度大，采收和装运标准不完备，甘薯易破损。甘薯机械化采收技术的研发还处于发展初期，而欧美发达国家薯类机械化采收起步早、发展快、技术水平高。

一、收获时间

甘薯主要是以收获其营养体块根为目标，不像种子作物那样具有明显的成熟期和收获指标。一般而言，只要气候条件适宜，甘薯块根就能继续生长，且生育期越长，产量越高。然而我国大部分薯区由于气候条件的限制，各地各有其特定的收获期。

一般情况下，为确定本地区的甘薯收获期，应遵循以下两个

169

原则：一是根据当地作物布局和耕作制度决定甘薯的收获期，例如与玉米等其他作物间作时，要综合考虑甘薯与其他作物的生育期以确定最佳收获期。二是根据当地气候变化，特别是根据霜期早晚确定收获期。具体而言，待当地平均气温降到15℃左右时开始收获，至12℃收获结束。收获期过早，会因缩短了甘薯大田生育期而降低薯块产量；收获过迟，因气温已下降至甘薯生长临界温度，对提高甘薯产量作用不大，而且常因低温冷害降低薯块品质，影响贮藏。湖南省甘薯收获多在10下旬开始，至11月上旬结束。

二、收获方法

（一）人工挖掘

人工挖掘是最为常见的收获方式。人工收获劳动强度大，费工多，往往不能保证收获适期，不但影响薯块的贮藏品质，而且会延误后作适时播种。目前，人工收获多集中于南方的丘陵岗地、不宜机械化作业的薯区。

（二）机械收获

随着农村劳动力转移和科学技术的不断进步，我国有些薯区正逐步实现半机械化或机械化收获，收获效率大大提高，这得益于甘薯收获机的问世。甘薯收获机种类繁多，目前做得比较好的有山东、河南和福建等省份，如山东乐陵天成工程机械有限公司生产的4UX－80型甘薯收获机和福建龙岩中农机械制造有限公司生产的ZN4U－1型甘薯收获机。机械化作业多适应于土地平整、田块较大的薯区，且对土质也有一定的要求，其中以砂性强、黏度小的砂壤土为宜。

1.藤蔓处理

甘薯在收获前需进行藤蔓移除、粉碎处理。甘薯藤蔓机械粉碎还田技术，可实现高效率去除藤蔓，机械粉碎技术多参考农机秸秆粉碎技术，但是由于甘薯贴着地表生长、须根扎地、交错缠绕、覆盖垄面，难以分开，一般粉碎机械较难适用。采用仿垄形刀辊和挑秧机构配合，以粉碎垄顶、垄侧的藤蔓能较好解决该问题。

技术要点：配套机械起垄，粉碎机适宜垄距要和机械起垄垄距配套；半直立株型的品种更适宜机械粉碎；选择适宜的甘薯藤蔓粉碎还田机；选择土壤干燥时作业。

(1)4JSW－600型步行型甘薯藤蔓粉碎还田机

该机为国家甘薯产业技术体系研发成果，为国内首款用于丘陵山地的微小型甘薯藤蔓去除粉碎装置。该机重量轻、体积小、操作方便，实现了作业机功率、重量、强度的优化组合。其采用模块化设计，以去蔓作业为主，将微型动力底盘设计为共用平台，卸下碎蔓装置后，更换起垄组件或挖掘机构，变换操作手柄方向，还可进行起垄或挖掘收获作业，实现了一机多用，提高了机具利用率。可用于丘陵坡地、育种小区等小田块挖掘前去蔓作业。

主要技术参数：配套动力：12 马力左右；适宜垄距：800～900 mm 左右；(作业垄数：1 垄；薯蔓粉碎长度合格率：≥90%。

(2)4JHSM－900型甘薯藤蔓粉碎还田机

该机是国家现代农业甘薯产业技术体系研发成果，由农业部南京农业机械化研究所研发，徐州天晟工程机械厂生产。其与中型拖拉机悬挂配套，采用长短不同的自由态粉碎刀仿垄形布置，进行仿形旋转切蔓碎秧，利于垄沟长蔓的清理；采用"静嵌动"防秧蔓缠绕技术，有效解决甘薯切蔓设备在刀辊与轴承固定座结合部位的缠绕问题。适用于平原坝区或丘陵缓坡地单垄垄距为

800～1000 mm 的甘薯挖掘收获前去蔓作业。

技术指标：配套动力：25 马力以上；适宜垄距：900 mm 左右；秸秆粉碎长度合格率：≥85%；纯生产率：2.25～3 亩/h。

2.机械收获

甘薯机械收获主要包括挖掘、输送、分离、清选、运输等过程，从甘薯挖掘犁到联合收获机的发展，满足了甘薯机械化收获的基本需求。

技术要点：配套机械起垄，垄距适宜；单独收获作业前需进行藤蔓粉碎或移除处理；山地、丘陵地区宜选择中小型收获机；作业土壤湿度适宜，不宜板结或过黏。

(1)4GS－600 型单行甘薯收获机

该机为国家甘薯产业技术体系研发成果，其与中小型拖拉机配套，采用两段式升运角，利于薯土快速分离，减轻收获机升运链负荷，提高明薯率；前端两侧采用倾斜立式破垄刀，减轻前行阻力，在破垄刀上端设置无动力旋转防缠机构，避免收获时残蔓缠绕在机架的两侧，防止壅堵。适用于平原或缓坡地沙壤土、沙浆黑土单垄作业。

主要技术参数：配套动力：25 马力左右；作业垄数：1 垄；作业幅宽：600 mm；挖掘深度：300 mm 可调；明薯率：98.5%；纯生产率：3 亩/h。

(2)4QL－1 型甘薯破垄挖掘机

4QL－1 型甘薯破垄挖掘机为国家甘薯产业技术体系研发成果，该机采用模块化设计，与起垄施肥机共用一个平台，更换部件后可实现不同作业。其采用挖深、入土角度可调的挖掘犁，收获前行阻力小，提高了丘陵坡地和平原坝区黏重土壤区的作业性能，适用于多种土壤作业。

主要技术参数：配套动力：25 马力左右；适宜垄距：800～1000 mm；挖掘深度：300 mm 可调。

（3）4GS－1500型两行甘薯收获机

该机为国家甘薯产业技术体系研发成果，其与大马力拖拉机配套，采用两段式升运角，利于薯土快速分离，减轻收获机升运链负荷，提高明薯率；前端两侧采用倾斜立式破垄刀，减轻前行阻力，在破垄刀上端设置无动力旋转防缠机构，避免收获时残蔓缠绕在机架的两侧，防止壅堵；采用后端柔性归拢与集薯装置，利于后续捡拾收获。适用于中大地块沙壤土、沙浆黑土一次多垄作业。

主要技术参数：配套动力：80马力以上；作业幅宽：1500 mm；挖掘深度：300 mm可调；明薯率：97.2%；纯生产率：7.5亩/h。

三、薯块田间处理方法

收获时，宜在晴天上午进行。挖出的薯块要去除薯块表面泥土，中午放置在田间晾晒。在黏土地或地下水位较高地区生长的甘薯，采后应及时除泥；在沙质土壤生长的甘薯，抹去甘薯表面附带的泥土即可，要注意避免伤薯。收获时要按照不同品种、不同用途（种薯、鲜食薯和加工薯）分别收获。

薯块在田间需经过严格筛选，剔除带病虫、腐烂、损伤、不完整、有裂皮、受冻、畸形薯块及杂薯等，筛选过程尽量避免机械损伤，减少转运次数。收获的薯块需在当天下午及时运回窖内贮藏，防止夜间遭受低温冷害。另外，人工、机械起薯时要发力均匀，避免戳伤和损伤薯块；从收获到贮藏的过程中，要轻拿、轻放、轻装、轻运，以免碰伤薯皮。

四、质量要求

1. 种薯

种薯级别分为育种家种子、原原种、原种和生产用种，各级种薯的质量要求应符合表6－1的要求。

表 6-1　各级别种薯质量要求

项目	允许率/%			
	育种家种子	原原种	原种	生产用种
纯度	100.0	100.0	>99.5	>98.0
薯块整齐度	≥90.0	≥90.0	≥85.0	≥85.0
有缺陷薯	≤1.0	≤1.0	≤3.0	≤5.0
杂质	≤1.0	<2.0	<2.0	<2.0
软腐病	0	0	0	<1.0
镰刀菌干腐病和腐烂	0	0	0	<1.0
茎线虫病	0	0	0	≤1.0
根结线虫病	0	0	0	0
甘薯蚁象	0	0	0	0
根腐病	0	0	0	0
黑斑病	0	0	≤1.0	≤2.0

2. 鲜食薯

质量要求应符合表 6-2 规定。

表6-2　鲜食薯质量要求

等级	重量/g	质量要求
一级薯	200～400	薯皮光滑无须根、形状整齐；薯块无畸形、无创伤、无开裂、无虫伤、无霜冻、无涝渍、无发芽、无黑斑病、黑腐病和软腐病及其他病害引起的腐烂等；其中由损伤引起的缺陷不得超过5%，病害引起的缺陷不得超过1%。甘薯中重金属含量和农药残留含量应低于食品中污染物和食品中农药残留限量的要求
二级薯	100～200	
三级薯	50～100	

3. 加工薯

质量要求应符合表6-3规定。

表6-3　加工薯质量要求

等级	重量/g	质量要求
一级薯	>300	薯块无畸形、无创伤、无开裂、无虫伤、无霜冻、无涝渍、无发芽、无黑斑病、黑腐病和软腐病及其他病害引起的腐烂等；其中由病害引起的缺陷不得超过1%。甘薯中重金属含量和农药残留含量应低于食品中污染物和食品中农药残留限量的要求
二级薯	200～300	
三级薯	100～200	

第二节　甘薯的贮藏特性

甘薯原产于热带，喜温怕冷，若贮藏期间温度低于最低临界点就会受到冷害或冻害而引起烂窖。甘薯薯块体积大、水分多、组织柔嫩，在采收、运输和贮藏过程中容易造成机械损伤，增加病菌侵染机会，降低块根的耐贮性。因此，为了保证甘薯贮藏质量和周年供应，必须掌握贮藏期间薯块内部生理生化变化规律，以达到安全贮藏的目的。

一、甘薯贮藏期的生理生化特点

甘薯在贮藏过程中不断进行着生理和生化变化，主要是呼吸作用、愈伤组织的形成和内含物成分的变化。

(一) 呼吸作用

薯块在贮藏期间生命活动仍在进行，且与薯块健康程度、所处的环境条件等有密切关系。贮藏甘薯的目的就是尽量减少消耗并保持其新鲜度，因此通过控温、控湿等各种措施，把呼吸作用降到最低，即所谓强迫休眠。贮藏期间甘薯在不同氧气条件下会进行有氧呼吸或无氧呼吸。

1. 有氧呼吸

甘薯在氧气充足的情况下，吸收环境中的氧气进行正常的有氧呼吸。有氧呼吸消耗薯块中的淀粉转化为糖，糖再分解释放出二氧化碳、水和热，释放的热量便成为保持贮藏窖内适宜温度的主要热源。窖内温度愈高，呼吸作用愈强。因此，甘薯贮藏的温度要适宜，高温会加快呼吸速率，低温虽使呼吸强度减弱，但易使薯块受冷害。

2. 无氧呼吸

贮藏中若通风不良，氧气浓度低时，薯块容易缺氧导致无氧呼吸。无氧呼吸也消耗糖分，但是产物为酒精、二氧化碳，释放出少量热量。酒精和二氧化碳过多时对薯块有毒害作用，致使薯块中毒腐烂。闷烂的甘薯常伴有酒味，就是因为酒精在薯块体内过多的积累。

(二)愈伤组织的形成

薯块的薯皮是由没有生命力的木栓细胞组成,能防止病菌的侵入、减少水分的蒸发,增强薯块的耐贮性。在收、运和贮藏过程中薯皮易受损,受损的薯皮在温度较高、湿度较大的条件下,伤口表面束层细胞内淀粉粒消失,由近圆形的薄壁细胞变成扁长形的后壁细胞,形成无色素的薯皮,即愈伤组织。愈伤组织的形成是薯块生理机能对外界环境条件的一种反应,可以增强薯块的抗病性和耐贮藏性,有利于甘薯安全贮藏。

愈伤组织形成的快慢和温度、湿度、空气等条件有关。在高温、高湿和氧气充足的情况下,愈伤组织形成速度快,反之则较慢。试验证明,在一定温度范围内,随着温度的升高,愈伤组织形成所需时间相应缩短。薯块在形成愈伤组织的过程中,如果氧气供应不足,也会延长愈合的时间。如相对湿度在90%以上,温度在33℃,形成愈伤组织需4天,30℃则需要5天,20℃需要10天。当通气良好条件下,温度为25℃,相对湿度在80%~90%,薯块约3天即可形成愈伤组织;通气条件较差时则需要8天。另外,薯块受伤程度不同,伤口愈合速度也有差异,一般情况下,轻伤的薯块比重伤的愈合快,但品种不同,愈合的时间也有差异。

(三)内含物成分的变化

甘薯在贮藏期间,由于不间断地进行着呼吸作用而消耗体内的营养物质,使薯块体重减轻,称为自然损耗。自然损耗量的大小主要受贮藏时间、温度和湿度的变化所影响,一般约占总贮藏量的10%左右。

1. 水分变化

块根含有较多的水分，一般占 65% ~ 75%，高的达 80% 以上。贮藏期间水分逐渐散失，失水多少与贮藏环境条件有关。井窖的窖温在 11 ~ 16℃ 之间，相对温度在 90% 时，因湿度较高，薯块仅丢失 1% ~ 2.5% 的少量水分；一般棚窖薯块失重在 8% 左右；地上大屋窖由于湿度低，失水在 10% 以上。薯块水分的减少主要集中在入窖初期和第二年的春天，在安全贮藏期内变化不大，因为水分在薯块内含物淀粉的转化与分解过程中能得到一部分补给。

2. 淀粉和糖分的变化

薯块内含物中淀粉和糖约占薯块干重的 60% ~ 70%。薯块中的淀粉逐渐转化为糖和糊精，糖的一部分作为呼吸作用的底物进行呼吸消耗而损失，另一部分则贮存于薯块内。因此，贮藏一段时间后的薯块含糖量会有所提高，口感越来越甜。甘薯贮藏 4 ~ 5 个月后，淀粉含量减少 5% ~ 6%，糖分增加 3%，糊精约增加 0.2%。淀粉、糖、糊精在贮藏期间总计减少约 2% 左右。甘薯淀粉和糖分的变化与贮藏期间的温度有密切的关系。据试验，温度越高，呼吸作用越强，糖类物质消耗增多相当数量的糖因呼吸作用分解为二氧化碳和水，伴随热能而释放，所以薯体内糖的积累量不多，薯块食用口感不佳。

3. 果胶质的变化

果胶质是高等植物细胞间质的主要组分，占植物体干重的 15% ~ 30%。甘薯薯块内含有一定数量的果胶质，能巩固细胞壁，提高薯块组织的硬度，增强薯块对不良条件的抵抗能力。贮藏过程中，薯块内的一部原果胶质由不溶性变为可溶性果胶质，使薯块组织变得松软易受到病菌侵染，进一步造成薯块腐烂。贮藏窖内的细菌、真菌和放线菌都能利用其自身的果胶质酶分解薯块内的果胶质，使薯块腐烂。如软腐病的发生，主要是由于薯块中一部分果胶质被病菌分泌的果胶酶分解所致。果胶质的变化与薯块质量有关，薯块受冷冻时，薯块内部的亲水果胶质转化为原果胶质，故蒸煮时薯块常有硬心现象。而薯皮附近的原果胶质反而减少，所以受冷害薯块的薯皮一般比较松软。

4. 维生素 C 的变化

薯块在收获时维生素 C 的含量比较高，据测定，每 100 g 鲜薯还原型维生素 C 的含量约为 19.20 mg。贮藏一段时间后会逐渐下降，贮藏 30 天后还原型维生素 C 含量约下降为 17.33 mg，60 天后含量可下降到收获时的 70%。

二、影响甘薯贮藏的因素

甘薯贮藏受到温度、湿度、气体、病虫害等因素的影响。从收获到窖藏整个过程中，任何一个环节都可能存在着导致薯块腐烂的因素。要达到安全贮藏的目的，就必须要明确甘薯贮藏与相关因素的关系。影响甘薯安全贮藏的因素主要有以下几方面。

（一）温度

温度与甘薯安全贮藏关系极大。温度达到 20℃，薯块呼吸强度显著增加，放出二氧化碳、水和热量较多，消耗淀粉、糖分也多，且薯块易在窖内发芽。温度在 9~15℃时的呼吸强度差异不大。所以，甘薯贮藏期的窖温以 12~13℃为宜。甘薯在贮藏期间，维持薯块正常生命活动所需的最低温度为 9~10℃。如果薯块在低于 9℃以下时，就会受到冷害；当温度在 -2℃时，薯块内部细胞间隙即结冰，组织受到破坏，发生冻害。冷害、冻害都会引起薯块腐烂，造成烂窖。

冷害发生后，甘薯块根的新陈代谢会受到破坏，耐贮性和抗病力下降。薯块受冷后，一般要经过一段时间才发生腐烂，受冷温度越低、持续时间越长，腐烂越严重。受冷害后的甘薯表皮出现凹陷斑块，切开薯块后切面乳汁少，用手挤压则出清水。冷害轻的甘薯会在薯块中心形成硬块，煮不烂，薯肉发甜；冷害严重的甘薯薯肉发苦，维管束附近变为红褐色，进而变成棕褐色；再严重会导致薯块水烂发软，用手挤压后有褐色液体流出。

冷害一般是由于未能适时收获引起的，如收获期过晚或收获后不及时运回贮藏而放在地里过夜。还有一个原因是薯窖保温性差或保管不善而遭受冷害。我国甘薯多采用地窖、井窖、屋窖等贮藏形式，窖内温度受外部环境影响较大，若控制不当易造成冷害。一般造成冷害的温度和时间为窖温 8 ~ 9℃ 为 10 天；窖温 5 ~6℃ 为 6 天；2 ~ 3℃ 为 3 天。如果温度持续下降至 −1 ~2℃ 时，薯块内部细胞间隙结冰，细胞组织受到破坏而发生冻害；如果窖内温度长期较高，薯块呼吸作用就会加强，待温度达到 16℃ 以上时就会引起薯块发芽和病菌迅速繁殖造成烂窖。

(二) 湿度

为了保持薯块的新鲜度和维持其生活力，窖内必须保持一定的湿度，一般以窖内相对湿度在 80% ~90% 为宜。湿害以井窖和浅窖发生较多。这是由于贮藏初期，外界气温高，薯块呼吸旺盛，薯堆内水气上升，在薯堆表面遇冷凝结成水珠造成湿害。当贮藏湿度接近饱和时，易在屋顶、墙壁上凝结水珠，进一步浸湿表层的薯块，加速病菌繁殖。如果贮藏湿度过低，薯块细胞原生质失水，造成生理萎缩，引起酶的活动失常，薯皮颜色发暗，表皮皱缩，出现干缩糠心，造成干害。

(三) 氧气和二氧化碳

大多数甘薯品种属于呼吸跃变型，其采后贮藏需要适宜的气体环境，一般要求空气中的含氧量不低于 4.5% 。在入窖初期和贮藏期间，若长时间通风不好，甘薯的呼吸作用消耗了环境中大量的氧气，会使窖内二氧化碳浓度过高。封窖过早或薯块贮藏量过大会进一步加剧呼吸作用，使二氧化碳浓度越来越大。当二氧化碳浓度达 4%～5% 时，薯块呼吸作用就会受到抑制，由有氧呼吸变为无氧呼吸，薯块内的酒精不断积聚，引起内部发酵，使薯块的生理机能减弱而导致生理病害，发生腐烂。因此甘薯贮藏前期，不能过早封窖，贮藏过程中要注意通风，防止因窖内二氧化碳浓度过高而烂窖。

（四）甘薯病虫害

甘薯贮藏中容易受到病虫害的影响，常见的虫害有茎线虫病、甘薯蚁象和金针虫。病害主要是微生物病害，如甘薯软腐病、黑斑病、灰霉病、干腐病，绿霉病，紫纹羽病等。贮藏期间微生物病害的发生主要与薯块本身带有病菌、薯块受损以及旧窖未经彻底消毒处理残留病菌等有关。当窖内的温湿度适于病菌生长时，易引发甘薯腐烂。

（五）薯块质量

薯块质量的好坏与安全贮藏有密切关系。如果在入窖前选薯不严，把在田间遭受水渍、冷害或冻害、破伤、带病的薯块入窖贮藏，这些质量差的薯块呼吸作用旺盛，会放出大量热量和水分，形成高温、高湿的条件，引起病害迅速发生和蔓延，造成薯块腐烂。薯块在收获、运输、贮藏过程中，容易受到机械损伤，致使病菌容易侵入，而造成腐烂；尤其在贮藏后期薯块的生理机能受到削弱，这时倒窖、翻动可使薯块破伤不易愈合，更易引起大量腐烂。

（六）薯块不同生育期

薯块具有生长期愈长，其生活力愈弱的趋势，而生活力强弱是贮藏好薯块的内因。因此，一般春薯生长期长、生活力弱、不耐贮藏；而夏薯生长期短，生命力较强，比较耐贮藏。

（七）甘薯品种差异性

品种之间耐贮性有很大差异，有些品种如烟薯 1 号耐贮性很好，有些品种如济薯 1 号、一窝红等贮藏性较差。

第三节　甘薯贮藏技术

一、甘薯采后处理

甘薯挖出后要经过严格的筛选，剔除遭受损伤、冷害、渍害或病虫害的薯块，并在贮藏前及时进行采后处理。得当的处理方式可起到防病保鲜的作用，大大降底甘薯贮藏期间的腐烂率。常用的方法如下：

（一）甘薯防腐保鲜技术

1.物理防腐技术

（1）愈伤处理技术

甘薯贮藏前的愈伤处理是国际上通用的标准采后处理技术。在美国等发达国家，甘薯采收后直接运到现代化的愈伤库中进行愈伤处理，一般在温度29℃、湿度85% ~90%的条件下处理3 ~5 天。在甘薯愈伤形成过程中，破损处的表面细胞层干燥、细胞壁变厚、在下层形成新的周皮。

（2）热处理技术

50℃热水处理浸泡薯块 30 分钟，能使甘薯块根表面病原菌致死，显著抑制甘薯发芽期和贮期的腐烂，且不会破坏甘薯的营养和后续贮藏品质。用 55℃ 热水喷淋 45 s，可有效控制软腐病，对甘薯薯皮和薯肉均不会造成质量损失。

2. 化学防腐技术

（1）多菌灵

多菌灵是一种高效、低毒、低残留、杀菌范围广的内吸杀菌剂，对黑斑病、软腐病具有较好的防治效果。25% 多菌灵可湿性粉剂兑水 250～300 倍浸薯块 10 分钟，捞出淋去药水即可入窖，约 30 天后方可食用。

（2）甲基托布津

托布津为黄色或白色固体粉末，对人畜毒性很低，兑水 500～800 倍浸薯块 10～15 分钟后，捞出冲淋去除药水后入窖。

（3）代森铵

代森铵成品为 50% 溶液，淡黄色水溶液，有保护及内吸作用，对人畜较安全，兑水 200～300 倍浸薯块，晾干入窖。

（4）抗菌剂（大蒜素）

大蒜素成品为 10% 无色或微黄色透明液体，有刺激性大蒜味，具有内吸及熏蒸作用，兑水 200 倍浸薯块 10 分钟，冲淋去除药水后入窖。

（5）噻苯咪唑

噻菌灵（TBZ）是一种高效、广谱、国际上通用的杀菌剂，分子内既不含金属，也不含氯，对人、畜、鱼、蜜蜂和野生动物均很安全，无致畸、致癌、致突变等慢性毒性问题，安全性很高。将噻苯咪唑以 0.1%～0.2% 的量添加到聚乙烯薄膜、聚丙烯薄膜、聚氯乙烯薄膜以及各种复合薄膜中去，做成防霉塑料薄膜，用来包装食品，可以防止食品防霉。在很多国家中，已将噻苯咪唑作为柑橘、苹果、香蕉等水果的防霉处理剂，对果蔬贮藏期间多种病原菌有杀灭作用。在对柑橘保鲜剂选用要求严格的日本，噻苯咪唑是唯一的法定防腐保鲜剂。有研究表明噻苯咪唑熏蒸剂对甘薯的贮藏保鲜效果，结果表明，甘薯贮藏期间用含量为 4.5% 的噻苯咪唑熏蒸剂按 6 g/m³ 用量处理 3 小时，能够有效提高甘薯贮藏保鲜效果。

（6）咯菌腈

咯菌腈（Fludioxonil）是一种新兴的非内吸性苯基吡咯类低毒杀菌剂，属假单胞细菌产生的抗生素硝吡咯的衍生物，是全球为数不多的获得美国环保局 EPA"低风险"认证的产品之一。咯菌腈的杀菌机制是通过激活高渗透压甘油响应信号途径使菌体内的甘油等多醇类增加，引起菌体细胞膨胀、畸形，甚至裂解，抑制分生孢子发芽、芽管伸长及菌丝生长，最终导致病菌死亡。咯菌腈对灰霉病菌及青霉病菌均有良好的抑制作用，对担子菌、半知菌、子囊菌等病原菌引起的病害有非常好的防治效果。

（7）臭氧

臭氧在常温常压下是一种有特殊臭味的淡蓝色气体，臭氧灭菌迅速，效果显著，无二次污染。甘薯臭氧气控保鲜处理，可实现甘薯从采收到出库的全程安全控制，使得甘薯薯块的完好率达99.76%。

（8）硫化氢

H_2S 是一种有臭鸡蛋气味的无色酸性气体，是与 NO、CO 相似的新型气体信号分子。H_2S 对甘薯块根软腐病致病菌黑根霉的抑制作用，可显著抑制致病菌的生长，延缓软腐病的病状。

（9）抗菌肽

抗菌肽是具有抗菌活性的碱性多肽物质，具有广谱抗菌活性，可以快速查杀靶标。有研究表明，转基因甘薯所表达的抗菌肽类硫素对甘薯黑斑病病原菌有抑制效果。

（10）壳聚糖处理

壳聚糖是甲壳素脱 N - 乙酰基的产物，有较好的抗菌活性，有许多研究者提出壳聚糖是通过诱导病程相关蛋白，积累次生代谢产物和信号传导等方式来达到抗菌的目的。有研究表明，低浓度的壳聚糖能够有效抑制甘薯软腐病病原菌匍枝根霉属孢子的形成和萌发，抑制甘薯采后腐烂。

（11）异菌脲处理

异菌脲是控制蔬菜采后腐烂常用的杀菌剂，是二甲酰亚胺类高效广谱、触杀型低毒杀菌剂。它可能通过干扰渗透压传导途径发挥抑菌作用，抑制真菌孢子的萌发和菌丝生长。使用含1%异菌脲的雾化剂，结合愈伤处理，能够有效控制甘薯的腐烂。

（12）复合保鲜剂

有研究发现了一种复合保鲜剂对甘薯起到较好的防腐作用，防腐效果与高温窖藏的效果相同，能够有效抑制甘薯采后腐烂。这种复合保鲜剂的有效成分为多菌灵、盐酸四环素、细胞激动素和青鲜素。

（13）二氧化氯

二氧化氯是最新一代安全、高效、广谱的杀菌保鲜剂，是氯制剂的理想替代品，在发达国家已得到广泛应用。美国环保局、农业部均批准二氧化氯用于食品、医院、制药和公共环境等的消毒以及对食品的防霉防腐保鲜等。世界粮食组织和世界卫生组织将二氧化氯列为了A1级高效安全的消毒剂。为控制饮水中"三致物质"（致癌、致畸、致突变）的产生，欧美的发达国家已经广泛应用二氧化氯来替代氯气进行饮用水的消毒。近年来，我国也开始重视二氧化氯产品的推广和应用。国家化工部也颁布了相关行业标准，国家卫生部已批准二氧化氯作为消毒剂以及新型的食品添加剂（GB 2760）。

（14）次氯酸钠

次氯酸钠属于高效的含氯消毒剂。其杀菌机理包括次氯酸的作用、新生氧化作用和氯化作用。次氯酸的氧化作用是含氯消毒剂的最主要的杀菌机理。含氯消毒剂在水中形成次氯酸，作用于菌体蛋白质,次氯酸钠的浓度越高,杀菌作用越强。次氯酸钠是一种真正高效、广谱的强力灭菌、杀病毒药剂,消毒效果好,操作安全,使用方便,易于储存,对环境无毒害,在人们的生产生活中得到了广泛的应用。

(二)甘薯采后抑芽技术

甘薯在愈伤期间和贮藏后期容易发芽,发芽严重时会增加营养物质的消耗和甘薯的腐烂,造成甘薯利用率低。甘薯发芽程度除与贮存有关外还与甘薯本身的发芽特性有关,对于易发芽的甘薯品种要在甘薯贮藏期间做抑制发芽处理。目前甘薯贮藏抑制发芽的研究较少,有研究表明用 20 mg/kg 的乙烯处理甘薯后在25℃下贮藏可使甘薯保持 4 周不发芽;用含量为 1 g/L 的萘乙酸可湿性粉剂溶液以及用含量为 100 mg/g 的萘乙酸滑石粉粉剂处理甘薯,在 25℃下贮藏 40 天,可以降低 50% 以上的甘薯发芽率。

二、甘薯窖房贮藏

贮藏窖是安全贮藏的重要条件,其形式与质量好坏,直接关系着贮藏的效果。甘薯贮藏的方式与甘薯在贮藏期间所要求的条件有关,既要做到保持特定的温度和湿度,又要便于散热排湿。我国甘薯的贮藏方式主要是窖藏,建窖应选向阳背风,干燥通风,地下水位高的高地或坡地。南北方由于气候差异及地形环境的不同,在窖形上有所不同。目前全国使用较多的窖形有地窖、拱形窖(又叫无梁窖、永久窖、发券窖)、井窖、屋窖、棚窖、崖头窖等。下面简要介绍几种甘薯贮藏窖。

(一)贮藏窖类型

1. 屋窖

屋窖的结构与普通房屋相似,但墙壁屋顶很厚,四周密封,窗户对开；高温屋窖有加温用的火道，可进行高温愈伤处理。根据屋窖大小分为大屋窖(可贮藏 10000 ~ 50000 kg 甘薯)和小屋窖(可贮藏 1500 ~ 3000 kg 甘薯)；根据窖内是否设有加温用的火道分为高温窖和普通窖。

(1)高温大屋窖

高温大屋窖是大屋窖与高温愈合处理两者相结合的贮藏方式。窖的结构是"两厚一严对口窗"，前期便于通风散热排湿，中后期保温防寒性能好，温度适宜，烂薯率低。这种窖型为采用高温愈合处理提供了条件(35 ~ 38℃，4 天)。适温可以长期保持在10 ~ 15℃的安全贮藏温度范围内，并有效地防止黑斑病的发生，保证甘薯安全越冬。

①规格：高温大屋窖式样繁多，各具特色，有地上的，有半地下的；墙有土墙、坯墙、砖墙、石墙之分；屋顶有起脊、平顶、草顶、瓦顶、灰土顶之别；有新建的，也有旧房改建的。屋窖规格大小要根据常年贮藏数量来决定。一般为 2 ~ 4 间，以 3 间的为最多。一座 3 间大屋窖，外长约 12.32 m、宽 6.83 m、墙高约2.7 m，两面山墙高 4.5 m。屋里四角最好呈弧形，以利空气流通。东山墙边盖一耳房，长 5 m、宽 4.3 m、墙厚 0.5 m(图 6 - 1、图 6 - 2)。

②管理措施：选择地基干燥、背风向阳的地方建窖。大屋窖要墙身厚、屋顶厚、结构严密，前后窖墙对开通风窗，前墙及山墙上各开一门。炉灶做在一端墙边，暗火道从窖内地坪下通过，烟囱设在另一端山墙边。高温处理前要做好窖内消毒和升温系统、分仓的检修，甘薯的合理堆放和气筒的安插及测温点的设置等几个方面的工作。鲜薯入窖后，封严门窗，进入高温灭菌阶段。开始用大火猛烧加温开始烧火加温要猛，温度上升要快，力争在在 24 小时内，最迟不要超过 36 小时将窖温升到 35℃以上。当薯堆底层温度达到 30℃，上层温度达 32 ~ 34℃时，火力要适当

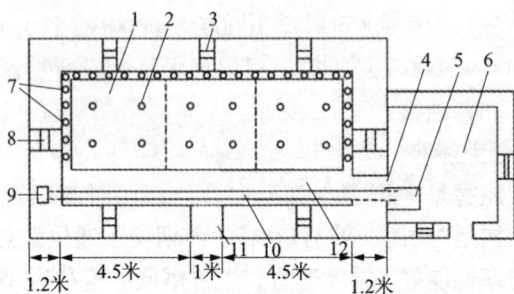

图 6 – 1　一种土墙草顶高温大屋窖平面图

1—薯仓；2—气筒；3—窗；4—小门；5—灶；6—工作间；7—把子

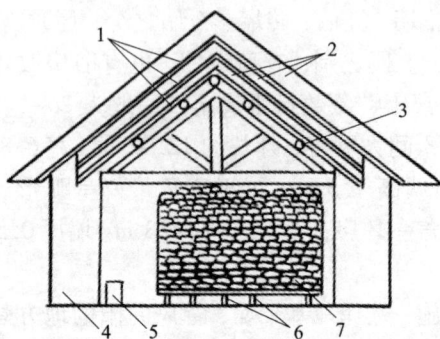

图 6 – 2　一种土墙草顶高温大屋窖横断面图

1—泥；2—草；3—標；4—前墙；5—火道；6—砖；7—薯堆

减小，烧小火保温，使上下温度对流、周围的热气能充分进入薯堆，以减少薯堆内外之间的温差，趋于平衡后再加火直至达到所要求的 35～37℃温度后停火。当上层温度达 36～38℃，下层温度达 35℃后，应立即停火，封闭灶门、烟囱，进行保温。保持这个温度4天4夜,可抑制黑斑病发生。中间温度下降,可用小火细烧,以稳定所要求的温度。高温处理完毕,打开所有门窗通风散热,争取在一天内把窖温降到15℃以下,然后将门窗关闭,并在薯堆上盖一层干谷草,保温吸湿进行长期保管。这一时期的管理工作主要是掌握好窖内的温度和湿度。窖温始终保持在10~14℃范围内,湿度保持在90%左右,确保甘薯安全过冬,采用高温大屋窖贮藏甘薯,出窖率一般可达80%~90%。

　　高温大屋窖式样各地不同,甘薯堆积方法、加温系统也千差万别,有的地区火道留在中间,两边堆放甘薯,也有的把甘薯堆放一边,形式虽不相同,但效果是一样的。电热比人工加温升温快,分布均匀,降温快而没有余热,有条件的可安装自动控制温度设备,以实现加温自动化。电热加温方法有两种,一种是在贮藏库内放置可移动的柜式鼓风加热器,既可加热,又可通风降温;另一种是在贮藏室人行道下层和四周墙壁布设电热线,线间距离不得小于4 cm,布线数量根据薯窖大小而定,线要垂直拉紧,以免加温时,线因受热膨胀延长而互相接触。如在薯堆底部布线,空隙至少要距薯块30 cm,以免高温伤薯。

　　(2)高温小屋窖

　　高温小屋窖实际上是高温大屋窖的小型化,都是通过高温灭菌杀死黑斑病菌,并通过加温设施调节温度,达到安全贮藏的目的。具有体积小、省工省料、不占用农田、建窖容易、管理方便、烧柴少、效果好的特点,适合农户贮藏甘薯用,一般每窖可贮甘薯1500~3000 kg。

　　①规格:长度可根据需要而定。一般长2~3 m,宽2~2.3 m,每窖可贮鲜薯1500~3000 kg,分为地上式、半地下式和窖洞式。如修建半地下式可向下挖0.7~1 m。再垒墙,地下墙厚0.2 m。如修建地上式可自地面向上垒墙,地上墙厚0.7 m。可垒成双层墙,中间填土或碎草,墙高2 m,门留在南边或东边,瓦顶

或草顶皆可，顶厚 0.3~0.5 m，三草三泥，房沿结合严密，不要留缝，以利于保温。前后墙设对口窗。房建好后可在室内建回龙火道，进火口要与地面平，伸到后墙再返回前墙，出火口要高出地面 0.7~1 m，通至室外并修烟囱，高出屋顶。火道高、宽各 0.3 m，三面散热，坡度为 3%。甘薯入窖前在窖内所铺地砖上铺荆笆或高粱秆，使薯块不直接接触地面，以利加温后温度保持一致。薯堆中间要隔 1 m 放一个通气笼或高粱秸把。薯堆高 1.3~1.7 m，上留 0.3~0.5 m 的空间。薯堆四周不可直接靠墙。室外在进火口处修建煤火灶，炉膛要大，进火口坡度为 30%，以利热气进入火道。

②管理措施：管理措施与大屋窖大同小异。薯块窖高温处理、保温降温后，贮藏期窖内应保持在 10~14℃，如窖温较高可在晴天开窗散热待窖温稳定在 12℃时就应注意保温。入窖后 1 个月，外面气温较低，当气温下降到 10℃以下，立即加挂门帘，并堵死出气口，使窖温不低于 10℃。如窖温低于 9℃即应加温并在薯上加盖干草保温。立春以后天气回暖，在晴天可适当开窗通气但不要使窖温降至 10℃以下。在整个贮藏期要每隔 2~3 天检查一次窖温，尤其应注意小屋窖西北角下部容易出现低温，应随时采取有效措施，确保甘薯块安全过冬。

③普通大屋窖

普通大屋窖一般建在地面上，也有半地下的。其特点是墙厚、顶厚、窗小，具有较好的保温性能，同时它通风散热快，管理方便，并可一窖多用。只要严格选薯，在无病害或病害较轻的情况下，利用甘薯入窖后初期薯堆发散的呼吸热，促使薯块伤口自然愈合，同样可以达到安全贮藏的目的。大屋窖一般多东西向，大小根据贮藏量而定。屋内用木桩、高粱秸隔开，中间留出走道，两边隔成若干分仓，四周围草，其结构和建造方法基本上与高温大屋窖相同，只是不设置加温设备(图6-3)。

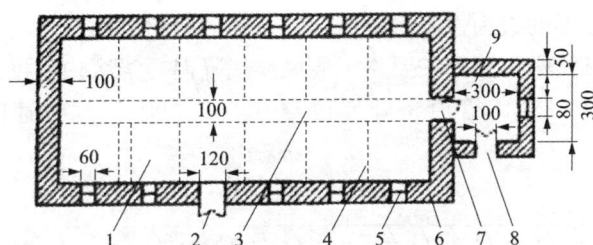

图 6 - 3　大屋窖平面图

1—分仓；2—大门；3—走廊；4—高粱秸间隔；5—窗；
6—墙；7—内门；8—门；9—管理室

2. 棚窖

甘薯贮藏大棚窖将蔬菜大棚的增温效果与传统地窖的保温性能相结合，能人为控制窖内温度、湿度和空气浓度，满足甘薯安全贮藏条件，从而达到甘薯安全贮藏的目的。其具有建造简便、大小灵活，节约成本，增温保温，通风透气，管理方便，安全防病等特点。有研究表明，大棚窖可将窖温控制在 12～15℃，相对湿度在 85%～90%，CO_2 浓度在 2%～5%，贮藏 150 天后保薯率达 94.6%，比传统地窖保薯率提高 42.9%，贮藏效果明显优于地窖贮藏。

（1）规格

棚窖的大小视甘薯的贮存量多少而定。一般是长 20 m、宽 6 m、高 4.8 m，体积 576 m，可贮藏鲜薯 150 t。也可长 8 m、宽 6 m、高 4.8 m，体积 230 m，可贮藏鲜薯 60 t。大棚贮藏窖由窖体、棚顶和管理房三大部分组成。半地下式，南北向建造，材料采用砖混结构或土木结构。现以库容量为 576 m³ 的土木结构为例，其材料结构见图 6 - 4。窖肩平铺材料为 200 cm × 150 cm × 5 cm 的泡沫板（即聚苯板），共计 120 m²，需密封固定，只在窖中过道顶部以前、中、后均等处各留一块活动泡沫板，作为增温、通风、散湿的人为控制调节措施。窖底的塑料通风管道与窖外相连，除具排水作用外主要用于通风换气降温。当窖内温度过高时可用鼓风机经此管道将外界冷空气吹入窖内达到快速降温的目的。

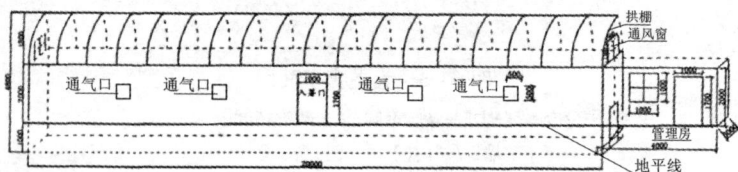

图6-4　棚窖侧面图

（2）管理措施

棚窖的管理主要是窖内温湿度的调控，通风换气、防热防冷，做到"平和温度、调理湿度"的安全贮藏。大棚窖甘薯贮藏过程分为前、中、后期3期。前期为入窖后20天，其中前5~7天需将棚窖封严，打开遮光布和窖肩活动泡沫板，将窖内温度升到45℃，以促进薯块伤口愈合及高温灭菌。5~7天后将窖温迅速降至15℃以下。中期为80天，入冬后，窖温降到10~12℃，封严窖肩泡沫板通气孔入薯广和通风窗，覆盖好棚顶的塑料棚膜和遮光布，窖内查看通过管理房进入，进房时随即关上房门后，方可在进入窖门以防冷空气进入。深冬特别寒冷，窖温降至10℃以下时，可打开遮光布通过棚膜增温，窖温升到15~20℃时再盖遮光布，每升温1次，窖温可保持适温10~15天。2月以后为贮藏后期，若窖温回升到15℃以上，可打开通风窗通风换气。在整个管理过程中如窖内湿度达不到80%时，可向窖内过道泼水提高窖内湿度，湿度应稳定在85%~90%之间。O_2浓度和CO_2浓度经上述增降温和通风换气完全可稳定在正常状态。

3. 井窖

井窖是当前我国使用较多的一种窖形,适宜在地下水位低的地区或丘陵地区使用。该窖形具有保温性能好,占地面积小的优点;但散热慢,不能进行高温杀菌,长时间贮藏容易造成烂窖;需采取一系列防病措施,控制适宜温度,才能达到安全贮藏的目的。目前常用的井窖形式有:一井两室、一井多室、双室、气眼型、双筒井窖及改良井窖等,一般建设深度为 2.5 ~ 3.5 m,每窖容量 2000 ~ 5000 kg。

(1)双筒井窖

大规模贮藏甘薯时可选用双筒井窖,设置多个室窖。双筒多室是指在两个井筒之间在下面开挖一条通道,在通道两侧开挖多个贮藏室。双筒井窖改良的方法是扩大两个井筒的距离,延长井窖下面连接的通道,增加贮藏室数量,以扩大商品薯贮藏量。先挖成与普通井窖规格一样的井筒,由筒底向一个方向打 0.83 m 宽的走道,在走道的另一侧每隔 1.3 ~ 2.7 m 挖 1 个贮藏洞,在走道和贮藏洞的上方均可挖气眼,以利于通风换气。为便于入窖、出窖和人工管理,可将端直井筒改为斜井筒。为便于通风散热,可将另一端直井筒加租,出地面加高。建造改良双筒井窖时应注意以下两点:一是通道两侧的窖室口要与三角形相对,而且每侧两窖室之间的土层间隔厚度不少于 3 m 厚,窖室顶至地平面土层垂直厚度不少于 4 m,要足以保证支撑安全;二是贮量大时直筒井窖口要加粗加高,以利薯容前期散热。

改良后的双筒保鲜井窖与普通井窖相比,其优点是有利于商品甘薯长期保鲜和薯块的入窖出窖,保温效果好,贮量大,每个窖的鲜薯贮量可从原来的数千公斤,扩大到 15 万 kg 以上,甚至达到 20 万 kg 以上,有利于规模化经营,提高当年的总体效益。

（2）气眼型井窖

该种窖形一般上井口直径 1 m 左右，下口直径 1.5 m，井筒深 5 ~ 6 m，最深的 7 m。在井底部两边挖贮藏室，贮藏室的大小可根据贮藏量多少而定。一般 1 m³ 可容甘薯 400 kg。在井窖的拐窑上方，由地面向下掏一个直径 30 cm 的气眼，以利空气对流和前期散热。井下的温湿度比较稳定，但是通风换气功能较差，气眼型井窖与普通井窖贮藏甘薯相比的优点是除了能满足保温保湿性性能外，散热性也较好。

4. 发券窖

发券窖的优点是坚固耐用，贮藏量大，前期有利于降温散湿，后期有利于保温防冻，只要贮藏量适当，不需人工加温即可保证安全贮藏。砖券大窖的形式很多，这种窖的特点是四周墙和顶部加土厚，各洞都有气眼，通风保温好，管理方便。根据贮藏洞排列方式分为非字型和半非字型两种。

（1）半非字型发券大窖

由贮藏洞、走廊、门窗、气眼、窖顶、管理室等部分组成。整个大窖最好采用半地下式，由地面向下挖 1 m 深处建窖，这样便于保温。如果建在地面上，整个大窖东西侧墙要加厚并砌成梯形墙。常见建设规格如下：

①贮藏洞：南北向，东西排列。洞的大小和多少可以根据贮藏量决定，一般洞宽 2.5 ~ 3 m，高 2.5 ~ 2.9 m，长 8 ~ 10 m。每洞可贮藏 25000 kg 左右。四周砌石墙，厚度除南墙 0.8 m 外，其余的均为 0.5 m。洞顶用砖发券，走廊设在南边，距南墙 1.5 m，高为 2.5 ~ 2.9 m。

②门窗：在走道的东端留一门，与管理室相通作为内门，在每个贮藏洞距南墙 1.5 m 处设一个宽 2 m、高 1.5 m 洞门。每个贮藏洞的南墙上各留一宽 60 ~ 80 cm、高 40 ~ 80 cm 的双层玻璃窗，以利于透光和保温。

③气眼：在每个贮藏洞的券顶留一二个气眼，高出地面50 cm，直径为 25～30 cm。

④窖顶：用砖或石头发券，并在窖顶及四周覆盖约 1.5 m 厚的土，以利于保温。

⑤管理室：在窖的一端盖一小房作管理室，大门设在南面，内门与贮藏洞相通。

（2）非字型发券大窖

由贮藏洞、夹墙、走廊、气眼、窖顶、管理室等部分组成。常见建设规格如下：

①贮藏洞：东西向，南北排列，分两排位于走廊的两侧，洞口相对，洞多少可根据贮藏量多少而定。一般洞宽 2～2.5 m，高2.5～3 m，长 5 m，每洞可贮藏薯种 7500 kg 左右。

②夹墙：在窖南面距贮藏洞 1 m 处另砌一外墙，两墙之间用土填实，以利于保温。外墙高出窖顶 2 m，以挡窖顶覆土。

③走廊：位于中央，南北向，宽 2 m，高 3.5～4 m，南端在墙外处留门与管理室相通作为内门，在内门上方装一宽 1.7 m、高1.2 m 玻璃，以利于透光。

④窖顶：用砖或石头发券，窖顶及四周均覆土 1.0 m，以利于保温。

⑤管理室：在窖的南端接夹墙盖小房作为管理室。整个大屋窖最好采用半地下式，即从地面向下挖 1 m 深建窖，如建在地面上，四周墙应加厚。

（二）甘薯贮藏窖的建设与选择

贮藏窖是安全贮藏的重要条件，其形式与质量好坏，直接关系着贮藏的成败。因此，设计贮藏窖时，在结构上必须保证以甘薯的安全越冬为出发点，使薯窖尽量少受不利气候条件的影响。在薯窖类型选择上，要充分利用当地有利条件，就地取材，因地制宜，经济实用。

1. 建窖原则

甘薯贮藏窖不同于一般粮食仓库，其结构、保温性能、抗拒自然灾害的能力等方面，都有严格的要求。我国各薯区贮藏甘薯用的窖形因地而异，不论在温暖的南方或严寒的北方，贮藏窖都要遵守以下基本原则：

（1）良好的通气设备。贮藏初期能保证高温、高湿，不使温、湿度不超过贮藏所需的安全指标。

（2）良好的保温防寒性能。因为甘薯入窖贮藏后，不久冬季即来临，外界气温低，对薯窖温度影响较大，窖的保温性能在北方更显得特别重要。

（3）坚固耐用。要经得住自然灾害的侵袭，不致在贮藏期间发生塌窖和漏水。

（4）管理方便。薯窖管理方便，不仅可以充分发挥管理人员的作用，而且遇到异常情况，能够及时采取必要措施，保证安全贮藏。

2. 窖址的选择

窖址应选背风向阳，地势高燥，土质坚实，地下水位低，运输管理方便的地方。建筑永久性大型窖和地下式窖不仅要注意当年地下水位情况，还要考虑常年地下最高水位变化，以免因地下水位上升使薯窖有被水冲刷而坍塌的危险。凡已挖过窖或塌陷的地方土质松软，不宜再在上面建窖。

3. 窖型的选择

贮藏窖有多种方式，要根据当地的具体地形、水位、土质、温度，以及个人的投资能力、贮藏的目的等不同而采用不同的方式。比如岗丘地区可以建地下井窖，平地可以建屋窖，贮量大的建大屋窖，量小的可以建井窖或小屋窖，投资能力大以出售薯种为目的，可以建规模大一点的自动控温型的屋窖；而规模小，以自用种薯为目的则建的小一点。另外贮藏窖也可以利用当地废弃砖窖等现有设施来改造修建，以降低投资成本。

4. 窖容大小的确定

甘薯窖的大小容积应根据需要贮藏甘薯的多少来确定。贮藏量不应超过整个洞(室)容积的70%～80%，计算薯窖容量，一般按每立方米薯块重约500 kg左右(因薯块大小不一，重量不尽一致)折算每个洞(室)的贮藏量，但甘薯窖的利用率只能按60%～70%来计算，所以建窖容积是计划贮藏量容积的1.5倍。另外单个窖的大小也要根据窖型的不同来确定。比如井窖通风不良，散热不好，贮量不能过大，每窖1～1.5 t最为适宜；而大屋窖可控制较好的温湿条件，可以增加贮藏量，以每窖500～1000 t为宜。

5. 建窖时间

宜早作准备，不能等到临近收获时才仓促建窖，以便有充裕的时间置备器材和周密考虑建窖地址。尤其在修建永久性的大型窖，更需及早备料动工。因为这类大型窖与一般浅窖不同，需要用砖石垒砌，有泥浆凝固、干燥过程，这一过程的时间越长，建筑物越坚固，窖壁干燥也相应地提高了保温防寒性能。因此，应将建造大窖作为一项基本建设来抓，纳入生产计划，才有助于建造薯窖任务的及时落实。此外，凡修建地上式大型窖，应在当地雨季来临前打好基础，争取主动，以保证薯窖质量。习惯使用浅窖的地区，最迟应在收获前半个月挖好备用。

三、甘薯贮藏期的管理

(一)甘薯入窖前的准备

窖内清扫消毒：一般在甘薯收获前10天左右，要对薯窖进行消毒和清扫，以消灭潜伏在窖内的病菌。窖内清扫干净，窖底填10 cm厚干净沙土，洞四周用麦秸或谷草围好，以防湿保温。窖内消毒方法多种多样，如刮去窖壁陈土，使见新土；石灰涂刷窖壁，窖内撒生石灰消毒；或硫磺熏窖，按 1 m^3 用硫磺 50 g 左右点燃后封闭窖门，熏 1～2 天后，再打开通气孔；喷洒 1% 硫酸铜溶液或 2% 福尔马林或辛硫磷 200 倍稀释液或甲醛 50 倍稀释溶液或甲醛与高锰酸钾混合喷洒消毒。贮藏量一般可占用薯窖空间的 2/3。同时在薯块堆放中间放入通气笼或草把，以利通气。

（二）甘薯贮藏期管理

甘薯贮藏期间应根据薯块本身的生理生化变化特点和外界气候变化情况，及时采取合理的技术措施，如调节窖内温度、湿度和氧气，将其控制在合理的范围内，防止薯块遭受冷、湿害和引起病虫害蔓延。甘薯贮藏期管理，具体可分为以下三个阶段：

1. 贮藏初期（入窖后 20～30 天）

入窖初期，由于外界气温较高，刚收获的薯块呼吸作用旺盛，释放大量热量、水汽和二氧化碳，常使窖内形成高温高湿环境。在通风条件差时，薯堆温度可高达 20℃ 以上。这种高温高湿条件，容易促使薯块发芽、消耗养分，并导致病害蔓延。因此，初期的管理应以通风散湿为中心，使窖温不超过 15℃，相对湿度控制在 90% 左右，待窖温稳定在 14℃ 左右时再封窖。

2. 贮藏中期（初期末至翌年 2 月初）

中期处于严冬寒冷季节，且经历时间最长。此时，薯块的呼吸强度弱，发热量少，是薯块易受冷害的主要阶段，此期应以防寒保温为中心，关闭门窗，堵塞漏气的地方，使温度保持在 12～14℃，湿度保持在 80%～90%。虽然窖温相对外界气温变化缓慢，降温幅度和强度也较小，但各种防寒措施应在当地气温显著下降前完成。若温度持续下降，要烧小火加温，以便保温防寒。

3. 贮藏后期（中期末至出窖）

二月过后，外界气温逐渐回升，但早春天气寒暖多变，薯块经长期贮藏后，生理活动机能减退，对不良外界环境条件的抵御能力差，中期受到冷害的薯块也多在此时发生腐烂。因此，此期的管理应以稳定窖温、适当通风换气为中心，使窖内温度保持在12℃左右，湿度不低于85%。因此需经常检查薯窖，如发现腐烂薯块，应立即拣出，不可倒窖，以免增加病菌交叉传染的机率，造成更大的损失。

第七章　甘薯淀粉产品加工技术

第一节　甘薯淀粉加工技术

甘薯淀粉加工，实际上就是利用人工或机械的方法，把薯块粉碎磨细，使淀粉粒从被破坏的细胞中解脱出来进行分离的过程。淀粉与非淀粉物质的分离，主要依据两个重要性质：一是淀粉不溶于冷水；二是淀粉的相对密度(比重)大于水，而且不同于其他非淀粉物质。

由于淀粉不溶于冷水，在粉碎薯块时，可成倍加入冷水，充分把淀粉洗净。淀粉的相比密度多为1.6，而水的相比密度为1，蛋白质的相比密度为1.2，细渣的相比密度为1.3，泥沙的相比密度为2，因此它们在悬浮液中沉降速度不同。蛋白质、果胶和纤维素相比密度略低于淀粉，分别沉淀于淀粉层上面。泥沙相比密度大，沉淀于淀粉层下面。不同物质的分层沉淀不同，从而可使淀粉在沉淀过程中得到相对的提纯。此外，薯块在破碎后，淀粉颗粒比细胞壁及纤维素粒小，易通过网筛实现淀粉与薯渣的分离。

根据淀粉加工原理，选用不同的加工机械，采用不同的加工方法，可生产出需要的淀粉。生产甘薯淀粉时因所用原料的状态不同，分为鲜薯淀粉和薯干淀粉两种生产工艺。鲜薯由于不便运输和贮存，多在收获后立即加工，季节性很强，不能满足工厂长年生产的需要，所以鲜薯淀粉生产多属小型工厂或农村传统手工生产。工业化生产在 20 世纪 80 年代以薯干为原料，技术先进，产量高，淀粉得率可达 80% 以上。进入 90 年代，薯干作为轻工、化工原料，极为缺乏，迫使大中型淀粉加工企业转为以鲜薯为主要加工原料，但由于鲜薯加工季节太短，目前又转向以粗淀粉为原料精制淀粉的技术路线。

一、鲜甘薯淀粉酸浆沉淀生产法

酸浆法提取淀粉是一种通过加入自然发酵的酸浆（一种依靠自然微生物、主要是乳酸菌发酵后的酸性浆液）使淀粉迅速沉淀的传统淀粉生产方法，在我国得到了广泛的应用。

（一）工艺流程

原料→清洗→粉碎成浆→一次过滤→分离→二次过滤→发酵→沉淀→干燥→成品

（二）工艺要点

1. 清洗

将鲜甘薯放木桶、水泥池或缸内，人工清洗好后，用喷水龙头冲洗，再沥去余水。

2. 粉碎成浆

使用安装孔径 1 mm 筛的小型粉碎机，边填入洗净的甘薯，边用水管自动均匀加水，使粉碎甘薯成为粥状的薯浆。

3. 一次过滤

将粉碎后的薯浆，倒入用细纱布做的吊包内（约 80 目以上），向缸内过滤，边过滤边加清水，直到把淀粉滤净（滤下的是清水）为止。然后，除去吊包内的薯渣，再继续过滤其余部分，直到占缸容量的80%时，再向其他缸里过滤。

4. 分离

在过滤后的缸里，先兑入备好的酸浆，其比例是：每100 kg过滤后的乳浆兑入30~40 kg酸浆，兑入后立即搅拌，使淀粉和蛋白质迅速分离。酸浆是在淀粉加工的整个过程中培养、在沉淀工序中提取的。它是一种含有乳酸的黄白色液体，pH在4左右，相对密度为1.1~1.2，一般在15℃的温度下，有利于培养和发挥其作用，低于5℃则失去作用。酸浆的作用主要是使过滤后的乳浆中所含的淀粉迅度凝集，并与其他物质（如蛋白质）分离。因此，加入酸浆后，淀粉和其他物质迅速分离，并因各自的相对密度不同分别占据缸内各自的位置。淀粉相对密度最大，占最底层；淀粉上是"油粉"；最上层是含有少量杂质的泔水。好的酸浆兑入后，很快在缸的液面上出现絮状物，这时淀粉和杂质分别开始下沉和上浮，呈现褐白分明的两个层次，15分钟分离可基本完成。其标准是用手轻拨水面清澈的水纹，不含浑浊物。

5. 二次过滤

为了使分离进行的更彻底，将中层以上的浑浊废渣泼掉，把挨近下层淀粉的可食用油粉也清出，然后将剩下的乳白色淀粉液（表层为半液体，下层为固体淀粉）再加清水充分搅拌，进行二次过滤，以彻底清除杂质，这一过程俗称为撇缸。

6. 发酵

将经过二次过滤后的淀粉液搅匀、盖好，在15℃左右的气温下静置发酵，经10小时左右（温度较高时间可相应短些，反之则长些）发酵，才能达到增加淀粉提取率，脱去一切杂质，增强洁白度的目的。发酵好的，从液体表面看是青白色的，并浮有泡沫；未发酵好的，则呈黑褐色或褐色。发酵好的不仅淀粉提取率高、品质好，而且加工出的粉条洁白、柔而不脆。

7. 沉淀

经过发酵好的淀粉酸性较大，为了免其酸性、增强洁白度，需再将上层废液清除，把沉淀成半固体的淀粉兑入清水再搅拌均匀，静置 24 小时以后，使其彻底沉淀，这时把缸上部的酸浆提取出留作下次分离淀粉用；把下层淀粉起出，洗净底部沾的少许细泥沙。

8. 干燥

起出的湿淀粉由于含水量高达 50% ~ 60%，所以先放入吊包内脱水，待淀粉干涸，表面没有水，从吊包中取出，置于日光下晾晒，或在烘房内干燥至含水量 14% 以下，然后经粉碎、过筛、包装即为成品。

值得注意的是，在淀粉提取过程中有时会发生"流缸"现象。所谓"流缸"就是淀粉分离不清，褐白相间。其原因一是发酵不好；二是兑水过少或搅拌不匀；三是气温较低。如出现上述现象，可将其加水搅匀在室温下重新沉淀即可。

二、鲜甘薯淀粉新工艺生产法

(一)工艺流程

鲜甘薯→清洗→粉碎→筛分→蛋白分离→发酵→起粉→干燥→成品

(二)工艺要点

1. 粉碎、筛分

将无病虫害洗净的薯块送入粉碎机中加水粉碎，粉碎得越细越好。粉碎后的薯浆，先过 60 ~ 80 目的薯渣分离筛，得到的浆液在进入沉淀分离池前，再过 120 ~ 180 目的分离筛，以除去细小的薯渣。

2. 蛋白分离

浆液进入沉淀分离池后，在 15～18℃ 的温度下，静止沉淀 8～10 小时。当淀粉沉淀到底层时，将上层的褐色水溶液排出池外，再用清水冲洗淀粉表面，即能把蛋白质等杂质分离出去。得到的淀粉因还含有一定量的杂质，不能作为最终产品，应再入池发酵进行生物净化去除杂质。在排出上层水溶液的过程中，根据加工量的大小，留取一部分水溶液，用于淀粉入池发酵，通常每加工 1 t 鲜甘薯要留取 600～700 kg。为了提高生产效率，可在用清水冲洗杂质后，再注入新筛分的浆液，进行连续分离几次后再入池发酵。

3. 发酵

将起出的淀粉放入粉碎机中，加入上述留取的褐色水溶液进行粉碎，得到的淀粉乳放入发酵池中，在 15℃ 左右的温度下，发酵 48 小时左右。发酵结束后，上清液由褐色变为青白色，表面浮有少量泡沫，能闻到酸味，其 pH 为 3.5～4.0。这种上清液即为酸浆，将其贮存起来，可与发酵用的褐色水溶液混在一起使用，能缩短发酵的时间。

4. 起粉、干燥

先取出酸浆，然后除去淀粉表面的黑粉，洗去底部的泥沙，取出淀粉，经风干或晒干即为成品淀粉。

三、甘薯干淀粉工业化生产法

（一）工艺流程

原料→预处理→浸泡→破碎→筛分→流槽分离→碱处理→清洗→酸处理→清洗→离心分离→干燥→成品

（二）工艺要点

1. 预处理

甘薯干在加工和运输过程中混入了各种杂质，所以必须进行清理，清理的方法有干法和湿法两种：干法是采用筛选、风选以及磁选等设备；湿法是用洗涤机械或洗涤槽清除杂质。

2. 浸泡

为了提高淀粉获得率，甘薯干要用石灰水浸泡。在浸泡的水中加入饱和石灰乳，使浸泡液 pH 为 10～11，浸泡时间约 12 小时，温度控制在 35～40℃。浸泡后甘薯片含水量为 60% 左右，然后用水淋洗，洗去色素和尘土。

石灰水的配制：连续式生产石灰水，一般是由三个带搅拌的方形配制槽并排组成，槽宽 1.5 m，深 1.5 m 以上。给水从第一槽的槽底加入，石灰由下面带小螺旋的提料斗加入，水流上升速度以 0.75 m/h 以下为好。上升的石灰水经槽上部侧面的出料口流到第二槽。经第二槽出料导管进入第三槽，并逐渐上升至出料导管流出。控制配制槽内的石灰水流速在 0.15 m/h 以下，可以保持在配制槽中停留 2.5 小时以上，灰渣由排出口定时排出。石灰水处理的作用是：①使甘薯片中的纤维增大，甘薯片破碎后纤维和淀粉的分离容易进行，淀粉颗粒被破碎的较少。②使色素容易渗出，存在于溶液中，可提高淀粉的白度。③钙质可降低果胶一类胶体物质的黏性，使薯糊易于筛分，提高筛分效果。④保持碱性，抑制微生物活动。⑤淀粉乳在流槽分离时，使淀粉回收率增高，并使其不受蛋白质的污染。

3. 破碎

破碎是甘薯淀粉生产的主要工序之一。它的工作好坏直接影响到产品质量和回收率。浸泡后的甘薯片随水进入锤片式粉碎机进行破碎，破碎过程中，粉碎机的转速如果超过 3200 r/min，容易使锤片损伤,导致平衡性差,运转不稳定。薯干在粉碎过程中瞬时温度升高,部分淀粉容易受热糊化,以致在过筛时,影响淀粉和粉渣的分离。在流槽分离时,还会使淀粉不易沉淀,导致次粉增加,影响好粉出率。因此,通常采用二次粉碎,即甘薯片经第一次破碎后,过筛,分离出淀粉,再将筛出的薯渣进行第二次破碎,破碎细度比第一次细些(增加淀粉得率),再行过筛。在破碎过程中,为了降低瞬时温度升高,根据两次破碎粒度不同,调整粉浆浓度,第一次破碎时为 $3 \sim 3.5^0$Bé,第二次破碎时为 $2 \sim 2.5^0$Bé。同时采用匀料器控制甘薯片的进量,均衡粉浆,避免粉碎机的过载现象,也有利于流槽分离。

4.筛分

经过磨碎得到的甘薯糊,必须进行筛分,分离出粉渣。筛分一般分为粗筛和细筛二次处理。粗筛使用的设备主要是平摇筛、六角筛、喷射分离筛或曲筛;细筛使用的设备主要是平摇筛或喷射分离筛。使用平摇筛时,甘薯糊进入筛面,要求均匀过筛,不断淋水,淀粉随水通过筛孔进入存浆池,而薯渣留存在筛面上从筛尾排出。筛子筛孔的大小应根据甘薯糊内的物料粒度和工艺来决定。如采用两次破碎工艺的过筛设备:第一次和第二次筛分均采用 80 目尼龙布,两次筛分所得淀粉乳合并,再用 120 目尼龙布细筛,进一步分离细渣,保证获得纯净的淀粉乳。在筛分过程中,由于浆液中含有果胶等胶体物质易滞留在筛面上,影响筛分的效果。因此,应经常清洗筛面,保证筛面畅通。

5.流槽分离

经筛分所得的淀粉乳,还需进一步将其中的蛋白质,可溶性糖、色素等杂质除去,常用的设备是沉淀流槽。淀粉乳由较高一端流向较低一端时,由于淀粉与蛋白质相对密度不同,相对密度大的淀粉沉于槽底,蛋白质等胶体物质随汁水流出至黄粉槽,沉淀的淀粉用水冲洗进入漂洗池。

6. 碱、酸处理和清洗

为了进一步提高淀粉的纯度，还需对淀粉进行清洗，在清洗过程中，还要对淀粉进行碱、酸处理。淀粉的碱、酸处理和清洗都是在漂洗池内进行。首先用碱处理，目的是除去淀粉中碱溶性蛋白质和果胶等杂质。碱处理是将 1^0Bé 的稀碱液缓慢加入到淀粉乳中，使其 pH 为 12，同时起动搅拌器，以 60 r/min 的转速搅拌 30 分钟，充分混合均匀后，将搅拌器挂起。待淀粉完全沉淀后，将上层废液排放掉，注入清水清洗两次，使淀粉浆液接近中性即可。在碱处理过程中，还可加入 35^0Bé 的次氯酸钠，用量不超过干基淀粉质量的 0.4%，次氯酸钠是一种强氧化剂，具有较强的漂白和杀菌作用，以达到增白和防腐的目的。酸处理的目的，主要是溶解淀粉浆中的钙、镁等金属盐类。淀粉乳在碱洗过程中往往增加了这类物质，如不用酸处理，那么总钙量会超过粗淀粉中原来的含量，用无机酸溶解再以水洗涤除去便可得到灰分含量低的淀粉。酸处理所用的酸多为工业盐酸，处理时，将工业盐酸缓慢倒入，充分搅拌，防止局部酸性过强，造成淀粉的损失，控制淀粉乳的 pH 为 3 左右，搅拌 30 分钟后，停止搅拌，待淀粉完全沉淀后，排除上层废液，加水清洗，直至淀粉呈微酸性，pH 为 6 左右，以利于淀粉的贮存和运输。

7. 离心分离

清洗后得到的湿淀粉含水量达 50%~60%，用离心机脱水，使湿淀粉含水量降到 38% 左右。

8. 干燥

湿淀粉经烘房或带式干燥机干燥至含水量为 12%~13% 左右即为成品淀粉。

四、粗淀粉精制旋流分离生产法

旋流分离法是淀粉经加水稀释后通过旋流除沙、筛分和旋流器分离蛋白质，以及浓缩和脱水净化淀粉的方法。

（一）工艺流程

粗淀粉→加水稀释→筛分→旋流除沙器除沙→旋流器机组除蛋白→离心机脱水→烘干→成品

（二）工艺要点

1. 加水稀释

粗淀粉原料经加水稀释，搅拌均匀。

2. 筛分

将稀释后的淀粉乳分别过 140 目和 240 目振动分离筛或离心筛，除去细渣和残叶。

3. 除沙

筛分后的乳浆进入多级旋流除沙器除沙。

4. 分离蛋白质

除沙后的淀粉乳进入多级旋液分离器分离蛋白质、浓缩。多级旋液分离器是由 3 个室（压头室、液状物料室、浓稠物料室）和许多微旋流分离器组成的。淀粉乳浆沿进料管进入多级旋液分离器压头室，在 0.4 MPa 的压力下分入各微旋流器。在微旋流分离器内，由于离心作用，把淀粉乳浆分离为液状物料和浓稠物料。液状物料由各微旋流器流口排出汇集于液状物料室，并沿溢流管从多级旋液中分离器排出。浓稠物料由各微旋流器底部流口排出汇集于浓稠物料室，然后送至离心机脱水。经过多级旋流器分离，淀粉中蛋白质含量控制在 0.5% 以下，含沙量在 0.3% 以下。

5. 脱水干燥

去除蛋白质后的乳浆，用离心脱水机或真空脱水机脱水，再用气流烘干机干燥后即为精制淀粉。

五、甘薯支链淀粉生产技术

支链淀粉可水解制糊精、葡萄糖，广泛用于食品、医药、轻化工、纺织等工业。采用本工艺生产支链淀粉具有简单易行、成本低廉的特点。

（一）工艺流程

原料→预处理→抽滤、水洗→淀粉浆干燥→酸化→净化→中和→干燥→成品

（二）工艺要点

1. 原料预处理

将收取的当年产新鲜无霉变的甘薯去泥除杂，利用清水洗净，移入粉碎机中粉碎成小块；随后送入粉磨机中，加入一半的清水研磨成甘薯粉浆。

2. 抽滤、水洗

将粉浆泵入真空抽滤器中，过滤袋用细布做成，淀粉乳可通过网眼较大的滤布层，减压抽滤进入盛具中，细布袋内则留下颗粒较大的纤维质、甘薯皮等渣滓，再用清水冲洗并抽滤一次，合并入第一次得到的乳液中，最后剩下的渣可用于制酒或加工后做精饲料。

3. 淀粉浆干燥

将两次合并抽滤的淀粉浆乳液，再泵入装有尼龙袋的抽滤盛器内，予以真空抽滤，尽量将水分抽去（水可循环利用），得到紧密团状的湿淀粉。移入烘房中干燥，室温保持在70℃，得到粗制品。

4. 酸化、净化

将粗制品磨细，过80目筛，采用8%盐酸溶液浸没，在40～

45℃的温度下,每隔 2 小时搅拌一次,保温 24 小时后。停止加热,搅拌,静置 24 小时,以除去混合物中的异物(胶黏物、异蛋白等)。

5.中和、干燥

加入等量的清水,用 5% 的氢氧化钠调整 pH 为 7,抽滤至干,再加等量的去离子水,搅匀拌和,减压抽滤至干,最后送入烘房于 70℃下进行干燥,干燥后利用球磨磨成精细粉末,过 120 目筛得到成品。由于支链淀粉有潮解性,宜用加厚食品塑料袋或盒子予以密封包装,经过包装后即可作为成品出售。

六、隔氧法制取精白甘薯淀粉

隔氧法制取精白甘薯淀粉是借助一定的机械装备,采用科学的加工工艺和生物学原理,在不需要添加任何脱色剂的前提下,彻底分离淀粉中的蛋白质、果胶及酚类物质,用碱溶液杀灭活跃的微生物和细菌,抑制淀粉褐变反应;特别注意在处理过程中淀粉要少与或不与空气接触,防止被氧化,然后采用快速方法将淀粉烘干,即可提取到洁白如玉的精白淀粉。用隔氧法从甘薯中提取淀粉,所取的原料有新鲜甘薯和薯干两大类。这里主要介绍以新鲜甘薯为原料制取精白淀粉的方法。

(一)主要生产设备

1.淀粉加工设备

主要包括水泵、洗薯机、输送设备、磨浆分离机,关键设备是磨浆分离机。要根据生产规模、处理鲜薯的数量确定购机台数。辅助设施根据生产规模建一条或几条流槽,用来分离蛋白质和淀粉。流槽长 80~100 m、宽度和深度为 0.5 m,形状可为"S"形或回转形,根据加工场地的位置,可建成固定式或移动式。固定式流槽要嵌好瓷砖,槽的边缘要高丁地面 10 cm 左右。移动式流槽用木板钉成"U"形槽，一截一截地连接起来，然后在槽内铺上塑料薄膜即可加工，可分可合，便于拆装，现已被一些淀粉加工厂家接受运用。

2. 淀粉处理设备

主要有淀粉搅拌机、细滤机、水泵。处理淀粉用的搅拌机，要求搅头升降自如，当搅头降到最低位置时，能将淀粉全部搅起；整机能在池子上纵横移动，搅头转速为 60 r/min 左右。辅助设施是淀粉沉淀处理池，规格为 1.728 m^2，数量视加工量而定，为确保池子防漏、卫生，建池时首先要进行防渗漏处理，然后在池子的底部和四周贴上耐磨瓷砖。考虑废水排放的需要，还要在池子底部及壁上预留废水排放孔。

3. 水处理设施

淀粉加工用水量大，一般为鲜薯原料重量的 3.5 倍，因此可以考虑建一个水塔，最好是用清洁无污染的饮用水。若用河水或井水加工，则要进行处理。加工利用后的废水，不能直接排放到池塘、河流之中，要进行排污处理。

4. 干燥包装设备

淀粉干燥最好采用气流干燥或喷雾干燥，也可以采用人工干燥。气流干燥具有速度快、效率高、设备生产能力高、造价较低等优点；喷雾干燥是目前国内外最先进的干燥制粉方法，它将乳液淀粉喷成雾状，在瞬间进行干燥成粉，使原浆液受热时间短、温度低，较好地保留了淀粉的营养成分。这些设备国内都有，机械性能稳定，但价格较贵。

（二）工艺流程

鲜薯→原料选择→清洗、输送→磨浆→分离→沉淀取粉→清洗过滤→分离清洗→第二次分离清洗→杀菌→干燥→成品

（三）工艺要点

1. 原料选择

首先要建好鲜薯生产基地，选择耐旱、抗病力强、产量高、出粉率高的优良品种进行培育种植；其次要选择最佳的收获时期，过早或过迟收获加工，都会影响淀粉获得率；最后在收获时要彻底除去须根、蔓蒂、泥沙，利于加工。

2. 清洗、输送

开启机器，将鲜薯徐徐旋入洗薯输送机内，同时开启喷洗装置，薯块随着螺旋缓慢转动并徐徐提升，四周的清水对准薯块强力喷射。薯块不停翻转，清水不停喷洒，泥沙迅速脱落，薯块洗净光洁后被送到磨浆分离机进料漏斗中。

3. 磨浆、分离

首先要计算好加工量。从洗薯输送机输送来的鲜薯的量，必须与磨浆分离机的加工量相匹配。加工量过大，很容易造成排渣困难，堵塞排渣出口。其次要调节好用水量。水量过小，淀粉分离不出来；水量过大，造成浪费。一般情况下，1 t 鲜薯需 2 ～ 2.5 t 清水才能将淀粉分离干净。最后是磨浆机滤网不得少于 80 目，在加工过程中每生产一个班(8 小时左右)，就要将筛网打开，清除黏附在网上的果胶、薯渣等杂物，并清洗干净，发现破洞要及时修补或更换。

4. 沉淀取粉、清洗过滤

流入流槽中的淀粉乳液，边流动边沉淀，含蛋白质等物质的废液从流槽的尾端排出。当流槽的淀粉满槽时，迅速将淀粉块取出，放入淀粉处理池内，马上加注清水覆盖，水深为池子的1/3，流槽尾部的油粉或次黄粉，不再处理。待淀粉沉淀后抽掉上面的废水，清除上层的油粉、黄粉。加注清水，开启搅拌机，将淀粉完全搅起，然后启动精滤机，用水泵将淀粉乳液抽到过滤机里，滤掉细渣。过滤机的筛网要保证 120 目。将经过细滤后的淀粉乳液抽进淀粉处理池，让其自然沉淀。

5. 分离清洗

放掉废水，再次清除富含蛋白质的油粉、次黄粉，然后将纯白的淀粉铲到另一个池子里，清除黏附在池子底部淀粉块上的细砂。加注清水，将淀粉完全搅起成乳液，让其自然沉淀。

6. 第二次分离清洗、杀菌

放掉废水，再次分离油粉、次黄粉及底部粉块上的细沙，加注清水，启动搅拌机将淀粉完全搅起，让其自然沉淀备用。经过上述几次的分离清洗，水与淀粉层次变得分明，水很清、淀粉洁白如玉。但淀粉里面还有一些细菌、微生物和活性物质，它们极其活跃，必须将其杀灭，达到杀菌、防腐、增白的目的。方法是抽掉淀粉上面的水，再加注清水，开启搅拌机，将淀粉完全搅起后，缓缓加入杀菌剂，搅拌 15 分钟后停机，然后待其沉淀再清洗一次。此时沉淀好的淀粉，即为精白甘薯淀粉。

7. 干燥

淀粉若用来加工粉丝，则不必进行干燥，若为了便于贮藏和运输，则应进行干燥。无论是用气流干燥还是用喷雾干燥，效果都很好。若没有干燥机器，要及时采用日晒和烘烤的方法进行干燥，但一定要防止淀粉被再度污染和带进泥沙。注意人工烘烤温度不能超过 60℃。

加工中应注意的问题：①加工处理要及时。对于收获的鲜薯要及时进行加工，不能久贮，最好做到边收获边加工。②分离效果要检查。抓一把薯渣放入盆内加点清水反复揉搓几分钟，滤去渣滓，过 3～4 小时后看盆底是否还有淀粉，若有则证明磨浆机分离不干净，可以考虑将薯渣用磨浆机再分离一次。③分离处理要快速。需要处理的淀粉，当上一个环节结束后，只要淀粉在池子里沉淀好了，即可进行下道工序的处理，时间间隔越短越好，速度越快越好，绝不能把淀粉放在池子里长时间浸泡。④分离工作要彻底。黄粉、油粉、残次粉要分离彻底，这些粉可以集中放到一个专门池子里，夹带的好粉通过分离也可以提取出来，残次粉可做普通粉丝。

第二节　甘薯变性淀粉加工技术

一、可溶性淀粉

可溶性淀粉是指在冷水中有较大溶解度的淀粉，实质上是一种糊精化程度低的变性淀粉。下面介绍两种效果较好的制备方法：

(一)酸法工艺流程及要点

原淀粉→调制淀粉乳→加酸液→恒温保持→水洗、离心分离→干燥→成品

酸法的最佳工艺参数：HCl 质量分数为 12%，在 20~22℃（室温）下处理 6 天。

(二)酶法工艺流程及要点

原淀粉→调制淀酚乳→糊化→降温→加酶液→搅拌→灭活→水洗、离心分离→干燥→成品

该研究采用淀粉酶固体粉剂，应用正交试验得到最佳工艺参数，酶用量 10 IU/g 淀粉，淀粉糊化程度 55%~75%，作用时间45 分钟。

上述两法正交试验的目标值为 40℃温水中淀粉的溶解度，最佳条件组合的验证试验结果比较起来，酸法简便易行，效果

更好。

(三)可溶性淀粉特性

可溶性淀粉的溶解度比原淀粉大大提高,特别是酸法生产的产品,其溶解度相当于原淀粉的 16 倍,远远超出市售产品。

对凝胶性的观察结果表明,由于酸和酶的破坏作用,分子间的拉引力大大降低,以致凝胶强度比原淀粉弱。酶法产品黏度高,淀粉糊的低温稳定性较好,在应用时要注意上述特点。至于酸法产品和酶法产品的黏度,一个大大降低,一个反而升高,表明不同处理方法的作用机理不同使产品的性能产生差异。

二、酸变性淀粉

酸变性淀粉是原淀粉在低于它的糊化温度下,经无机酸(盐酸、硫酸)处理,得到一种颗粒状的低分子水解物。由于它仅局部酸解,因此仍保持了原淀粉的化学性质,外观上和原淀粉一样,只是在物理性质方面有了一定程度的改变。

(一)工艺流程

原淀粉→调制淀粉乳→酸解→回收酸液→中和→水洗→烘干→成品

(二)工艺要点

1. 调制淀粉乳

称取 10 kg 甘薯淀粉,置于搪瓷锅中,在搅拌下加入适量自来水,搅拌均匀。

2. 酸解

接通加热和控温设备,使淀粉乳升温到 37 ~ 38℃,加入约 3 L 10N(mol/L)盐酸,恒温酸解 3.5 小时。

3. 回收酸液

将酸变性淀粉乳泵入不锈钢甩干机中，开机甩干约 20 分钟，加入 4 L 自来水，再甩干约 5 分钟，回收酸液供下批生产用。如无不锈钢甩干机，可免去这一操作。

4. 中和

用 5N 碳酸钠溶液中和含酸变性淀粉乳至 pH 为 6 左右，以终止淀粉的继续变性。然后进行甩干或吊滤。

5. 水洗

用自来水洗，除去由于中和产生的盐，洗至流出液无咸味为止。甩干或吊滤得湿酸变性淀粉。

6. 烘干

将湿淀粉在 80℃ 以下温度下烘干至含水量低于 12%，即得干的酸变性淀粉。

（三）酸变性淀粉特性

黏度显著降低，特别是热糊黏度降低更多，而使冷糊黏度与热糊黏度的比值变大，是酸变性淀粉的第一个突出特点。酸变性淀粉的碱数为 20～25，原淀粉数的碱数为 10 左右，前者具有较高的 NaOH 临界吸收值，意味着碱被聚合物末端产生的酸所消耗，这是对链长的一种度量。该研究证明，随着变性程度的提高，减数增大，意味着链长缩短，这是酸变性淀粉的又一个突出特点。

三、氧化淀粉

氧化淀粉是改变了羧基和羰基含量而聚合度较低的淀粉。氧化淀粉主要用于造纸和纺织工业，要求产品黏度低。

（一）工艺流程

原淀粉→加水调成淀粉乳、加入 NaClO 反应→用 Na_2SO_3 终止反应→清洗→干燥→成品

（二）工艺要点

最佳反应条件为 NaClO 中有效氯含量 9%、反应体系 pH10 左右、淀粉乳由 2 份淀粉与 5 份水组成、反应时间 1 小时左右。

（三）氧化淀粉特性

氧化淀粉的黏度为 500～1200 MPa·s，比原淀粉的黏度（5000 MPa·s）显著降低。糊化温度也比原淀粉降低。淀粉糊的低温稳定性较好。甘薯氧化淀粉遇 I_2 呈浅红色，而原淀粉呈蓝色，表明氧化淀粉聚合度降低，同时氧化淀粉的膨胀性与原淀粉相比也有所下降。

四、交联淀粉

交联淀粉是食品工业常用的一种改性淀粉产品，由淀粉分子的羟基与具有两个或多个官能团的化学试剂进行反应，淀粉分子链间或分子内形成酯键或醚键而交联所得到的衍生物。这种键合作用能使两个或两个以上淀粉分子"架桥"而形成多维空间网络结构，加强淀粉分子链间的结合作用，使之能较稳定存在。交联淀粉具有耐热、耐酸和抗剪切等优点。

制备食品级交联淀粉的化学试剂主要有三偏磷酸钠（STMP）、单磷酸钠（SOP）、三聚磷酸钠（STPP）、环氧氯丙烷和三氯氧磷等。食品用交联淀粉大多以 STMP 为交联剂，因为 STMP 本身就可作为食品添加剂添加到食品中起分散、保水和质构改良等作用，安全无害。美国食品和药物管理局（FDA）要求采

用 STMP 为交联剂时，合成交联淀粉中结合磷含量不能超过 0.04%。

（一）制备原理

交联淀粉系在碱性条件下，以水为分散介质，淀粉与交联剂、三偏磷酸钠发生反应而制得。其反应历程为淀粉在碱性条件下，分子活性增加，表现出明显的亲核性，具有活性的醇羟基可与多功能基团 STMP 进行酯化反应，形成淀粉分子链间或分子链内的交联反应，在 pH 较高条件下，淀粉与 STMP 反应生成淀粉磷酸二酯。从反应历程可看出，同时还可能生成淀粉磷酸一酯，故以 STMP 为交联剂生产的交联淀粉（淀粉磷酸酯）主要是淀粉磷酸一酯和淀粉磷酸二酯的混合物。为缩短反应时间，提高反应效率，得到高交联度产品，应在较高 pH 条件下进行。高 pH 对淀粉氧负离子的形成及淀粉与 STMP 的交联反应均有利；但当体系温度和 pH 过高时会引起淀粉颗粒糊化。一方面要多发生交联反应（即多生成淀粉磷酸二酯）；另一方面又要保持淀粉不糊化，因此，寻找一个合适的平衡点显得尤为重要。

（二）各种交联淀粉的制备

1. 交联甘薯磷酸酯淀粉

准确称取一定量甘薯淀粉配制成 40%（质量分数）的淀粉乳，在 35℃ 的温度条件下加热反应，在保持不断搅拌的条件下，用 3% 氢氧化钠溶液调节 pH 到 9.5，然后加入质量分数 0.2%（占淀粉干基）的交联剂三偏磷酸钠，反应 2 小时。反应后用 0.5 mol/L 盐酸标准溶液调节 pH 为 6.0～6.5，过滤水洗 3 次；水洗后样品放入 50℃ 恒温干燥箱中烘干，最后粉碎、过筛，保存于聚乙烯密封袋中备用。在制备交联淀粉或羟丙基淀粉时通常加入一些中性盐，如硫酸钠抑制淀粉颗粒膨胀，防止在高温和强碱性环境下淀粉糊化。硫酸钠用量占淀粉干基的 10% 。在上述条件下制备的交联淀粉的峰值黏度为 973BU，结合磷含量 0.028% 。

2. 交联甘薯羧甲基淀粉

叶永铭等以甘薯淀粉为原料，用乙醇作溶剂，用环氧氯丙烷作交联剂，氯乙酸作羧甲基化试剂，合成交联羧甲基复合变性淀粉。以取代度作目标，用正交试验法确定了交联羧甲基复合变性甘薯淀粉合成工艺的最佳条件为：反应温度 50℃、反应时间 4 小时、配料比 m(淀粉)：m(氯乙酸)：m(氢氧化钠) = 1:0.48:0.52，在该优化条件下，交联甘薯羧甲基淀粉取代度(DS)达 0.75。

通过对交联甘薯羧甲基淀粉糊的性质进行详细研究证明，交联甘薯羧甲基淀粉糊冻融稳定性好，透明度高，热稳定件好，抗生物降解及抗老化能力强，蔗糖使交联甘薯羧甲基淀粉糊黏度略有提高，pH、剪切力和氯化钠对交联甘薯羧甲基淀粉糊黏度影响较大。

3. 交联微孔甘薯淀粉的制备

谢涛以三氯氧磷为交联剂、耐高温 α - 淀粉酶 - 糖化酶混合酶为酶解剂，先交联后酶解制备得交联微孔甘薯淀粉。通过 FT - IR 红外光谱证明，交联反应发生在淀粉颗粒的—OH、—CO 基团上，结构强度明显增强。这种交联微孔甘薯淀粉较原淀粉的吸水率、吸油率、抗老化性、抗剪切性、抗酸性和冻融稳定性均有较大提高。

五、酯化淀粉

(一)甘薯淀粉醋酸酯的制备

淀粉醋酸酯是酯化淀粉中最普通也是最重要的一个品种，工业上生产的低取代度的产品，广泛用于食品、造纸等工业。

张喻等以甘薯淀粉为原料，醋酸酐为酰化剂，m(淀粉)：

m(醋酸酐) = 16:1,pH 8~8.5,反应时间 1 小时,反应温度 20~25℃。所得产物乙酰基含量为 1.86%,取代度(DS)为 0.0714。

经过乙酰化处理的甘薯淀粉糊化温度降低,糊化温度范围从75~86℃降到 68~78℃。同时甘薯淀粉醋酸酯的糊液黏度变化曲线比甘薯原淀粉的更平缓,糊液的冻融稳定性更好,成膜性能提高,薄膜具有较好的柔软性、耐折度和耐磨度等,透明度和光泽较好,易溶于水,适用于纺织、造纸和食品工业。

谢钦等研究,通过偏光显微镜观察到醋酸酯淀粉的颗粒形貌完整,偏光十字清晰。说明酯化反应大多发生在淀粉颗粒的表面,淀粉的结构完好,有利于醋酸酯淀粉后续工序的进行。同时具有不同乙酰基含量和取代度的醋酸酯淀粉的性质,性质的改变程度与乙酰基含量有密切关系。随着醋酸酯淀粉取代度的增加,淀粉糊的峰值黏度不断提高,起糊温度不断降低。

(二)甘薯淀粉磷酸单酯的制备

淀粉磷酸单酯是一种应用广泛的淀粉衍生物,淀粉与磷酸盐在特定条件下的反应产物,与原淀粉相比,淀粉磷酸单酯具有糊透明、黏度高、抗老化、稳定性好的特性和良好的保水性能。

何传波等以甘薯淀粉为原料与正磷酸盐作用,采用湿法工艺制备甘薯淀粉磷酸单酯。酯化剂的质量配比为 3:1,浸泡液的 pH 5.5 左右,酯化反应温度 130~140℃,反应时间 2~3 小时,催化剂添加量为淀粉质量的 4%~5%。

相比原淀粉,甘薯淀粉磷酸单酯的糊透明度有显著提高,酯化反应可以减弱糊的凝沉倾向,不同取代度的淀粉磷酸酯的冻融稳定性均有所不同。

甘薯淀粉磷酸酯为阴离子高分子电解质,具有糊液透明、抗老化和良好的保水性能,低温长期保存或重复冷冻融化也能无水析出。因此,它是良好的食品乳化剂、增稠剂和稳定剂,适量添加到食品中不但可以改善食品风味，还能使冷冻食品的品质得到良好调整。

(三)辛烯基琥珀酸甘薯淀粉酯的制备

美国 FDA 允许食品中使用辛烯基琥珀酸淀粉酯，其钠盐在水包油型乳浊液中具有特殊乳化稳定性，是一类新型食品乳化稳定剂和增稠剂。

刘勋等采用水相法制备了辛烯基琥珀酸甘薯淀粉酯，发现在 6% 以下，随着辛烯基琥珀酸酐用量的增加、产品取代度几乎成线性增加。固定辛烯基琥珀酸酐用量为 3%，通过正交试验确立了最佳工艺参数为：淀粉乳质量浓度 35 g/dL、温度 35℃、反应 pH 8.5、反应时间 6 小时，产品取代度 0.016。由于分子结构上的特点，成品具有亲水亲油两性性质，可广泛应用于食品和医药等行业。

第三节　甘薯粉条、粉丝、粉皮制品加工技术

一、粉条

粉条是由淀粉加工而成的一种食品。由于品种多、色泽白、质地柔韧、味道鲜美，深受人们的喜爱。它以形状可分为宽粉条、粗粉条和细粉条，就加工方法分有风粉条和冻粉条。风粉条适合于常年加工，但只能漏宽粉条和粗粉条，冻粉条可以加工各种品种，但是无机械制冷，只能在严冬加工生产。这里重点介绍冻粉条的加工技术。

（一）工艺流程

原料→打芡→揉面→漏粉条→捯粉条→冷冻→淋粉条→晾晒→成品

（二）工艺要点

1. 打芡

按加工粉条的种类，分别称取一定数量的淀粉和明矾，置于大盆中，用开水调成稀乳状，即成芡。制芡的关键：制芡的淀粉和明矾的用量要适当，兑水适宜，温度不低于98℃。每漏100 kg干淀粉的粉条，需明矾0.3 kg、水35 kg，芡粉（制芡用的干淀粉）的数量因所漏粉条的种类不同而异：按加工100 kg粉条计算加工宽粉条需要3.5 kg；菜粉条需要3.2 kg；汤粉条2.7 kg。制芡的方法：明矾研碎，用少些开水溶化，再兑芡乳，入滚开水边冲边搅拌，直到冲熟成半透明，似大米粥汤状为止。制芡是漏粉条的关键环节，除了用料比例适当外，还必须使芡粉达到彻底干燥白净，质量好，而且操作认真。

2. 揉面

俗称揣面或和面。即打芡后，稍晾一会儿即可将加工的淀粉倒入盆内，边倒边快速揣和，上下翻搅直到揣匀揉透，不粘手，全盆上下没有干粉或芡汤为止。

3. 漏粉条

漏粉条常用八印以上的大锅，在锅内水烧开后，即可把揉好的面盆安置在锅台上，然后将揣好面团装满漏粉瓢，漏粉人一般是右手不停地捶打瓢沿，由于粉瓢不停地均匀地震动，使瓢内面团从瓢孔向锅内开水中徐徐漏下，煮熟后即成粉条。宽粉条、菜粉条因粗度较大，不易变熟定型，故要顶沸水下锅；汤粉条则要掌握落开下锅（以免开水滚断粉条）。漏粉条时，粉瓢要不停地移动，以防粉条下锅后堆粘在一起。粉瓢距离水面的高度，依粉条种类不同而异，细粉条瓢要稍高些，宽粉条、粗粉条瓢则低些。一般高度距离水面为 70 cm 左右。同时，开始时身体略高一些，随着瓢内面团的减少，身体可渐俯低一些。粉条入锅后，另一人（俗称拨锅人）要用木钩迅速将粉头钩住，等粉条成熟上浮及时沿粉头顺序拨出锅外，进入冷水池。

4. 捯粉条

粉条进入冷水池（锅）以后，使粉条迅速冷却，随着水温的上升要及时兑换冷水或冰块，所谓"捯粉"就是抓住粉头，理顺后套在木棍上（俗称粉杖子，长约 70 cm，直径 2 cm），要求"杖子"（绕粉条的木棍）上的粉条长短一致、均匀、整齐。然后架在室内沥水。

5. 冷冻

粉条全部漏完、沥水、冷冻处理后，移架防风洞或不透风的冷室内，排列架好，谨防透风，以防烧条（即粉条糠白、脆碎）影响品质。一般在 - 15℃ 环境下两天两夜即可（温度高低自己掌握），总之，冻透为止。

6. 淋浇晾晒

当粉条被冻透好后，逐杖子的把粉条上的冰打掉，然后用温水（不冰手即可）将粉条上残留的冰雪搓洗掉，在室内沥水后挂在外边绳上晾晒（迎风地方最好），待八成干后，把杖子上的粉条捆在一起，再把杖子抽出。

常年加工粉条和汤粉条工厂都靠机械冷冻，否则只能生产风粉条，风粉条加工比较简单，只是在捯完粉条沥干冷却后，将杖子上的粉条置于水池用手将粘黏的粉条搓开，然后挂在迎风向阳处晾晒即可。

二、精白甘薯粉丝精加工

采用传统方法生产的甘薯粉色泽及品质较差，原因是甘薯淀粉中含有粉渣、泥沙等杂质，还有较多的酚类物质，如果将甘薯淀粉进行处理（漂白），然后再用于生产即可生产出高质量的精白甘薯粉丝。

（一）工艺流程

原料→清洗→过滤→漂白→吊包→脱水→打芡→揉面→漏粉条→捯粉条→冷冻→淋粉条→晾晒→成品

（二）工艺要点

1. 清洗

将淀粉放在水池中，加入清水，用搅拌机搅成淀粉乳液，让其自然沉淀，然后放掉上面的废水和下脚料，把淀粉移入另一个池子中，清除底部的泥沙。

2. 过滤

淀粉完全搅起后，加入澄清的石灰水，控制淀粉乳液 pH，使淀粉中的部分蛋白质凝聚，保持色素物质悬浮于液体中易于分离，同时石灰水中的钙离子可降低果胶类胶体的黏性，使薯渣易于筛分。把淀粉乳搅拌均匀，再用 120 目的筛网过滤到另一池子中进行沉淀。

3. 漂白

放掉池子上面的废液，加入清水，把淀粉完全搅起，使淀粉乳液呈中性。采用碱性溶液将色素及其杂质除去，对其余色素采用适当的氧化剂漂白，除掉酚类物——黑色素，再用酸性溶液溶解酸溶蛋白，中和碱处理时残留的碱性，抑制褐变反应活性成分。同时在处理过程中，通过几次搅拌沉淀，可以把浮在上层的渣及沉在底层的泥沙除去。经过脱色漂白后的淀粉洁白如玉，无杂质，然后置于贮粉池内，上层加盖清水贮存备用。

4. 吊包

把淀粉取出放入白方布中，四角用绳子扎牢吊起，自行沥干水分。为加速沥水，可用木棒拍打布包。

5. 脱水

从布包里取出的淀粉含水率在45%左右，在制作粉丝前还要去掉一部分水。可通过晾晒或烘烤去水，使含水率降至30%以下即可。人工烘烤温度不得超过60℃。

6. 打芡、揉面、漏粉条、捎粉条、冷冻、淋粉条、晾晒

生产工艺和传统粉条(粉丝)生产工艺相同。

三、精白甘薯粉丝高新技术

这种粉丝是应用食品流变学的原理，采用生物技术、微细化技术、复压技术等高新技术和独特的工艺制作而成。

(一)工艺流程

原料→清洗去皮→打浆→淀粉提取→微细化处理→漂白处理→脱水→混合→复压处理→挤丝→预煮→冷却→冷冻老化解条→烘干→包装→成品。

(二)工艺要点

1. 原料

选用新鲜、无腐烂、淀粉含量高的甘薯为原料，未成熟或贮存过久而腐烂的、可溶性糖含量高、淀粉含量低的甘薯不能用。

2. 清洗、打浆、淀粉分离

将甘薯送入清洗机中，清洗泥沙，滚动去皮，送入磨浆机中磨浆，分离的方法有自然沉淀法、酸浆沉淀法和工业上的离心法等。一般可采用酸浆沉淀法，此方法是在淀粉中加入酸浆水搅拌后沉淀。酸可使蛋白质和淀粉处于等电点附近而沉淀下来，由于淀粉比蛋白质相对密度大，蛋白质沉淀于淀粉层之上，并且酸对淀粉有漂白作用。沉淀后，除去上层浑水和蛋白质层，加清水搅拌过筛，自然沉淀。

3. 微细化处理、漂白处理

将分离出的淀粉用泵打入胶体磨中进行微细化处理，得到细度均匀的淀粉。然后向淀粉浆中加入适量的碱除去淀粉浆液中的色素及杂质，再加入酸以除去淀粉浆中的蛋白质，并中和碱处理时残留的碱，抑制褐变，最后加入生物活性物质酶，让其分解淀粉液中的杂质，可以把浮在上层的渣滓除去，得到洁白如玉、无杂质的甘薯淀粉。

4. 脱水、混合、真空处理

将沉淀后的淀粉取出晒干或烘干脱水，使含水量降低到35%左右。取淀粉总量的3% ~ 4% 淀粉，先用少量温水（40 ~ 50℃）搅拌均匀后，通入沸腾的开水，并迅速搅拌至糊化成透明而黏稠的糊状。将明矾、单甘酯等食品添加剂溶解，与剩下的97%左右的淀粉及芡糊倒入混合机中，搅拌混合均匀，混合温度为 30 ~ 40℃，得到淀粉团。将混合好的淀粉团送入真空搅拌机中抽真空搅拌去掉绝大多数的空气。

5. 漏粉、煮粉

将真空处理好的淀粉团投入漏粉机漏粉，根据要求采用不同的漏勺漏出不同形状的粉条，并调节漏粉机与煮锅的高度来调节粉条的粗细，煮锅内的水要烧至沸腾后才能开始漏粉。

6. 冷却、冷冻老化解条

将煮熟的粉条从煮锅内捞出，并立即放入冷水中冷却定形，然后剪成规定的长度，送入冷冻库中冷冻12 ~ 18 小时，温度为 -18℃，最后取出粉条送入干燥机中干燥成规定的含水量

(≤14%)，进行包装及得成品。

精白甘薯粉丝：晶莹剔透、色泽一致，外观有光泽，粗细均匀，无杂质，无斑点。具有甘薯粉应有的滋味及气味，无异味。煮、泡6~8分钟不夹生，具有韧性，有咬劲，久煮不糊。水分含量≤14%，断条率<5%，酸度≤1.0，粉条直径1~1.5 mm，细菌总数 < 50000 个/100 g，大肠杆菌 < 30 个/100 g，致病菌不得检出。

四、无矾甘薯粉丝

(一)工艺流程

原料→打芡→和面→漏粉熟化→冷却→冷冻→解冻→干燥→成品

(二)工艺要点

1. 甘薯淀粉磷酸酯的制备

取6 g 三聚磷酸钠加入1500 mL 水中. 搅拌溶解，再加入1000 g 甘薯淀粉搅拌均匀，用质量分数5% NaOH 溶液调 pH 为9，在100℃温度下保温2 小时，调 pH 为6.5，抽滤脱水，洗涤3 次，产品置于鼓风干燥箱在50℃烘干，备用。

2. 无矾甘薯粉丝生产关键工艺

固定甘薯淀粉磷酸酯的用量为6%，将魔芋粉与复合磷酸盐复配作为复合增筋剂，其中 m(魔芋粉)：m(复合磷酸盐) = 2：3，使用量为1%。

3. 匀浆

传统工艺所用的添加物为明矾，明矾在搅拌过程中的增稠、增黏作用不明显，容易搅拌均匀。改用复合添加物后，稠度增加，因此手工混匀较困难，所以应采用搅拌机进行混合。

4. 熟化

漏粉时，锅内水应保持在微沸，否则粉丝一下锅容易被冲断。进锅后的粉丝在锅内停留 3 ~ 5 s，时间太短，粉丝不熟，成型后无光亮、韧性差、出现白干条。时间过长，容易叠在锅中出现乱条，不仅出粉率降低，而且煮出的粉丝黏性大、拉力小、难晾粉。

5. 晾粉

晾粉的目的是为了使加热熟化的淀粉在逐渐冷却中老化（回生），在老化过程中，散发一部分水分，粉丝中的淀粉重新排列组合，形成胶束状结构，提高粉丝的韧性。一般晾粉的温度应控制在 -5 ~ 25℃，时间以 8 ~ 20 小时为宜。但由于使用甘薯淀粉生产得到的粉丝黏度较大，应采用冷冻晾粉较为适宜。研究证明，在 -5℃ 条件下进行不同冷冻时间处理，冷冻 12 小时粉丝能完全冻结，开粉时用手握粉丝不觉得有黏性，松手后，粉丝可分散开，晾粉即完成。

6. 干燥

粉丝的干燥方式主要有晒干和烘干两种。晒干受自然条件影响大，为适应以后机械化生产，多采用烘干。烘干时，温度越高，水分蒸发越快，干燥速度越快。但由于粉丝具有黏性和高温变质的特点，同时考虑到粉丝的表皮和中间干燥速度不一，造成表面光洁度下降等因素，所以可采用低温热风干燥法进行干燥，干燥温度控制在 45℃ 左右，干燥时间为 3 小时。

五、无冷冻甘薯粉丝

利用传统方法生产粉丝，工艺复杂，劳动强度大，受冷冻条件的制约，致使许多农户望而生畏，现介绍一种无冷冻甘薯生产新技术。工艺特点：①利用机械运动挤压摩擦生热使淀粉糊化，并一次挤压成型，淀粉原料干湿均可，不需要打芡、揉粉，节省燃料和大量劳动力。②加入少量食品添加剂，使粉丝出机后黏性减弱，无需冷冻即可全天生产。③可改善淀粉糊化条件，避免产生易溶于热水的糊精，使粉丝久煮不糊汤。

（一）工艺流程

原料→配料→粉丝机预热→投料生产→粉丝阴晾和搓散→干燥→包装→成品

（二）工艺要点

1. 原料

淀粉中甘薯渣含量少于3%，能通过30目网筛，干湿均可。

2. 配料

每100 kg干淀粉加水70~80 kg（湿淀粉视其含水量参照确定），同时加入少量食品添加剂，充分拌匀形成糊状。

3. 粉丝机预热

拆下粉丝机头上的筛孔板（又称粉镜），关闭节流阀，启动机器，从进料斗逐步加入浸湿了的废料（以前加工余在机内的熟料）或湿粉丝；如无废料，则用1~2 kg干淀粉加水30%，待机内发出微弱的鞭炮声，即预热完毕。

4. 投料生产

用勺均匀地加入已配制好的糊状原料，慢慢打开机头上的节流阀，待用来预热机器的粉料完全排出后，调整节流阀的开启程度，使加入的粉料既要达到熟化的要求，又不能熟得过火（过火时，粉丝变色严重）。装上粉丝孔板，再将节流阀开大一些，控制节流阀，始终保持粉丝既能熟化又不夹生。粉丝从筛孔板流出后，采用100 w风机对准吹凉粉丝，达到用手触粉丝不觉得热为宜，如达不到，可再增加风扇。当流出的粉丝达1.5 m长时，用剪刀剪成1 m长一把，平摊到垫有薄膜的地上，随即用薄膜盖好，防止粉丝水分蒸发。

5. 粉丝阴晾和搓散

粉丝阴晾是在封闭下进行。阴晾的时间受气温的影响很大，气温低时，所需时间短，3～4小时后即可搓散粉丝；气温高时，所需时间长，以糊化的淀粉基本完成凝交化过程（即老化），粉丝达到硬化为宜，注意阴晾时间长时，要防止粉丝失水使表面形成硬皮，如阴晾好的粉丝有时也较难搓散时，可将粉丝放入水中浸泡一下，就会较容易搓散。

6. 干燥、包装

将搓散的粉丝用木秆和竹秆挂起来，冬季可放在阳光下晒干；夏季则要放到阴凉处风干（以防止粉丝卷曲严重），在粉丝含水率干燥到16%～18%时，即可进行打包，打包后的粉丝可放到通风处摊放一段时间，待其含水量降至15%以下时，即可装袋或入库。

六、粉皮

甘薯粉皮味道纯正，清凉爽口，是人们喜爱的下酒佳肴。

（一）工艺流程

原料→粗淀粉处理→配置淀粉乳→制粉皮→晾晒→包装→成品

（二）工艺要点

1. 原料处理

原料应选用洁白纯净的甘薯淀粉，如果是粗淀粉，首先要经过除杂、除沙净化处理。方法是：将粗淀粉放入大缸或池子中，兑1.5～2倍的水，然后用120目的箩（或滤布）过滤，除去细渣和残液。滤后的粉乳盛入到另外大缸或圆池中，顺着一个方向搅拌几分钟，沉淀 4 小时左右，排掉上层清液，清除淀粉表层黄粉，起粉时刮净底部泥沙，吊滤备用。

2. 配制淀粉乳

净化湿淀粉兑 1 倍的水（精制干淀粉兑 1.5 倍水），再按干淀粉量加入 0.3% 经过研碎充分溶化的明矾或 0.6% 食盐搅匀。如果淀粉仍有酸味，加工粉皮时可适当加入食用碱中和酸性。

3. 制粉皮

将锅内水烧沸，把淀粉乳盛到盆中，先在旋子内壁抹一层食用油，随后用小饭勺把淀粉乳放入旋子底部，置于锅内水面上，用手旋转，使淀粉乳借离心力均匀分布在旋子底部，然后将旋子在沸水中"浸"一下，使水淹没粉皮少许，再旋转至粉皮完全透明后立即拿出锅，放入盛有冷水的大盆或大缸内冷却。最后用手顺粉皮边缘将粉皮从水中掀出，置于秫秸帘上，每帘放 5 ~ 10 张。

4. 晾晒和包装

选晴朗微风的天气，将放有粉皮的秫秸帘置于避风、向阳和周围环境卫生状况好的地方晾晒。由于制粉皮与晾晒同时进行，所以在制粉皮前必须密切注意天气变化，选择晴好天气。冬季只要气温在 5℃ 以上就可以进行。晒至九成干时取下压平、晾干，然后可装袋或打捆。粉皮一般约 20 张/kg，厚的也不宜低于 16 张/kg。粉皮包装一般每袋装 0.25 kg（4 ~ 5 张），每捆质量 5 ~ 7 kg。

5. 成品规格

大小一致，厚薄均匀，不生、不烂，完整、不碎。

七、凉粉

凉粉物美价廉，原料易得，制作简单，乡镇和街道食品厂、家庭均可制作。

具体制作方法有两种：

（1）称取 1 kg 甘薯淀粉、10 kg 水同时下锅，一边搅拌一边加热，熬至 8 成熟时，汁液已变黏稠，待搅动感到吃力时，将 15 g 明矾及微量食用色素加入锅内，并搅拌均匀，继续熬煮片刻，此时再搅动感到轻松时，说明已熟，即可出锅，倒入备好的容器中冷却即成。

（2）每 10 kg 甘薯淀粉加温水 20 kg、明矾 40 g，调和均匀后，再冲入 45 kg 沸水，边冲边搅拌，使之均匀受热。冲熟后，即分别倒入箱套中，拉平表面，待冷却后取出，按规格分割成块，即为成品。

第四节　甘薯糖制品加工技术

一、饴糖

饴糖是利用淀粉酶水解淀粉生成的麦芽糖、糊精的混合物，它是制作糖果、糕点等的必要原料。工业上生产饴糖，大都采用大麦芽作糖化剂。

（一）工艺流程

甘薯淀粉→清洗→糖化→过滤→脱色→浓缩→固体饴糖

（二）工艺要点

1. 糖化

将甘薯淀粉加水调制成 15～20^{0}Bé 的淀粉乳，搅拌均匀后煮沸，煮时不断搅拌，以免烧焦，约 30 分钟糊化完毕。倒入浅木盘中迅速搅动，冷却到 50～55℃，加入 10% 的麦芽粉，迅速搅拌，力求均匀，移入糖化槽中进行糖化，此时温度应保持在 55℃ 左右。在糖化时对糊化液要加热保温，使整个糖化过程中的温度保持在60℃左右，并应当进行搅拌，以利充分糖化。8～10小时糖化结束。糖化终点可用碘液检查，当加碘液无色或呈淡黄色，表示糖化已完成。糖化结束后即可高温煮沸，杀灭微生物，以免发酵，同时使蛋白质凝固，利于过滤。糖化液煮沸后立即进行过滤，除去固形物，对所提滤液进行脱色。

2. 脱色

可应用活性炭、亚硫酸等脱色，以活性炭的效果为最佳。活性炭的用量一般为原料的1%～2%，pH为5～5.5，液温80℃，脱色后趁热过滤。用亚硫酸脱色时，需加石灰水中和，然后过滤。

3. 浓缩

浓缩时注意火力的调节和不停搅拌，以免发生焦化。糖液越浓，火力愈要减弱。此外，在加热浓缩过程中，要不断将浮在液面的浮沫除去，浓缩到40^0Bé即可。成品在20℃时，浓度应在38^0Bé以上。

4. 固体饴糖

将液态饴糖浓缩到很高的浓度，趁热反复抽拉，使空气阻力渗入，形成微细气泡，逐渐变白色，并由半固体变为固体，即成白色的固体饴糖。

二、果葡糖浆新工艺生产

(一)工艺流程

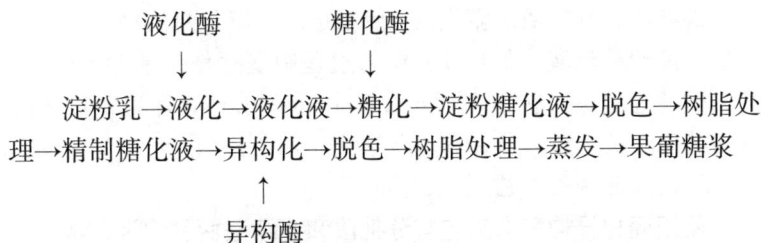

液化酶　　　糖化酶
↓　　　　　↓
淀粉乳→液化→液化液→糖化→淀粉糖化液→脱色→树脂处理→精制糖化液→异构化→脱色→树脂处理→蒸发→果葡糖浆
↑
异构酶

（二）工艺要点

1. 异构化反应

果葡糖浆生产的关键是将葡萄糖液在异构酶的作用下部分转化成果糖，成为部分果糖、葡萄糖的混合物。异构化反应的适当浓度为40%～50%，异构化反应是在保温桶中进行的。桶中具有搅拌器，保持一定温度（65～70℃）和pH（氢氧化钠调节维持在pH 7左右），经过一定时间（3天左右），达到反应终点（葡萄糖转化率45%左右）。选择异构化反应的工艺条件需要考虑到几个因素：能使酶发挥较高的活力；保持较高的稳定性；一定量的酶能转化较多量的葡萄糖，短时间内达到较高的转化率；糖分分解副反应少，颜色浅，精制容易。这些因素又相互影响，需要兼顾。

2. 固化异构酶工艺

加热异构酶菌体能使酶固化在菌体内部，活力稳定性提高，用过以后能过滤或用离心机回收重复使用。比较好的方法是采用过滤异构化工艺。加热链霉菌异构酶发酵液，30分钟左右达到75℃，在此温度保持5分钟，加入3%的硅藻土助滤剂，搅拌，真空过滤，滤布上预先沉积有硅藻土层，用水洗滤饼。所得滤饼含有固化异构酶菌体，热风（50℃）干燥3.5小时，将115 kg混入适量淀粉糖化液中，每升含葡萄糖600 g，pH 7.0，硫酸镁0.1 mol/L，氯化钴0.001 mol/L，亚硫酸氢钠0.006 mol/L。采用叶片式过滤机，圆桶内装6支平面滤叶，上覆有滤布，总过滤面积为7 m³。过滤混有固化异构酶的糖化液，使滤布面上沉积酶层约3 cm厚，然后过淀粉糖化液，在通过酶层的过程中受酶作用葡萄糖转化，控制过滤速度保持转化率为4 L/min，200小时后降为2 L/min，淀粉糖化液颜色为0.01单位，由滤机出来的糖颜色为0.02单位。

3. 固相异构酶工艺

使用固相异构酶的工艺有分批法和连续法两种，前者是间歇操作，后者是连续操作，效果以连续法较好。连续法又因采用设备的不同，分为连续搅拌法、酶层过滤法和酶柱法等，效果以后二者较好，工业上都有采用。

分批法在保温反应桶中进行，置淀粉糖化液于桶中，在一定pH和温度情况下保持缓慢搅拌，使固相酶悬浮于反应液中与葡萄糖均匀接触。反应桶为直立桶，容积因生产规模不同在 25 ~ 120 m^3 之间。这种方法的反应时间长，一般需 1 ~ 3 天，随用酶量而定，用酶量高则反应时间短。

与连续法比较，分批法的缺点是反应时间长，需用酶量较高，激活剂镁和钴盐用量较多，产品质量较差，颜色较深，精制较困难，设备容积较大，劳动力也较大。由于这些原因，分批法的生产逐步减少而被连续法代替。

连续搅拌法是保持搅拌固相酶悬浮在反应液中，淀粉糖反应桶底部连续进料，异构化后的糖液由桶顶连续出料，控制出料速度，保持一定的转化率。这种方法不及酶层过滤法和酶柱法好，工业上很少采用。

酶层过滤法使用叶片式压滤机，先将固相酶混于糖化液中过滤，使固相酶在叶片的滤布面上层积酶层，厚 3 ~ 7 cm，然后过滤淀粉糖化液当通过酶层时发生异构化反应，因为接触的酶最多，反应速度快。酶层较薄，过滤阻力小。连续过滤，酶活力逐渐降低，相应降低过滤速度，保持一定的转化率。工业上应用DEAE - 纤维素的链霉菌固相酶采用这种工艺大量生产果葡糖浆，效果好。酶活力半衰期一般为几百小时。几个过滤机串联使用，酶的利用率高，一个过滤机酶活力降低到一定程度时，停止过滤糖化液，更换新酶。与分批法相比，这种酶层过滤法具有设备节省、反应时间短、酶用量低、产品质量好、颜色浅、精制容易、劳动力少等优点。

酶柱法也称为酶滤床法，是将固相酶装于直立保温反应塔中，犹如离子交换树脂柱，淀粉糖化液由塔底进料，流经酶柱，发生异构化反应，由塔顶出料，连续操作。应用凝聚芽孢杆菌固相酶0.0004 mol/L。酶活力的最适 pH 为 8.5，能充分发挥酶的催化作用，反应速度快，时间短，糖分分解副反应发生的程度低，不利的影响小，所得异构化糖液的颜色浅，精制容易。在异构化反应过程中，pH 只降低 0.1~0.5，无需调整。因此应用高的 pH，不需要添加钴离子，镁离子激活剂的需要浓度也很低，不仅节约添加物料，也降低以后的精制负担。

在连续生产过程中，酶活力逐渐降低，需要相应降低进料速度以保持一定的转化率。连续使用约 500 小时后，酶活力降低到约原来的50%，700~750 小时后降低到约 25%，需要更换新酶。每千克固相酶(150 活力单位/g)能转化 1000 kg 葡萄糖，转化率为45%。

与分批法比较，酶柱法具有设备容积小、酶用量低、激活剂用量低、颜色浅、精制容易等优点。

糖液精制异构化反应后所得糖液含有颜色，在贮存期间能产生有色物质及灰分等杂质，因此需要用活性炭脱色、离子交换树脂处理以除去之，得到几乎无色、无灰分的产品，在贮存期间性质稳定。

异构化反应采用的较高 pH 和温度促进糖分分解产生有色物质和在贮存期间产生有色的物质，所以，异物化反应完成后应当尽快进行精制，不能贮存。若不能及时精制，则应当将 pH 降低到 4~5，温度降低到50℃以下，以降低糖分分解反应继续发生的程度。

活性炭脱色在 pH 为 4.0~4.5 进行，用盐酸调整。可用粉末活性炭或颗粒活性炭。用粉末活性炭在 80℃脱色 30 分钟，过滤。脱色糖液的颜色最好达 0.01 单位以下。颜色单位用分光光度计测定，将糖液冲稀到适当浓度，用观测杯分别在波长 450 μm 和

600 μm 测定吸光率, 用公式计算颜色单位。颜色稳定性是调整糖液 pH 到 4.8, 在沸水浴中加热 1 小时, 再测颜色单位, 用单位增加量表示稳定性, 增加小, 稳定性高。

$$颜色单位 = (A_{450} - A_{600})/C \times 100$$

式中: A_{450}—波长 450 μm 吸光度

A_{600}—波长 600 μm 吸光度

C—糖液浓度(g/100 L)

用离子交换树脂处理, 除去糖液中灰分, 同时仍存在的有色物质和在储存期间能产生颜色的物质有一部分被除掉。阳离子树脂用强酸性、氢型、使 pH 降低到约 1.5, 能除去几乎全部阳离子。然后用弱碱性阴离子树脂处理、氢氧型、除去酸性物质, pH 上升到 5~7。为了有效利用树脂的交换能力, 一般使用 3 组阳、阴树脂串联使用。第 1 组树脂交换能力大部分消失后进行再生, 将第 2 组代替第 1 组树脂, 另一组新再生的树脂代替第 3 组。被最后一组树脂处理的糖液, pH 较高, 用盐酸调整 pH 至 4.0~4.5。

精制糖液经真空蒸发到需要的浓度即得果葡糖浆产品。因为葡萄糖易于结晶, 为了防止糖浆在储存期间有结晶析出, 不能蒸发到过高的浓度, 一般为 70%~75% 干物质。

三、中转化糖浆

中转化糖浆(DE 值 38~42)是生产历史最久, 应用较多的一种糖浆, 又常称为"标准"糖浆。生产中转化糖浆, 国内外一般都采用酸法工艺, 主要的工序有糖化、中和、脱色和浓缩等。糖浆的品级有特级、甲级和乙级 3 种, 现介绍甲级糖浆的工艺流程。

(一)工艺流程

淀粉原料→调粉→糖化→中和→脱色→离子交换→第一次蒸

发→二次脱色过滤→第二次蒸发→成品。

（二）工艺要点

1. 调粉

调粉桶内先加部分水（可使用离交或滤机洗水），在搅拌条件下加入淀粉原料，投料完毕，继续加水使淀粉乳达到规定浓度（40%），然后加入盐酸调节至规定 pH。

2. 糖化

调好的淀粉乳，用耐酸泵送入糖化罐，进料完毕打开蒸汽阀，升温至142℃，升压力至274.6 kPa 左右，保持该压力3 ~ 5分钟；取样，用20%碘液检查糖化终点。糖化液遇碘呈酱红色时即可放料中和。

3. 中和

糖化液转入中和桶中进行中和，开始搅拌时加入定量活性炭作助滤剂，逐步加入10%碳酸钠溶液，中和要混合均匀，达到所需的 pH 后，打开出料阀，用泵将糖液送入过滤机。滤出的清糖液随即送至冷却塔，冷却后糖液进行脱色。

4. 脱色

清糖液放入脱色桶内，加入定量活性炭随加随拌，脱色搅拌时间不得少于5分钟（指糖液放满桶后），然后再送至过滤机，滤出清液盛放在贮桶内备用。

5. 离子交换

将第一次脱色滤清液送至离子交换滤床进行脱盐提纯及脱色。糖液通过阳－阴－阳－阴四个树脂滤床后，在贮糖桶内调节pH 至3.8 ~4.2。

6. 第一次蒸发

离子交换后，准确调好 pH 的糖液，利用泵送至蒸发罐，保持真空度在6.7 kPa，控制蒸发浓缩的中糖浓度在42% ~50%左右，即可出料进行第二次脱色。

7. 二次脱色过滤

经第一次蒸发后的中糖浆送至脱色桶，再加入定量新鲜活性炭，操作同第一次脱色。二次脱色糖浆必须反复回流过滤至无活性炭微粒为止。然后将清透、无色的中糖浆送至贮糖桶。

8. 第二次蒸发

其操作基本上与第一次蒸发相同，只是第二次蒸发开始后，加入适量亚硫酸氢钠溶液（35^0Bé），能起到漂白而保护色泽的作用。蒸发至规定的浓度，即可放料至成品桶内。

四、葡萄糖

利用甘薯淀粉生产葡萄糖的方法有两种，即酸法和酶法。

(一)酸法生产葡萄糖工艺流程

干淀粉→粉浆→糖化→糖化液精制→脱色→蒸发浓缩→结晶→分蜜→烘干→口服葡萄糖。

(二)酸法生产葡萄糖工艺要点

1. 调粉

用酸法生产葡萄糖，应先将干淀粉制成粉浆，即 100 kg 淀粉加 430 L 水，再加 770 g 盐酸，充分混匀。

2. 糖化

粉浆调好后，送入糖化罐，在 80~100℃ 的温度下糊化 15 分钟左右，继续向罐内通入蒸汽，升温到 135℃ 保持 20 分钟，再由 135℃ 升高到 150~158℃，保持 5 分钟。取样时用无水酒精检查，至无沉淀产生即可放罐，将糖化液冷却至 80℃ 左右。

3. 糖化液精制

糖化液冷却后放入中和桶中，用碳酸钠中和至 pH 为 4.5~

5.0。

4. 脱色

中和后将糖化液在脱色桶中加0.3%的活性炭脱色，再用板框式压滤机过滤即得葡萄糖清液。

5. 蒸发浓缩

将上述葡萄糖清液通过单效薄膜蒸发，蒸发至糖的浓度为66%～67%时，停止蒸发。

6. 结晶

把浓糖液放入结晶罐内降温至40℃，加入3%的葡萄糖湿晶种。注意保温，使糖液在48小时中逐渐降至40℃，经48～72小时降至室温，保温过程中要缓慢进行搅拌。

7. 分蜜

结晶结束后，用离心分蜜机分出母液，并用少量水洗。所得的葡萄糖结晶放入烘床，在37℃下烤3天，当其含水量降至10%以下时，即为口服葡萄糖。

(三)酶法生产葡萄糖工艺流程

干淀粉→淀粉乳→液化→灭酶→糖化→脱色→蒸发浓缩→结晶→分离→烘干→口服葡萄糖

(四)酶法生产葡萄糖工艺要点

用酶法制取葡萄糖时，先在调粉缸内放入相当于淀粉总量1.2～1.3倍的水，兑入淀粉后搅匀，浸2～3小时，调节pH为6.0～6.3，加入细菌淀粉酶(5～81 U/g淀粉)，充分搅拌均匀即为淀粉乳。粉乳调好后，向糖化罐流加，事先在糖化罐中加入相当调粉用水总量1/4的水，并预热至90℃，向罐内流加粉浆时注意保温(86～89℃)，并不断进行搅拌，至淀粉浆液化至遇碘液呈棕红色为止。再升温至105～110℃，灭酶5～10分钟。然后降温至65℃，加入糖化酶液(约100 U/g淀粉)，调节pH为4.5，在58~61℃，糖化32~36小时，糖化率达96%以上。糖化终了，充分搅拌，将罐的夹层蒸汽升温至100℃，煮沸10分钟，加入活性炭2%，在90℃下保温30分钟，完成脱色，趁热过滤，滤液按酸法工艺进行浓缩、结晶、分离和烘干，同样可得口服葡萄糖。

五、麦芽糖醇

(一)用途

麦芽糖醇是一种新型的甜味剂，广泛用于糖味食品加工中。以往人们食用的甜味剂基本上都是热量高、甜度大的糖类，易引起糖尿病、肥胖症、动脉硬化和心脏衰弱等疾病。麦芽糖醇甜度高、热量低、安全性好，原料也比较充足，制造工艺简单，具有其他甜味料所不具备的独特性能。

(二)工艺要点

将由甘薯淀粉制取的纯麦芽糖配成质量浓度为40~60 g/dL的溶液，加入糖质量8%的镍作催化剂，在微碱性介质中，于搅拌式高压釜内加压氢化。氢化时釜内压力为4.99~17.74 MPa，逐渐升温，温度控制为80~150℃，直到不吸收氢时为止。反应过程中，微碱性介质能促进糖类的氢化，并能对催化剂起保护作用。一般将pH调至7.5~9为宜。随着氢化的进行将会出现pH缓慢降低的现象，可适当加入不溶性碱性固体(如碳酸钙)以调节酸碱度。碱性固体的加入量相当于麦芽糖量的0.006%~0.3%，可使麦芽糖醇收率达到96%。糖液的纯度对氢化效果影响较大，要求灰分不能超过1%，氮化物不能超过0.2%，否则会使催化剂很快"中毒"。

氢化完成后，除去糖液中的镍，采用离子交换法脱色、除杂及提高纯度。最后经浓缩、喷雾、干燥等过程，制成麦芽糖醇浆或粉末状、粒状产品。每100 kg纯度为95%的麦芽糖，可得纯度为90%的麦芽糖醇100 kg。

第八章　甘薯其他产品加工技术

第一节　甘薯发酵食品加工技术

一、鲜甘薯蒸煮生产白酒

(一)工艺流程

原料选择→粉碎→拌料→预煮→蒸煮糊化→糖化→发酵→蒸溜→酒精

(二)工艺要点

1.原料选择

选择成熟好,淀粉含量高,无霉变、无病虫害的鲜甘薯,在验收原料质量时,尽可能控制杂质越少越好,以减少设备磨损以及输送管道的堵塞。鲜甘薯可堆放在洁净的露天场地,堆放3天生产量为最佳。

2.粉碎、拌料

采用筛片孔直径为10 mm的一级锤式粉碎机,按照原料∶水

=1：(1.0~1.2)比例，添加酒精冷凝废热水将甘薯进行湿式粉碎，从而既节约稀释用水，又节省了大量能源，达到了预煮的目的。

3. 预煮、蒸煮糊化

将粉碎的原料用无阻塞泵进行粉浆输送至拌浆桶，由于粉碎时采用了酒精废热水，水温在50~60℃，因此整个粉碎过程实际上也就是预煮过程，时间20~30分钟，待满一桶浆时，按定量加入α-高温淀粉酶，搅拌5分钟后，由往复泵送入蒸煮锅。采用中温蒸煮，在100℃温度下蒸煮100分钟，做到整个操作过程"进料、进汽、出料"三者之间的平衡。

4. 糖化

当蒸煮糊化醪冷却至63℃时，加入定量糖化酶，在60℃时保温糖化20分钟，冷却到30℃时泵送入已接入酒母的发酵罐。糖化结束时，糖化醪的外观糖度为12.5~14.5Brix(布立克斯)，还原糖7%~8%，酸度2.0~2.5。

5. 酒母培养、发酵

采用分割法培养酒母，即2/3酒母用于发酵，1/3用于接种，用冷却到29~30℃的糖化醪培养酒母，添加定量的氮肥，培养过程控制温度为32~33℃，培养时间为6小时。成熟酒母外观气泡大而洁白，显微镜观察形态整齐、正常无杂菌。芽生率18%左右，细胞数为$(1.0~1.2)×10^9/mL$，酸度为2.5~2.8。主发酵控制温度为33~34℃。主发酵时发酵气泡特别大而透明，二氧化碳气味清新，发酵时间约58小时。成熟发酵醪的酒精度(体积分数)6.0%~7.2%，残糖0.10%~0.20%，酸度3.3~3.8。

6. 蒸馏

其操作和利用甘薯干为原料相同，主要是控制"进醪、进汽、进冷凝水、出酒"四者之间的平衡。

蒸馏所得酒精符合国家食用酒精的标准。

二、鲜甘薯不蒸煮生产白酒

薯酒以其清凉不上火，泡制药酒的优良酒基而深受人们的喜爱。用鲜薯配合新研制的鲜薯酒药，可不蒸煮便能制出白酒。每100 kg 甘薯可出 50°白酒 18 kg。若 36°白酒则可出 25 kg。

（一）工艺流程

原料→处理→配料→入缸→发酵→拌入疏松剂→蒸酒→白酒

（二）工艺要点

1. 原料处理、配料、入缸（池）

将 100 L（可装 100 L 水）的大缸，装入约 75 kg 左右的薯丝，用力紧压，装填到缸口沿，尽量压实。另取水桶两只，装入约 20 kg 20℃以上的清水，加入 180 g 鲜薯酒药，用手搅拌开，几分钟后均匀地洒入缸中，再用清水洗一次水桶，一并洒入缸中，总计约加水 50 kg 左右。用塑料薄膜封好缸口，进行发酵。

2. 发酵管理

发酵后第 3 天开始，可用木棒搅拌均匀，并可闻到酒气，从第三天到第十天，每天掀开搅拌一次，以便发酵充分，之后不再动它。在此期间要注意密封保暖。发酵时间一般为夏季 12~16 天，春秋 16~20 天，冬季 20~25 天。冬天可能还会更长些，发酵到搅拌一下基本无阻力，化为液糊为止。

3. 拌入疏松剂

可使用稻谷壳、切成 2 cm 的稻秆、玉米秆、高粱秆等。疏松剂的作用在上甑蒸酒时，使上升的酒汽不致受阻。疏松剂的用量以全部吸附拌和酒糊、使之疏松可穿透蒸汽为准。一般只在上甑前才开始拌疏松剂，边拌边上甑，以防酒气损失。做法是先舀出上层较糊的料，与疏松剂拌和，料与疏松剂比例一般为

(1.5~2)：1，下层较稀部分再与疏松剂拌和。甑底先铺上一层1~2 cm厚的疏松剂，再将料上甑。

4.上甑蒸酒

冷凝锅一般用锡锅，无条件的也可以用普通铁锅代替，但必须进行处理，否则出的酒会有铁锈浑浊，并很难入口，有铁锈味。处理方法是：先将铁锅底擦干净，放到火上去烧（勿用明火接触），再抹上一层植物油，再到火上烧，再抹上一层油，如此反复几次，最后烤干即可。装备顺序如下：先在锅中放好清水，再做上甑；然后上料，料装填至竹槽边，尽量多装些料，以减少上甑批数；然后装上竹槽，接好酒坛；再坐上冷凝锅，放入冷水；甑的上下口用布条封好，以免跑汽，装备完毕。烧火加热，使底锅中的水沸腾上汽，蒸汽再带出料中的酒气，在冷凝锅底冷却成酒，汇流滴到竹槽上，竹槽通过甑体上的小孔，通过管子流入酒坛中。一般每缸料（甘薯150 kg），可出酒37.5 kg左右。

三、甘薯渣酿白酒

在加工甘薯淀粉过程中，通常会留下大量的白薯渣，有的将其作为饲料喂猪或作为他用，造成很大的浪费。实际上，鲜甘薯加工淀粉后，得到的甘薯渣中的淀粉的含量仍然很高，淀粉的结构疏松，有利于蒸煮糊化。所以用甘薯渣酿酒，一般出酒率较高，从而使这一副产品得到充分利用。

（一）工艺流程

原料选择→制浆→蒸料→加酒曲→发酵→装甑→蒸馏→二次发酵、蒸馏→三次发酵、蒸馏→白酒

（二）工艺要点

1.原料选择

甘薯渣要求新鲜、洁净、干燥，有霉变、夹杂多的甘薯渣因带有大量杂菌，会导致酒醅污染，还会给成品酒带来邪杂味，所以，对甘薯渣要进行严格的筛选。另外，有黑斑病的鲜甘薯也应挑出来。酿酒前，将筛选好的甘薯渣粉碎成末，贮于清洁、干燥、通风的房屋内待用。

2.制浆、蒸料

在粉碎的甘薯渣内加85～90℃的热水，搅拌均匀，直至甘薯渣足水而产生流浆，甘薯渣与水的比例为100:70。在甑桶内蒸熟甘薯渣，大汽蒸80分钟后，出甑加冷水，渣水比为100:（26～28）。

3.加酒曲、发酵

按渣曲比100:（5～6）的比例将蒸熟的甘薯渣与酒曲充分混合均匀。入池前料温为18～19℃，发酵周期为4天，发酵过程中，温度控制在30～32℃。

4.装甑、蒸馏

发酵结束后，取料出池，料温不得低于25～26℃。利用簸箕将取出的料装入甑桶，操作时要注意：装甑要疏松，动作要轻快，上汽要均匀，甑料不宜太厚且要平整，盖料要准确。装甑完毕后，插好馏酒管，盖上甑盖，盖内倒入水。甑桶蒸馏要做到缓汽蒸馏，大汽追尾。在整个馏酒过程中，冷却水的温度大致控制如下：酒头在30℃左右，酒身不超过30℃，酒尾温度较高。经甑酒后，蒸得的酒为大茬酒。

5.二次发酵、蒸馏

把甑内料取出，摊晾，在地上进行冷却。按上述数量加水、加曲，不配新料，入池发酵4天。入池料的温度及操作方法与之前相同，这次蒸得的酒，叫二茬酒。

6. 三次发酵、蒸馏

第二次蒸馏完毕，仍按前次操作，出料、摊晾、冷却、加水、加曲，入池发酵 4 天。这次蒸得的酒叫三茬酒。

在按以上步骤操作时，对装甑工序应注意：通常装甑的方法有："见湿盖料"，指酒气上升至甑桶表层，酒醅发湿时盖一层发酵的材料，避免跑气，但若掌握不好，容易压气。"见气盖料"则是酒气上升至甑桶表层，在酒醅表层稍见白色雾状酒气时，迅速准确地盖上一层发酵材料，此法不易压气，但易跑气。这两种操作方法各有利弊，可根据自己装甑技术的熟练程度选择使用。

此法酿酒整个生产周期为 12 天，原渣出酒率可达47%左右。用甘薯渣制白酒，一般仅需 3 个人、1 个甑桶即可土法上马。

四、黄酒

鲜甘薯中含有丰富的碳水化合物、蛋白质、脂肪、维生素和粗纤维，而在入冬前收获后不易贮存，因此，可利用冬闲时间将甘薯进行深加工，酿制黄酒。

(一)配料

鲜甘薯 50 kg、大曲 7.5 kg、花椒、小茴香、陈皮、竹叶各100 g。

(二)工艺流程

选料→蒸煮→加曲配料→发酵→过滤→压榨→贮存→黄酒

(三)工艺要点

1. 选料、蒸煮

选择成熟好，含糖量高，无霉变、无病虫害的鲜甘薯洗净晾干,在蒸煮锅内蒸熟。

2.加曲配料、发酵

将蒸熟的甘薯倒入缸内,用木棒或手搅成泥状,然后将花椒、茴香、陈皮、竹叶等调料兑水 22.5 kg 熬成调料水冷却,再与压碎的曲粉混合,一起倒入装有薯泥的缸内,并搅成稀糊状。将装料后的缸用塑料布封严,置于温度为 25～28℃ 的室内发酵,为使发酵广致,每隔 1～2 天搅动一次。薯浆在发酵中有气泡不断溢出,当气泡消失时,还需反复搅拌,直到有浓郁的黄酒味,当缸的上部出现清澈的酒汁时,将缸移到室外,使其很快冷却。这样制出的黄酒不仅味甜,而且口感很好,否则带有酸味。

3.过滤、压榨、装存

先将布口袋洗净拧干,然后将发酵好的料装入袋中,将袋放在缸上或放在压榨机上挤压去渣。挤压时要不断用木棒在料浆中搅戳,以便将酒榨净。一般每 50 kg 鲜薯可酿制黄酒 35 kg 左右。将挤压出的黄酒装入干净缸中,待酒液澄清后,即可装瓶或装坛封存或出售。

五、食醋

(一)工艺流程

原料的处理→发酵→下盐→淋醋→陈酿→装瓶与杀菌

(二)工艺要点

1.原料的处理

剔除腐烂等失去食用价值的薯块,洗净。新鲜薯块蒸煮后捣碎,再拌入原料 50% 的细谷糠;也可以先捣碎薯块拌入细谷糠后再蒸煮;薯干则应先磨成粉,1.7～1.8 倍的细谷糠和 2.7～2.8 倍的洁净冷水再蒸煮,蒸煮以熟透为止。蒸煮结束取出摊晾,接种麸曲和酵母培养液，麸曲用量为薯干的50%或鲜薯的10%。物料和麸曲拌匀后加水(薯干加水量约为原料质量的1.25倍，鲜薯约为原料质量的30%)，使原料含水量达到60%~65%，然后入缸(池)发酵。蒸煮后，原料(熟料)入缸的温度为25~27℃。

2. 发酵

原料(淀粉)糖化和酒精发酵是同时进行的。发酵时品温应保持在37~38℃。醋醅入缸后，当品温上升到38~40℃，需倒醅一次，使品温回降到35℃以下。原料发酵5天后，品温下降到33℃左右，糖化和酒精发酵已达末期，此时即可拌入干态原料50%、鲜态原料10%的谷糠，以疏松醋醅，使其能转入醋化阶段。转入醋化阶段后，品温不会逐渐上升，此时应保持42~43℃，约1周后，品温下降到40~41℃，再经过2~3天，品温降至38℃左右时，醋化阶段结束。如果应用醋酸菌培养液发酵，可使醋化阶段缩短2~5天，并能提高醋酸含量7%。醋酸菌培养液的用量为干态原料的10%左右。

3. 下盐、淋醋

醋化结束后，待品温降至35℃左右时，拌入1%的食盐，以抑制醋酸菌的生长，避免烧醅不良现象的发生。下盐后每天倒醅一次，使品温接近于室温，下盐后3天即可淋醋。将醋醅放在醋池或木桶假底上，在假底上预先铺好1~2层芦席，而后加入上次淋醋时留下的稀醋酸，浸没醋醅，浸1~2小时后，开放器底排水孔取得醋液。按照此法反复用稀醋酸淋取，供下次淋醋用。淋醋后，醋醅中的醋酸残留量以不超过0.1%为标准，醋液产量(以含5%醋酸计算)为干态原料的6~10倍，新鲜原料的2倍。

4. 陈酿、装瓶杀菌

醋液的陈酿有两种方法，一是醋醅陈醋，将下盐成熟的醋醅移入缸中压实，上铺一层食盐，加盖后用泥土封顶。放置15~20天倒一次醅，然后再封缸，通常再经过1个月即可淋醋。这种方法只适宜于冬季，在夏季易发生烧醋现象。二是将淋出的醋液装缸覆以箸篷盖，每隔 1~2 天揭盖一次。揭盖的时间夏季在夜间，其他季节在白天。陈酿的时间一般夏季约 1 个月，冬季约 2 个月。醋液陈酿后，可装瓶进行杀菌，杀菌温度为 80~90℃，并在醋液中加 0.15% 的苯甲酸钠，以免生霉。

六、酱油

(一)工艺流程

原料→蒸煮→加曲→配料→摊晾→发酵→配色→成品

(二)工艺要点

1. 蒸煮、加曲、配料

将 50 kg 甘薯干放入甑内蒸煮 2 小时，然后向蒸煮的料上洒水至薯干湿润均匀，继续蒸煮 1 小时左右出甑，将薯干摊平冷却，其厚度为 4~5 cm。当薯干温度降低到 40℃ 左右时，加入黄霉曲(制黄霉曲的方法：将 1500 g 麦麸蒸熟后，加入 60~80 mL 蛋白质酵菌，充分拌匀后放在曲盘中，经 4~5 天即成黄霉曲。)和 10 kg 麦麸及 10 kg 豆饼混合均匀后，扒平摊放(约 4 cm 厚)，夏季放 4 天，冬季放 6~7 天，即酱醅。

2. 发酵、配色

将酱醅碎成粉，装入布袋或麻袋内发酵，温度达到 50℃ 时，按比例(每 50 kg 酱醅用 25 kg 水)将 70℃ 的水掺入酱醅内，搅拌均匀后分缸装好。在料面上撒上 1~2 cm 厚的食盐，把酱缸放进 70℃ 左右的温室内保温发酵。约经 24 小时后，按每 50 kg 酱醅加盐水 80 kg 的比例把水加入缸中拌和均匀，放在 70℃ 的温室中保温发酵。经过 48 小时的发酵，即可得到白色的酱油 80 kg。如果白色酱油需要加色，可在 80 kg 酱油中加入 5 kg 红糖搅匀，或加

50 g 焦糖色素即成带色酱油。

第二节　甘薯饮料加工技术

一、甘薯酸奶

甘薯酸奶是将甘薯做熟化处理后，和乳晶按一定的比例配合，用乳酸菌发酵，生产出的一种营养丰富、风味佳、成本低的大众化保健食品。

(一)工艺流程

甘薯→热处理→去皮→搅打→配料→均质→杀菌→均质→接种→分装→发酵→后熟→成品

(二)工艺要点

1. 甘薯前处理

将甘薯于100℃下蒸煮2小时，去皮后在食物搅拌器中搅打成泥状。

2. 配料、均匀、杀菌

将40 kg甘薯泥、30 kg脱脂乳、30 kg饮用水混匀，然后加上6%白砂糖，0.2%琼脂、0.05%黄原胶和0.05%单甘脂作稳定剂。将以上甘薯混合物于16～18 MPa的压力下均质，均质温度为75～80℃；均质后的混合物于90℃下保温杀菌30分钟；杀菌后的混合物再在上述条件下再均质一次。

3. 菌种的培养及接种

培养方法：量取1000 mL甘薯乳分装于3个1000 mL的三角瓶中，于108℃条件下杀菌60分钟，冷却到40℃。接种嗜热链球菌和保加利亚杆菌,在42℃条件下发酵7小时,即得混合发酵菌种。在均质好的甘薯奶混合物中加入1%~2%的混合发酵菌种。

4.分装、发酵、后熟

选择大小和形状适当的瓶装入混合料,马上加盖。注意瓶和盖都要预先灭菌。将装好混合料的瓶移入发酵室后,在45℃恒温下发酵6~7小时,在酸度达到0.7%~0.8%时从发酵室内取出。将经过发酵分装后的乳液移入4℃的冷藏室中处理18~20小时,促进后熟。

成品为浅橘红色,具有酸奶特有的酸味和风味,无腐败味、苦味、酵母味等异味;凝乳均匀细腻,富有弹性,无龟裂、产生气泡及分层等现象。固形物含量≥16.5%;滴定酸度为0.63%~0.99%(以乳酸计);重金属含量:锡≤10 mg/kg,铜≤0.01 mg/kg,铅≤0.01 mg/kg,汞≤0.01 mg/kg。无致病菌及因微生物作用引起的腐败现象,大肠杆菌≤90个/100 mL。

二、甘薯格瓦斯

(一)配料

甘薯糖浆1000 g、白糖400 g、蜂蜜45 g、开水9000 g、生酵母30 g、焦糖色素40 g、葡萄干50粒。

(二)工艺流程

原料处理→去皮→切片→蒸煮→粉碎→酶处理→加热→过滤→接种发酵→降温过滤→灭菌→低温储藏→成品

(三)工艺要点

1.原料处理、去皮

选择个体肥大、无霉烂、无发芽、无机械损伤的甘薯,用清水洗净。去皮采用碱液法，即用热的氢氧化钠溶液软化和松弛甘薯的表皮，使其表面熟化而与果肉分离，然后用高压水流将表面冲掉。碱液浓度为15%～25%，时间为25～40 s。

2. 切片、蒸煮、粉碎

去皮后的甘薯用切片机切成3～5 mm厚的薄片，然后进行蒸煮，熟化的甘薯质地变得松软，稍经压榨即可成泥状。

3. 酶处理

为了破坏甘薯的细胞壁细胞，在35～45℃条件下，按100 g甘薯浆加入15～20 IU的细胞壁溶解酶，酶解30～60分钟。为了分解其所含的果胶，以进一步破坏细胞壁结构，每100 g甘薯浆需加入15～30 IU果胶分解酶，在25～30℃温度条件下分解30～60分钟。甘薯浆经细胞溶解酶和果胶酶处理后，由于细胞壁的破坏，使其内容物释放出来，这时每100 g甘薯泥便可加放5单位糖化酶，在60～70℃温度下分解为5～10分钟。然后每100 g甘薯浆再加入20单位的淀粉酶活性，在40～50℃温度下分解20～30分钟。甘薯泥经上述酶处理后，为了使所含蛋白质分解，每100 g甘薯泥再加入15～20单位蛋白酶，在45～55℃温度下分解15～25分钟。

4. 加热过滤、接种发酵

经酶处理后制成的甘薯糖液，升温到90～100℃保温2分钟，使各酶失去活性并终止酶反应。然后按1:3或1:4的量加入沸水，并继续煮沸60分钟。之后冷却到25℃进行过滤，以除去杂质。在甘薯汁中分别接种2%已培养24小时的啤酒酵母和戴氏芽孢杆菌培养液，在24～28℃条件下发酵16小时。

5. 过滤、灌装、灭菌

过滤后的发酵液即可进行灌装。灌装后再进行巴氏杀菌，使酵母失活，再在8～10℃下贮存24～48小时，即酿成甘薯格瓦斯饮料。

成品为棕红色,允许有少量沉淀(或浑浊),不允许有漂浮物,有焦糖香气和令人愉快的微苦感。

三、甘薯果啤饮料

(一)工艺流程

甘薯→清洗→去皮→蒸煮→打浆→液化→糖化→压滤→发酵→调配→后酵→澄清→灌装→杀菌→成品

(二)工艺要点

1.选料、清洗、去皮

选用无虫害、无霉烂、纤维少的红心甘薯品种。先浸泡 15 ~ 20 分钟,用流动水冲洗干净,去皮机去皮,并且喷淋冷水,减轻酚酶氧化褐变。

2.蒸煮、打浆

将薯块放入蒸煮锅蒸至熟透,熟料与水的比例为 $1:(2.5 \sim 3.0)$,边加浆边加水,浆料通过的筛网孔(孔径 0.8 mm)。

3.液化、糖化

打浆后的原料,加入 0.1% α - 淀粉酶,在温度 70℃、pH 5.6 的条件下反应 1 小时。直到碘反应色浅时,加入 0.1% 的糖化酶。在温度 55℃,pH 4.5 条件下,糖化 30 分钟,直到无碘反应为止。

4.过滤、醪液调整

在糖化液中添加量 1% 干啤酒花,选用 0.6 mm 的筛网过滤即可。过滤后的浆液可溶性固形物浓度 4% ~ 5%,pH 4.8 ~ 5.2。

5.接种发酵、调配、后发酵

添加 2% ~ 3% 的啤酒酵母液态培养液及 2% ~ 3% 固定化葡萄酒酵母种子,在 10 ~ 12℃温度下,发酵 3 ~ 4 天,醪液发酵终点可溶性固形物浓度 2% ~ 2.5%。添加可溶性固形物的浓度为

5.5% ~6%，15% ~20% 的枣汁，调 pH 为 4.2 ~4.3，在 10 ~ 12℃温度下，发酵 2 ~3 天，发酵终点可溶性固形物浓度 2% ~ 2.5%。

6.澄清、灌装和杀菌

当罐温降至 0℃左右时，保持 12 小时，虹吸上清液，要求液体的透光率大于 95%。保持料液 0℃并直接装瓶，以 350 mL 啤酒瓶装效果较好。灌装后采用巴氏杀菌即可。

成品泡沫洁白丰富，细腻持久，色泽浅黄、透明，无可见杂质，酸甜爽口，爽口感强，果蜜味香浓。可溶性固形物可溶性固形物浓度 2.0% ~2.5%，pH 4.0 ~4.2，酸度（以柠檬酸汁）0.1%，铁 4.1 mg/kg，酒精含量（体积分数）0.8% ~0.9%，维生素 C 1.96 mg/100 g。

四、甘薯乳酸菌发酵饮料

(一)工艺流程

甘薯→清洗去皮→切片→护色→热烫→打浆→糊化→糖化、灭酶→配料、均质→接种发酵→灌装封口→陈化→成品

(二)工艺要点

1.清洗、去皮、切片

把原料放入清水中，清洗干净。用不锈钢刀轻轻刮去甘薯表皮，切成厚度为 4 mm 左右的薄片。

2.护色、热烫

在去皮、切片的过程中都要用 1% ~2% 的食盐溶液进行护色，要求操作快速，以缩短原料在空气中的暴露时间。在含有 0.2% 柠檬酸水溶液中于 95℃温度条件下热烫 5 分钟。

3. 打浆、糊化

用组织捣碎机将热烫后的薯片捣碎，加水量为 1∶5，然后用 0.5 mm 筛网过滤。将甘薯浆置于中水浴加热，在 90～95℃条件下进行糊化。

4. 糖化、灭酶

将糊化液迅速冷却到 60℃，按每克干淀粉加糖化酶 80 单位的量加入酶制剂，并迅速搅拌均匀，在 60℃左右温度条件下糖化 6～7 小时，再将糖化液加热至沸灭酶。

5. 调配、均质

原浆液加入 6% 的蔗糖，50% 的鲜牛奶，然后加热至 60～65℃，在 20 MPa 压力下均质。

6. 接种发酵、灌装、陈化

将料液冷却到 40℃，在无菌操作箱中接入乳酸菌种 3%，在 40℃恒温下培养 18 小时，至发酵醪的 pH 到 4.0 时停止发酵。发酵结束后装入高温灭菌的玻璃瓶中，并封口。置于 0～5℃的温度条件下，放置 6～8 小时，经过陈化使其 pH 下降到 3.5 左右，即为成品。

五、甘薯叶保健饮料

(一)工艺流程

甘薯叶选择→清洗→切碎→煮汁→调配→灌装→杀菌→包装→成品

(二)工艺要点

1. 甘薯叶选择与清洗

选择品种优良、成熟适度的鲜嫩甘薯叶，剔除老叶、黄叶、虫蛀叶和腐烂斑伤叶，如果在秋季嫩尖叶也可以利用。收获时不浸水捆扎，以专用塑料篮散装并及时运输加工。加工前用清水洗去甘薯叶表面上的泥土、尘沙等污物，沥干水分。

2.切碎、煮汁、调配

先将甘薯叶切碎放入夹层锅内，加水浸没，煮沸10分钟，保持65~70℃煮1小时左右，滤出汁液。滤渣再加水在微沸状态下或95℃条件下煮0.5小时，滤出汁液，两次汁液混合得浅黄绿色澄清液，折光计浓度为1.0%~1.5%。按每100 kg饮料计算，应配加甘薯叶汁30%，蔗糖6%，糖蜜素0.03%，柠檬酸适量，调pH为3.8~4.0，再加蜂蜜0.2%，异抗坏血酸钠、乙基麦芽酚适量，羧甲基纤维素钠0.1%。

3.灌装、杀菌、包装

采用易拉罐，料液温度85℃左右，搅拌均匀，及时灌装，真空度在50 kPa以上。饮料灌装后及时进行杀菌，杀菌公式为：10'－10'/108℃，杀菌结束后迅速冷却，及时将罐上的水擦去，经过包装即为成品。

六、甘薯叶保健茶

（一）工艺流程

茶叶→复火
↓

甘薯叶选择→漂洗→切碎→杀青→烘干→拼配→粉碎→过筛→包装→检验→成品

（二）工艺要点

1.甘薯叶选择与预处理

选择品种优良、新鲜的嫩甘薯叶，剔除虫蛀、虫斑、霉烂变质的叶子，然后去除叶柄。用清水漂洗除去附着在叶上的泥沙等污物，利用机械或手工轧成 0.5 cm 见方的小片。

2. 杀青、烘干

采用药液杀青。杀青药料一般用紫苏、陈皮，经过烘干、制末、纱布包装、熬制药液。然后按照 1.25% 的比例将杀青药液喷洒在切碎的甘薯叶上，以使其多酚氧化酶钝化。将上述处理好的甘薯叶在 25~40℃ 的烘房中烘 30 小时。

3. 茶叶复火、拼配

市售的茶叶一般水分较重，所以应投入炒茶锅内复火一次，炒制水分含量降至 6%~7% 即可，同时也可使茶叶的风味得到提高。按下列配方进行加工：茶叶 59.4%、甘薯叶 40%、杀青药料 0.6%（喷洒在甘薯叶上）。

4. 粉碎、过筛、包装检验

用粉碎机进行粉碎，要求粒度不能太大，粉末不能过多。用 16 目筛进行筛选，能通过部分再用 60 目筛筛选，去除粉末。利用茶叶包装机包装成 50~250 g 的袋装，密封，经检验合格即为成品。

成品碎片状、质脆、有少量粉末，黄绿色与所选茶色调和，具有甘薯叶和茶叶的复合香味，浓郁协调、持久。汤色：黄绿色中带棕褐色、透明。茶汤有特殊的甘薯叶香味，回甜、适口、后味长。水分 6%~7%，灰分 8%~9%，茶多酚 5%~6%。

第三节　其他甘薯食品加工技术

一、低糖薯脯

(一)工艺流程

原料→去皮→护色→切片→硬化→漂洗→糖煮→抽空→糖渍→干燥→整形→包装→成品→贮存

(二)工艺要点

1.原料选择与处理

选用薯身新鲜、光滑、饱满、无虫蛀、无烂皮的甘薯块,尤其选用薯肉颜色红、黄、紫、淀粉含量和水分适中的甘薯品种加工薯脯。甘薯块用清水漂洗干净后,用不锈钢刀削去薯皮,切成5 mm 厚的薯片,为防止薯块变色,采用1.0% ~1.5% 的食盐溶液中或0.1% ~0.5% 的柠檬酸溶液中进行护色处理。切片后将薯片置于等重的0.2% ~0.3% 的氯化钙溶液中,提高原料的耐煮性,并加入0.15% 的山梨酸钾,浸泡10 小时左右捞出,漂洗干净,沥水备用。

2.糖制、抽空

配制45% ~50% 的糖液,糖液重为薯片的55% ~60%,煮沸后投入薯片煮熟,维持5~8 分钟,待其温度降至50℃左右,倒入抽滤器内,60~66.7 kPa 真空度下抽空处理30~40 分钟,然后将薯片连同糖液一起倒入缸或非铁容器中糖渍24 小时。

3.烘干、整形、包装

薯片捞出后,用温水漂洗表面的糖液,沥干,均匀分摊在烤盘上，烘房在 50～60℃ 温度下烘 5 小时左右，再升温到 65℃ 烘 8～10 小时，倒换烤盘，以便制品干燥均匀，再升温到 75℃ 烘至薯脯不粘手，柔软且具有韧性，含水量 18% 左右，并进行整形处理，按薯脯大小、色泽分级称重包装。

制品为浅黄色至金黄色，半透明状的片条，表面干爽，口感柔软，具有甘薯特有的天然风味和蜜饯的香味。

二、低糖紫心甘薯脯

(一)工艺流程

选料→清洗→去皮→切条→护色→硬化→冷却→糖煮→糖渍→漂洗→烘干→成品

(二)工艺要点

1. 选料
选取直径为 5 cm 以上、无腐烂和无机械损伤的紫心甘薯。

2. 切条
把洗净的甘薯切成长 7～10 cm，宽 1～2 cm 的长条块。

3. 护色
将薯条置于质量分数为 0.3% 的柠檬酸钠护色溶液，在室温下浸泡 10 分钟进行护色。

4. 硬化
将护色后的薯条在明矾溶液中煮沸，进行硬化处理。以质量分数为 0.3% 的明矾溶液进行硬化处理，煮沸时间 5 分钟，捞出冷却。

5. 冷却
硬化后的薯条趁热浸入冷水中，捞出后室温冷却片刻。

6. 糖煮

冷却后的薯条在糖混合溶液中糖煮，然后加入适量柠檬酸。糖煮时，采用白砂糖 300 g、麦芽糖 400 g、葡萄糖 200 g、海藻糖 100 g、水 1500 mL 配成糖液，糖煮时间为 20 分钟。

7. 糖渍

经糖煮后的薯条在糖液中浸渍 8 小时。

8. 漂洗晾干

室温水轻轻漂洗，除去黏附于薯条表面的糖液，然后通风晾干。

9. 烘干

晾干后的薯条在远红外线烘炉中，以 60～75℃ 加热，期间勤于翻动，以便均匀烘干薯条，具体烘干时间为 6 小时。

(三)成品质量标准

1. 感官指标

色泽与外观：产品呈鲜艳的红宝石色，半透明，色泽诱人；形态：产品呈长条状，质地均匀，组织盈润，软硬适中；气味与滋味：产品甜酸适中，入口时兼有甘薯的柔软质地，无异味，口感柔韧。

2. 理化指标

总糖含量为 46%，还原糖含量为 20%，淀粉含量为 30.2%，含水量为 13%，总酸(以柠檬酸计)含量为 0.4%，pH 为 45，花色苷含量为 0.14 mg/g。

三、速冻保健甘薯脯

传统的甘薯脯在生产中为了延长产品的货架期，其糖制终点要达到含糖量 50 g/100 g 以上，有的产品甚至达到了 60 g/100 g 以上。由于产品含糖量高，大大降低了甘薯的营养保健作用及药用疗效，因此开发保健型特别是低糖型的甘薯脯产品显得尤为重要。结合速冻原理及工艺，生产出的含糖量 20 g/100 g 左右的甘薯脯，产品除具有糖制品的风味之外，还具有速冻类产品的特有风味，同时解决了产品的贮藏问题。

(一)工艺流程

原料→清洗→去皮→切分→护色→硬化→烫漂→浸胶→真空糖制、糖渍→快速冻结→成品、贮藏

(二)工艺要点

1. 原料

选取质地致密、无创伤、无污染、无腐烂、块形完整的鲜甘薯。

2. 切分、硬化、护色

甘薯经清洗后切分，最好切成长条状，使成品美观大方。切分后放入质量分数 0.3% ~ 0.5% 的亚硫酸溶液、0.2% ~ 0.5% 的生石灰溶液中，硬化、护色 12 ~ 24 L，取出后清洗 10 ~ 15 分钟。

3. 烫漂

将硬化的薯块放入沸水中煮沸数分钟，捞出沥干水分即可。

4. 浸胶

将热烫后的薯块放入质量分数 0.3% ~ 0.5% 的明胶溶液中，真空浸胶，时间 30 ~ 50 分钟，明胶溶液温度 50℃ 左右。

5. 糖制

由于甘薯耐煮性差，糖制时以蜜制(冷制)为主，具体方法如下：原料→糖液抽空→糖渍→复抽至终点。

为了使产品达到最佳的质量要求，糖制终点以含糖量 20 g/100 g 左右最为合适。为了提高产品的贮藏性，可在抽空液中添加 0.5 g/100 g 的氯化钠、1.5 g/100 g 的柠檬酸，以降低水分

活性。

6.快速冻结

糖制后的甘薯条尽快在-30℃急冻10分钟左右,使薯条中心温度达到-18℃以下。

7.低温贮藏

将冻结后的产品在冷冻间装袋、称量、封口装箱并立即在-20~-18℃的条件下贮藏,其间要尽量保持温度恒定,防止热量传入。

(三)成品质量标准

1.感官指标

产品呈淡黄色、块形完整,质地柔软;具有冷冻薯块特有的清香风味,甜度适中。

2.理化指标

总糖20~22 g/100 g,还原糖16~18 g/100 g,酸(以柠檬酸计)1.2~1.3 g/100 g,水分25~30 g/100 g。

3.微生物指标

细菌总数不高于150 CFU/g,大肠菌群不高于30 CFU/100 g,未检出致病菌。

四、甘薯薯条

选用红皮甘薯,产量高,含水量高,加工成品色泽好。切成60 mm×6 mm×6 mm的细长条,立即浸入水中。

(一)工艺流程:

原料→去皮→切分→硬化→糖煮→烘干→包装→成品

（二）工艺要点

1. 原料

选取光滑完整，无病虫害，个头均匀大小基本一致，八成熟左右的甘薯。

2. 去皮、切分

用清水将甘薯洗净，用毛辊清洗机清洗去皮，然后用切片切条机切分，称重后待用。

3. 硬化

将上述甘薯坯用含有溶液浸泡 1~1.5 小时，直到透明或半透明状为止，然后迅速冷却。此处主要是为了护色和硬化处理。

4. 糖煮

将经过硬化的果条捞出，用清水冲洗数次，洗净，以防在糖煮过程中发生美拉德反应，除去残液后进行糖煮，采用三糖煮法。

5. 烘干

沥去糖液，再次进行整形，把碎烂的甘薯条挑出，将甘薯条均匀放入烤盘，再将烤盘放入干燥箱中烘 8~10 小时，中间可对其翻动一次，烘烤中间可对果脯进行整形，待甘薯条烤至不黏手时即可。

6. 包装

将烘烤好的甘薯条，装入透明密封的食品包装袋即可。

五、甘薯甜酥薯片

将保健食品甘薯制成甜酥甘薯片，可使甘薯价值增加若干倍，甚至还可以出口创汇。

（一）工艺流程：

原料→清洗→蒸煮→切片→干燥→成品

（二）工艺要点

1. 原料选择

选择直径为 50 mm 左右，单体重量 200~500 g，外表光滑，无腐烂、无斑疤、无机械损伤的椭圆形红心薯块。

2. 清洗整理

将红心薯放入果蔬清洗机内，清洗干净薯块上的泥土和污染物（人工清洗也可），用不锈刀削去清洗后薯块表面上所有的根须、病眼虫斑、腐烂处等，再用流动的清水冲洗干净。

3. 蒸煮切片

将清洁的薯块装入蒸煮器内用高温煮熟，用不锈刀将薯块刮掉，并切成 5 mm 厚的椭圆形薯片。

4. 烘烤干燥

将切好的甘薯片均匀地摊在烘筛上装入烘车，推进逆流热风干燥机内，温度控制在 60~70℃，干燥 3 小时后将薯片拉出干燥机，放入密封容器内，使薯片大小、水分均平衡。5~6 天后，再将薯片推进干燥机进行复烘，温度 60~65℃。当薯片的含水量小于 14% 时拉出干燥机即可。

六、油炸甘薯片

（一）原料配方

1. 甜酥薯片

甘薯 100%。

2. 鲜味薯片

食盐 80%、味精 16%、五香粉 4%。

3. 蒜香薯片

蒜粉 58.3%、味精 8.3%、食盐 33.3%。

4. 咖喱薯片

咖喱粉 55.4%、味精 11.3%、食盐 33.3%。

(二) 工艺流程

原料选择→去皮→切片→漂洗→油炸→调味→包装

(三) 工艺要点

1. 原料选择、去皮

选用无病虫害、无腐烂、无机械损伤的新鲜甘薯。甘薯块用清水漂洗干净后，用不锈钢刀削去薯皮。

2. 切片、漂烫

采用旋转式切片机将甘薯切成 1.0~1.7 mm 的薄片。在 100℃ 的温度下，热水漂烫薯片 2~5 分钟，然后反复用清水冲洗。

3. 油炸

现代的连续油炸锅加工能力为 2~4 t/h，机组的组成：①炸薯片的热油槽；②油的加热循环系统；③除去油中颗粒的过滤器；④运输器；⑤贮油器；⑥油槽上的蒸汽收集风橱。薯片从油中捞出后，仍在蒸发水分并冷却，热油黏度降低有助于沥出，采用高度精炼油，控制在 150℃ 左右的油温下出锅来沥干油。

4. 调味、包装

油炸薯片出锅后，薯片表面油脂呈液态时能形成最大的颗粒黏附，可以添加调味品，获得不同口味，为防止薯片的氧化及霉变，可在调味料中适当添加抗氧化剂及防腐剂。经调味冷却的薯片用塑料薄膜包装即为成品。

油炸甘薯片薄酥香、呈黄褐色、味道鲜美、可较长时间保持酥脆程度。

七、新型油炸膨化甘薯食品

（一）原料配方

鲜甘薯 30 kg，甘薯淀粉 20 kg，玉米淀粉 10 kg，白糖 2 kg，食盐 0.1 kg。

（二）工艺流程

原料→浸泡与清洗→热烫、去皮→修整、蒸煮→打浆、调粉、糊化→压皮、冷却→醒发、成型→干燥→油炸膨化→脱油→调味、包装→成品

（三）工艺要点

1. 原料

选择质脆、肥大、无霉烂、无病虫害和机械损伤的甘薯为原料。

2. 浸泡与清洗

先用清水浸泡 30 分钟，清洗掉甘薯表面的污物、泥土及夹杂物等。

3. 热烫、去皮

清洗干净后的甘薯在沸水中热烫 3 分钟，然后趁热用机械滚筒内钢丝刷与甘薯表面摩擦除去表皮，立即放入 1.5% 的食盐水中进行护色处理。

4. 修整、蒸煮

切除甘薯两端的粗纤维部分，再放入夹层锅的蒸屉里蒸透后备用。

5. 打浆、调粉、糊化

熟甘薯打成浆同淀粉、糖、食盐调和均匀一致后，放入蒸炼锅中边蒸炼边搅拌，用0.4 MPa气压蒸3.5分钟即可。

6. 压皮、冷却

将蒸煮的甘薯团趁热压皮，皮的厚薄要求均匀一致，一般在1.5 mm厚左右。压好的皮经过冷却输送架输送，当温度降到20℃左右时，卷好皮送入醒发室。

7. 醒发

醒发室要求相对湿度60%～70%，密闭不通风，放置20～24小时。

8. 成型

将冷却老化好的皮料利用成型机切成边长2 cm的方形片状或长3～4 cm、宽0.5 cm的条状。

9. 干燥：将成型好的坯料放在40～45℃温度下干燥12小时，使其成为水分含量为8%～9%的干坯料。

10. 油炸膨化

采用棕榈油炸制膨化。油温190～200℃，油炸时间为10～15 s。

11. 脱油

采用离心机脱油，转速为1500～3000转/min，时间为3分钟。

12. 调味、包装

根据不同需要，采用以甘薯口味为主、其他口味为辅的调味方法调出各种口味。包装采用复合袋充氮包装，防止成品破碎和产品吸湿。

(四)成品质量指标

1. 感官指标

外观、色泽：浅黄，有光泽，均匀一致。口感：细腻化渣，香甜，酥脆可口。

2. 理化指标

水分4%，总糖(以转化糖计)8%。

3. 微生物指标

无致病菌及因微生物所引起的霉变现象。

八、甘薯糕

(一)工艺流程

原料→清洗→蒸煮→去皮→打浆→配料→浓缩→凝冻成型→烘干→包装→成品

(二)工艺要点

1. 原料

选用新鲜、块大、含糖量高、淀粉少、水分适中、无腐烂变质、无病虫害的红心甘薯。

2. 清洗

将选好的甘薯放入清水中进行清洗，以除去表面的泥沙等杂物，去除机械伤、虫害斑疤、根须等，再在漏筐中用清水冲洗干净。

3. 蒸煮

将洗净的甘薯放入夹层锅内利用蒸气进行蒸煮，时间为30~60分钟，直至完全熟化，无硬心、生心。

4. 去皮

手工去皮，甘薯皮可用作饲料或作为加工饴糖的原料。

5. 打浆

将去皮后的甘薯用机械捣碎后放入打浆机，搅拌成均匀一致的糊状物(温度在60℃以上)。

6. 配料(份)

甘薯 100, 琼脂 1, 海藻酸钠 0.1, 氯化钙 0.1, 糖浆、柠檬酸适量(pH 为 3.5)。

①琼脂(胶)的处理:称取定量的琼脂,加 20～30 倍的水蒸煮溶化,保温备用。

②海藻酸钠胶的制备:称取定量的海藻酸钠及氯化钙加水,加热溶解后备用。

③糖浆的制备:按比例称取定量的蔗糖和葡萄糖(50:50),用少量水溶解后,熬糖至橘黄色,保温备用。

7. 浓缩

将甘薯浆在夹层锅中浓缩至团块状。当浓缩接近终点时,先加入糖浆和溶胶,浓缩结束时,加入柠檬酸。

8. 凝冻成型

将浓缩后的混合料趁热注入浅盘中,冷却凝冻成型,厚度为 5～10 mm。表层要抹平,为防止粘盘,烘盘要预先刷上一层食用油。

9. 烘干

将烘盘放入干燥箱内,在 50～60℃的温度条件下,利用热风脱水,使样品的水分含量降至 25%～30%,烘干时间为 6～10 小时。要使烘干的效果良好,中间可翻一次。

10. 包装

烘干结束后,待其稍稍冷却,即可切块包装。一般包装采用双层包装,内层用糯米纸,外层用聚乙烯薄膜。

(三)成品质量指标

1. 感官指标

色泽:橙黄色,油润光滑,色调均匀一致。滋味及气味:具有甘薯应有的气味及滋味,无重糖腻口感。组织状态:方块状,细腻柔软，有韧性。

2. 理化指标

总糖(以葡萄糖计)45%～65%；总酸(以柠檬酸计)小于或等于0.5；水分小于或等于28%；重金属(mg/kg)：铅小于或等于1，铜小于或等于10；砷(mg/kg)小于或等于0.5。

3. 微生物指标

细菌总数小于或等于750个/g，大肠杆菌小于或等于30个/100 g，致病菌不得检出。

九、薯蓉

该产品可应用于冰淇淋、雪糕、速冻面食食品的馅料，也可涂抹于面包、蛋糕等食品上，或早餐时掺入牛乳直接食用。

（一）工艺流程

原料→清洗→去皮→切块→护色→蒸煮→粉碎→配料→真空熬制→灌装→成品

（二）工艺要点

1. 清洗

挑选无霉烂的新鲜甘薯于清水池中浸泡0.5～1小时，用流动水冲洗表皮泥沙，沥去水滴。

2. 去皮

人工去皮或碱法去皮均可，碱液质量浓度为0.5～1.0 g/dL。甘薯皮含有很多色素，若不去除会影响成品色泽。

3. 切块

采用果蔬切片机切成片或条，以利于蒸透煮熟，厚薄以1 cm左右为宜。

4. 护色

切好的薯块应立即浸泡于 0.1% 柠檬酸溶液中，尽可能减少露空时间，以防氧化变色。

5. 蒸煮

薯块经流动水漂洗后入沸水煮熟，薯水比为 3∶4。

6. 粉碎、配料

采用胶体磨对热薯块进行研磨效果较好，细度可达 100 目以上。薯浆中加入适量果葡糖浆、蔗糖等辅料并混匀。

7. 真空熬制

调制均匀的薯浆入 0.09 ~ 0.1 MPa 真空体系熬制 20 ~ 30 分钟。由于真空熬煮温度较常压低，使得薯蓉具有较好的色泽、良好的风味和品质。

8. 灌装

采用玻璃瓶或金属易拉罐灌装，进行商业无菌处理。也可采用薄膜小包装，但应冷藏。

十、甘薯酱

(一)原料配方

甘薯 50 kg、水 50 L、蔗糖 65 kg、果胶 800 g、柠檬酸 300 g、香精 100 mL、明矾 100 g。

(二)工艺流程

甘薯→清洗去皮→切块→磨浆→浓缩→滤渣→配料→浓缩→装罐→成品

（三）工艺要点

1.清洗去皮

采用人工去皮或碱液去皮的方法去掉甘薯表皮。

2.切块、磨浆

甘薯去皮后切成小块，用清水浸泡，以防褐变。按照水薯比1∶1的比例，采用胶体磨将小甘薯块与水一起磨浆。

3.浓缩配料

浆料加入到真空浓缩锅中，在71～82℃温度下保持20分钟，再继续升温到88℃，逐渐得到浓缩浆液，用网筛滤掉浓缩浆液中的残渣，加入蔗糖、果胶、明矾、柠檬酸，再升温到99～100℃逐渐浓缩至膏状，使固形物含量达到68%以上，最后加入果味香精，其间应注意不断搅拌，以防糊底。

4.装罐

采用灌装机将膏状浓缩物趁热装罐或者散装冷却保存。

成品呈淡黄色的膏状，黏稠，酸甜可口。

十一、甘薯泡菜

（一）工艺流程

原料挑选→清洗→去皮→切块→漂烫→冷却、沥干→称量→食盐的沸水→泡菜水

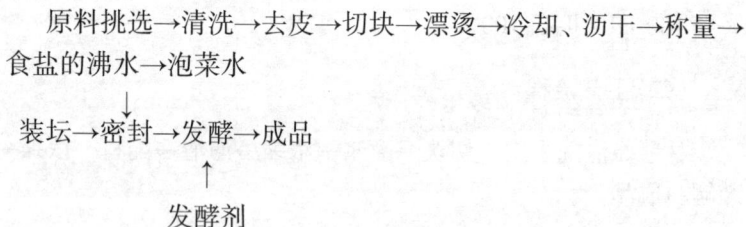

装坛→密封→发酵→成品

发酵剂

(二)工艺要点

1.菌种的培养

利用 MRS 培养基对植物乳杆菌在35℃培养24 小时的条件下进行扩大培养,制备发酵剂。

2.原料挑选

挑选新鲜、成熟、没有病虫害、无腐烂的甘薯。

3.清洗

除去头部、尾部,清洗甘薯,除去沙石泥土和不可食用部分。

4.去皮、切块

去掉甘薯外皮。将甘薯根块切成约 1 cm × 1 cm × 1 cm 的小立方块,要求均匀一致。

5.漂烫

将甘薯块放入70℃的恒温水浴锅预煮10 ~ 15 分钟。

6.冷却、沥干

把漂烫后的甘薯块尽快冷却,在装坛前尽量沥干其表面水分。

7.配制泡菜水

用冷却沸水配制食盐溶液后,向溶液中加入称量好的香辛料,香辛料的用量为 0.3%。配制好的泡菜水食盐质量分数为4%。

8.称量、装坛

称量冷却后的甘薯块。将称取好的甘薯块放入泡菜坛。按照 m(原料):m(泡菜水) = 1:1 的比例,向泡菜坛内注入配制好的泡菜水,然后加入1%的发酵剂。

9.密封

坛沿用 10% 食盐水进行密封,避免空气进入影响泡菜的发酵。

10. 发酵

将密封好的泡菜坛放入恒温水浴锅(18±2)℃开始发酵,发酵时间 8 天。

十二、橘香薯泥罐头

橘香薯泥罐头是以甘薯为主要原料,辅以橘(橙)皮而制成的风味独特的甘薯罐头食品。

(一)工艺流程

原料处理→配料→打浆→浓缩→增稠、增香→灌装→杀菌→冷却→检验→成品

(二)工艺要点

1. 原料处理

选用红色的、含糖量高的鲜甘薯,以清水充分洗涤,然后用人工或用10% ~20%的碱液在90℃以上浸泡3~5分钟去皮,去皮后用清水再清洗一次或几次,蒸熟。将橘、橙皮用清水洗净,在质量分数为20%以上的盐水中浸泡20天以上,使用时用清水洗净,并在清水中煮沸30分钟,取出用流动水浸漂24~48小时。

2. 配料、打浆

按 m(水): m(熟甘薯): m(桶皮)为 3:2:1 的比例配合好,放入胶体磨内打浆。磨距为 0.25 ~0.5 μm,浆液放入白瓷盆中。

3. 浓缩

将浆液煮沸,按成品含糖量35% ~40%计算,加入28% ~32%的糖液或60%的浓糖浆,浓缩到浆温达到101~102℃。

4. 增稠、增香、装罐

按浓缩后的质量先加入0.5%的琼脂,琼脂需先用冷水加热煮沸溶化,过滤杂质后再加入。另加入0.4% ~0.5%的柠檬酸,

再次煮沸 3 分钟，同时可用食品色素及香精进行调色调香。然后装入洁净消毒的四旋瓶中，至瓶口 4 ~ 5 cm 处旋紧盖，应注意不能脱扣。

5. 杀菌、冷却

装罐后放入沸水中，杀菌公式为 10'-15'/100℃，杀菌完毕后在 80℃、60℃、40℃热水中分段冷却，经检验合格即为成品。

十三、糖水甘薯罐头

（一）工艺流程

选料→浸泡→清洗→去皮→切块→预煮→修理→分选→制糖水→装罐→排气→密封→检验→杀菌→冷却→成品

（二）工艺要点

1. 选料

选用新鲜、风味正常、无霉变、无虫蛀、无干枯、无破碎的甘薯为原料。

2. 浸泡、清洗

甘薯清水浸泡 2 小时进行清洗，再投入 0.001% 的高锰酸钾溶液中消毒 5 ~ 7 分钟，最后用清水冲洗至无色。

3. 去皮

一般采用手工、化学或热力方式去皮。手工去皮采用削皮刀直接去皮。化学去皮采用一定浓度的碱液，在加热条件下，使薯皮表面的角质、半纤维素受碱的腐蚀而溶解，表皮下中胶层的果胶物质失去凝胶性，在短时间内造成 1 ~ 2 层薄壁细胞破坏，致使表皮脱落，而薯肉薄壁细胞比较抗碱得以保留下来。具体方法是把甘薯放入 5% 左右 80 ~ 90℃的氢氧化钠溶液中翻动浸泡 2 分钟，最后用水反复冲洗。热力去皮采用加热方式，薯皮与薯肉间的原果胶发生水解而失去凝胶性，从而使薯皮脱落。

4. 护色、切块、预煮、修理分选

甘薯去皮后立即放入1%~1.5%的食盐和0.1%柠檬酸混合水溶液中。将甘薯切成横为3~4 cm、纵为3~4 cm、宽为1~1.5 cm的薯块，按薯块与预煮液(0.1%~0.2%柠檬酸及0.1%~0.16%的氯化钙溶液)1:1.2的体积比，投入薯块进行预煮，煮沸3分钟并不时翻动。形状不规则的加以修理，煮烂的或变色的分选出来。预煮的目的是破坏薯块中酶的活性，防止变色和果胶水解，软化薯块组织、便于糖液渗透。

5. 制糖水、装罐

为了提高制品的风味和硬度，配制含有30%蔗糖、0.3%~0.4%柠檬酸、0.2%~0.3%氯化钙的糖水，每罐填充量为460 g，其中薯肉320 g，糖水140 g。装罐时，薯肉和糖水重量应按规定严格控制，薯块色泽一致，罐头的上部保持一定空隙。

6. 排气及密封

采用加热排气法或真空排气法排除罐中的空气，加热排气法是在95℃温度下，排气10分钟，使罐内中心温度达到85℃。真空排气法是在53.3~66.7 kPa真空度下进行真空排气。为了防止罐温下降、蒸汽凝结、空气进入罐内，排气后应立即密封处理。

7. 杀菌与冷却

密封后迅速进行杀菌处理，杀菌冷却后经检验合格即为成品。

杀菌公式：

净重500 g杀菌式：5′-(60′~65′)/100℃冷却。

净重850 g杀菌式：5′-(65′~70′)/100℃冷却。

十四、甘薯茎尖罐头

（一）工艺流程

新鲜茎尖→清洗、剔拣→晾干→护色→漂洗→配料→装罐→排气、封罐→杀菌→冷却→检验→包装→成品

（二）工艺要点

1. 原料处理

选取无虫斑叶、枯黄、破损及老叶、茎蔓顶端 3～8 cm 的新鲜甘薯茎尖，修剪整齐，用清水清洗干净、沥干、常温下置于护色液（含 0.1% 硫代硫酸钠、0.74% 碳酸钠）中，按固液比 1∶15 浸泡 18～24 小时，取出于清水中漂洗，直到叶面无粘手感，沥干后将茎尖分级装罐，注入 80～90℃ 的汤汁（花椒、大料、茴香、辣椒按 1∶1∶1∶1 比例添加到软化水中煮 5～10 分钟，加入 2% 的食盐、1% 的糖、10% 的植物油，用碳酸钠调节至碱性，保持温度 80～90℃，即成汤汁）。每罐固形物含量保持在 50%。

2. 排气、装罐

装罐后在 80℃ 条件下排气 10 分钟，然后封罐。

3. 杀菌冷却

封罐后在 115℃ 条件下杀菌 3 分钟，快速冷却到 40℃ 以下，杀菌公式为：$(5'-3'-5')/115℃$。

4. 检验包装

将破罐、涨罐、跳盖罐剔除后，抽样进行感官、理化及微生物指标检验，合格后包装即为成品。

成品整齐美观，茎尖青绿色，汤汁清亮，酸甜适中，鲜美可口，无异味，理化和微生物指标符合 GB 11671—1989 及 GB 2760 规定，达到商业无菌标准。

十五、出口速冻甘薯

出口速冻甘薯是我国出口的特殊速冻蔬菜产品之一。目前，美国及日本等一些国家把甘薯作为保健食品，常把20%～30%的薯泥掺些米面，再添加一些鸡蛋、奶油制成各种样式的保健糕点，深受消费者欢迎。我国盛产甘薯、原料来源容易、成本低廉、可积极开发组织出口。

（一）工艺流程

原料挑选→清洗→去皮→浸洗→切块→冲洗→排盘→沥水→汽蒸→冷却→精选→速冻→包装→冷藏

（二）工艺要点

1. 原料挑选

应根据出口的要求选用优良甘薯品种。薯块要结实，大小适中，薯肉细嫩，粗纤维少，表面光滑，无列痕、无虫蛀、无病斑、无臭心、无伤烂，带病毒、发芽薯、有心薯、紫心薯均不得使用。

甘薯易受农业小象鼻虫蛀入危害，被害薯肉苦味臭不堪食用，应严格检查剔除干净。

2. 原料洗涤

选好的甘薯，先用清水湿润后再浸入流动水池中进行清洗或置于滚动洗涤机内进行清洗，洗净甘薯表面的泥土杂质，对薯面上低凹处的泥土还要用刷子洗刷干净。

3. 原料去皮

洗净的甘薯，随即用不锈钢刀刨净甘薯表面及凹陷处的薯皮。去皮厚薄要均匀，保持薯面光滑无痕迹。去皮后的甘薯要及时浸没在流动清水槽中，以防止薯面氧化褐变，同时将表面漂洗干净。

4. 切块

洗净甘薯后要立即进行切块，切块大小规格要根据客户具体要求而定。切块时用不锈钢刀在无毒塑料板上先切除根蒂，然后将整条甘薯先切成条块再切成若干角形小块，每个薯块净质量约20 g 或 25 g 左右。切块时刀片要锋利，切块大小要均匀，切面要整齐、平滑。为防止切块切面氧化褐变，切后薯块要及时浸入流动清水中，同时洗净薯块表面的淀粉，然后立即排盘入蒸。

5. 排盘

经漂洗后的薯块捞起平铺一层于不锈钢的蒸盘上，排放要均匀，操作要迅速，排完后将蒸盘移置于金属架上，沥尽水分后，随即进入蒸汽柜(锅)中。

6. 汽蒸

汽蒸前先将蒸柜预热，随后将蒸盘按层次放置于蒸汽柜内的层架上，放置完毕，随即关闭蒸柜继续加热迅速升温，以破坏酶的活力，防止薯块氧化褐变。等蒸汽压力达 196 kPa 时，温度为134.5℃，蒸 3～5 分钟后停止加热，稍后即可放气，将料盘移出。蒸时要严格掌握好蒸汽的压力和时间，以蒸透蒸熟为准。防止蒸得过熟、过烂。经过蒸熟的薯块，放于冷却车间金属的层架上，用电风扇或冷风机迅速进行降温，冷却时间约为30分钟，以冷透薯块中心为准。

7. 精选

经冷却的薯块，停留在蒸盘上，随即用消毒的不锈钢镊子或消毒筷子，逐一认真拣除变色的、有病斑的、不合规格的变质薯块，使产品达到成品质量要求。

8. 速冻

速冻设备采用螺旋式冻结机或流态式冻结机。螺旋式冻结机冻结时，可将薯块平铺于塑料盘框内，放置于冻结机下部进口处不锈钢的传送带上，借圆筒转动而进入冻结间，冷风温度 –40 ～

-37℃，冻结时间为 30 分钟左右，至薯块中心温度达 -18℃ 以下。冻品由冻结机上部出口处卸下。

流态式冻结机投产前将速冻机各部位先用高压水枪冲洗消毒干净，随后开机，将冻结间先行预冷至 -35℃ 以下，再将处理的薯块放置于传送带上，通过振动筛进入隧道式冻结间，经蒸发器冷却后，气体由冷风机增压后形成高速度气流，从筛网格隙间由下向上吹向原料，形成单体冻结，冻结温度为 -40 ～ -35℃，冻结时间为 15 分钟左右，至薯块中心温度低于 -18℃。冻结完毕，冻品由出料口滑槽连续不断地排出机外，落到输送带上，送入低温车间。

9. 包装

包装车间必须保持 -5℃ 的低温环境，包装工具、用具、制服等要保持清洁卫生，定期消毒。

内包装物料，必须是无毒性、耐低温、透气性低、无异味的聚乙烯薄膜袋。外包装用双瓦楞纸箱，表面涂防潮油层，保持防潮性能良好，内衬一层清洁蜡纸。每箱净质量 10 kg(20 袋，每袋 500 g)，上下两层排列整齐，箱外用胶纸袋封口，刷明标记，进入冷库冻藏。

10. 冻藏

速冻甘薯必须存放于专用冷藏库内，冷藏温度 -25 ～ -20℃，温度波动范围 ±1℃，相对湿度 95% ～ 100%，波动范围 5% 以内。冷藏温度要稳定、少变动。要注意存放时间的长短，更要注意温度高低的变化，以确保冻品一年内品质不变劣。

(三)成品质量指标

1. 感官指标

色泽：具有本品固有的色泽，色泽较一致；滋味及气味：应具有本品种应有的滋味和气味，无酸败味及异味；组织形态：薯肉组织软硬适中，蒸熟不烂不糊。块形完好，去皮干净，切面平整，大小大致均匀；杂质：不允许混有外来杂质。

2. 卫生指标

微生物指标：细菌总数不高于 10^5 CFU/g 大肠杆菌阴性，葡萄球菌阴性；农药残留量：六六六低于 0.2 mg/kg，DDT 低于 0.2 mg/kg，有机磷低于 0.1 mg/kg，或符合进口国家标准。

3. 食品添加剂

不得使用着色剂及漂白剂。

十六、速冻甘薯茎尖

速冻甘薯茎尖是速冻蔬菜的新品种，是一种不可多得的天然绿色保健食品。它食用方便，使新鲜甘薯茎尖较大程度地保持了原有的色泽、风味和维生素，保质期加长。

（一）工艺流程

原料→采摘→清洗→漂烫→冷却→速冻→包装冷藏

（二）工艺要点

1. 原料采摘

选取叶色亮绿、无老叶、无黄叶、无虫叶、无蜘蛛叶的甘薯秧蔓顶端 10～15 cm 段的鲜嫩甘薯茎尖，采用专用塑料篮散装，不浸水捆扎，及时运输加工，以免发生变质。

2. 清洗、漂烫

甘薯茎尖采用流动水冲洗，除去上面的尘土、泥沙。因速冻甘薯茎尖食用不再洗涤，解冻后直接烹饪，所以必须清洗干净。采用碳酸氢钠溶液护色，保持嫩尖的颜色鲜绿。处理方法：在 100℃温度下，将甘薯茎尖用塑料吊篮迅速放入含 0.01% 碳酸氢钠的热水中，漂烫 5～10 s，达到半熟程度后，立即送入预冷间。

3.冷却、速冻

采用流动的冷却水进行冷却冲洗茎尖,使其内部充分冷却至10℃左右,然后沥干水分。置入平面网带式速冻机(冻结器平均温度-32℃)中,迅速冻结甘薯茎尖至-18℃。在速冻过程中,要控制好甘薯茎尖最大冰晶区生成的冻结速度、时间,以免甘薯茎尖产生大冰晶和叶组织细胞遭到大幅度破坏,造成解冻后营养成分的流失,失去其应有的鲜味和形态。

4.包装、冷藏

采用定量包装,同时进行速冻处理,包装规格为0.5 kg、1 kg、2 kg,采用食品用塑料袋,然后放入20 kg计量防水外包装纸箱,打包捆扎,要求贮藏温度-18℃以下。

成品通过加工后形体完整,长短一致,无腐烂现象,色泽呈草绿色。成品中含铅≤1.0 mg/kg、砷≤0.5 mg/kg、铜≤1.0 mg/kg、汞≤0.01 mg/kg。农药残留也要符合国家卫生标准。

十七、方便甘薯

(一)工艺流程

原料→去皮→切粒→蒸熟→冷却→调湿→干燥→密封→成品

(二)工艺要点

1.原料

选择纯色的红心或黄心甘薯为原料,因为其他甘薯品种加工后对产品质量有不同程度的影响,所以不宜采用。

2.去皮

利用手工或机械将甘薯皮去净,防止成品含皮难以复水而质地坚硬粗糙,以及避免皮内色素引起变色。

3. 切粒

将上述处理的甘薯切成粒状以利于蒸熟、干燥和成品复水。一般切成的颗粒大小为 0.7 cm³ 左右。

4. 蒸熟

将切好的甘薯粒放入容器中进行蒸煮，按常压蒸煮计算，从水沸腾开始，蒸煮 5 分钟效果最佳。

5. 调湿

经过蒸煮（即 α 化处理）后的甘薯粒含水量一般为 70% ~ 75%，通过调湿处理使其含水量增加 10%，即调整到 80% ~ 85%。具体处理（调湿）的条件是：浸渍液的温度为 40℃，保温温度为 80℃，保温时间为 60 分钟。

6. 干燥

采用热风干燥的方式进行干燥，使产品的含水量最终降低到 10% 左右即可，干燥后经过包装即为成品。

(三)成品质量指标

产品水分含量为 10% 左右，半透明，具有天然甘薯的红、黄色，用 2 ~ 3 倍的 90℃ 以上的热水冲泡 3 ~ 5 分钟即可，可得复水率超过 2.0、带有天然薯香和熟薯质构的即食食品。

第四节　甘薯食品原料加工技术

一、甘薯干

甘薯的干制技术，除将薯块切成薯片外，还可擦成薯丝或薯沫。其中以切成薯片较为常见，一般厚约 0.5 cm，而后加以干燥。切片采用人工或切片机进行。干燥目前仍以曝晒为主。切晒时，应注意天气，抓住晴天突击抢晒，以免因阴雨天切晒而发生霉烂损失。薯片已晒到7～8成干时，快要下雨前，把薯片堆在高燥的地方，每堆的薯片不宜过大，以免发热霉烂，堆上用草苫盖好，以防雨淋。刚切晒的薯片遇到大雨时，不必抢收，等雨过天晴地干时，将薯片翻晒，因为下大雨时，薯片上水分多、空气少，不利于霉菌生长，可避免发生腐烂。如遇连续阴雨的天气，就应将薯片作食用，或打架拉线挂晒，或在烤房烘干，或加工磨粉等。另外，硫磺熏烟可防止切片遇雨霉烂。具体做法是，在一个40 m³的房间内搭架分层放置1000 kg鲜薯片，用2.5 kg硫磺点火后，紧闭门窗熏烟5～7小时，可堆放10天不发霉，而不用硫磺熏烟的，2～3天就发霉变质。因为，硫磺熏烟时产生的二氧化硫气体能杀死霉菌和抑制霉菌的生长，避免发霉变质。硫磺熏烟还可使薯片变得洁白，提高薯片质量。熏硫后的薯片，等到晴天时，再行摊晒。

干制中的主要问题是如何加速干燥和减少砂土杂质，避免产生牙碜。因此，在甘薯收获季节如遇连日阴雨，来不及充分干燥的薯片可准备一些空房或凉棚供临时摊晾，或准备一些烘烤设备，保证及时干燥。如采用烘干法干燥，应掌握适宜的烘干温度以避免淀粉糊化影响工艺品质，一般70℃左右为宜，烘干后一阶段可适当提高温度。

二、甘薯全粉

（一）工艺流程

原料→清洗→去皮→切丝片丁→护色→干燥→粉碎（测水分）→包装→成品

（二）工艺要点

1. 原料

选择三种果肉颜色的甘薯：紫色果肉、橙色果肉、黄色果肉。

2. 清洗

一定要清洗干净，关系到产品的最终质量。

3. 去皮

将甘薯的外皮去净，尤其是甘薯表皮凹陷部分。

4. 切片或丝

将去皮后的甘薯用蔬菜切片机切成一定规格的薯片或薯丁。

5. 护色

用食盐配制成 0.5% 的溶液，将切好的甘薯薯片或薯丁泡在其中数分钟。

6. 干燥

用烘干设备干燥，以保证产品的卫生，并注意温度，一般在 45～50℃。干燥时间可根据薯片、薯丝的大小确定，使最终水分在 6% 以下。

7. 粉碎、包装

将干燥后的甘薯，用锤片式粉碎机粉碎，使甘薯粉的细度在 80 目左右。

三、柠檬酸和柠檬酸钙

利用甘薯制造柠檬酸，可采用深层发酵法和固体浅盘发酵法。深层发酵法是将薯干淀粉用密封发酵罐进行搅拌通气发酵生产，此法设备较复杂、投资大、但生产效率高，大型柠檬酸生产厂多采用此法。固体发酵法（浅盘）是以薯干淀粉或薯渣为原料，先发酵生产柠檬酸钙，然后再加工成柠檬酸，此法设备简单，投资小，适于乡镇企业及小型工厂采用。固体发酵生产柠檬酸钙的主要原料是薯渣，其中约含 55% 的淀粉，是微生物发酵的碳源。另外，发酵时还需要一定的辅料，如有机氮源(米糠、麸皮、豆饼粉等)或无机氮源(尿素、硫酸铵)以及生酸促进剂碳酸钙和水。

(一)工艺流程

甘薯渣→加种曲→保温发酵→浸取柠檬酸→去杂→中和→洗涤→干燥

(二)工艺要点

1. 原料的准备和处理

以甘薯渣制取柠檬酸(钙)的配料，经粉碎过筛的薯渣每 100 kg 加水 85 kg，加入氮源辅料，如用硫酸铵(用量为薯渣的 0.7%)、尿素(为 0.4%)、米糠或麸皮(用量为 10% 或 16%)，并加入 2%~3% 的碳酸钙以稳定曲料中的酸碱度，有利于柠檬酸的产生。制曲的薯渣可用湿渣或干渣，湿渣是甘薯提取淀粉后的残渣，经压榨脱水使含水量达 70% 即可供制曲使用，但湿渣易腐败霉变，不能长久保存及长途转运外地，如厂址设在淀粉厂附近，当然以新鲜薯渣为好，可省去干燥、破碎、筛分等工序。如用干渣(含水 15%)，应先剔除已变质败坏的部分，再洒水破碎，筛分成颗粒为 2~4 mm 的粗料和 2 mm 以下的细料。区分粗细料的目的是便于制曲霉菌在发酵时需要适量的氮源，辅料中有机氮源以米糠为最好，麸皮次之，也可用无机氮源，但制曲前必须碎成细粉。

2. 种曲制备

曲料经充分搅拌均匀后即上蒸锅，上料时应均匀撒开，然后加盖蒸 1 小时左右，以杀死杂菌，生产柠檬酸的菌种是黑曲霉，制备种曲是要获得该菌的大量孢子作种子。种子先从斜面种到一级种、二级种扩大培养。种子扩大培养基以麸皮 5 kg、硫酸铵

500 g、水 5 ~ 5.5 kg 的比例配制后，均匀装入广口瓶或三角瓶中，用纱布、牛皮纸封口然后于 32℃ 的温室内培养，12 ~ 15 小时后摇动一次，过 7 ~ 8 小时后再摇动一次，培养 3 ~ 4 天后，待瓶中曲料全呈棕黑色(黑曲孢子)，即可扩大到二级培养。种曲接种量一般约为 4% 左右，曲料过干可酌量加入煮沸过的温水，使曲料温度适宜。二级种培养条件与一级种相似，仅扩大种子瓶的数量。按此法配制的种曲，孢子应密集、粗壮、呈棕黑色，镜检无杂菌，即可作为发酵种子用。制曲：原料按上述要求准备好后，按 50 kg 薯渣、5.5 kg 米糠或 9.5 kg 麸皮、1.0 kg 碳酸钙、2.3% 乙醇、40 kg 水(此为粗料用水，细料用水为 35 kg)的比例混合，洒水量要灵活掌握，以生料蒸熟后疏松，呈浅棕褐色，不黏为度。一般用常温水，气温低于 10℃ 时用热水，以便加快兑料的浸润。由于薯渣及辅料中含有大量杂菌，如不彻底杀灭会引起生产中杂菌污染从而造成损失。蒸料的另一个目的是使生料变成熟料，这样原料中的淀粉加热后会膨胀、糊化，蛋白质变性，给生酸菌黑曲霉提供便于利用的碳源和氮源。蒸料用铁制蒸锅或木质蒸笼均可。操作时盛料厚薄必须均匀，要蒸透，不能有死角。在常压下一般蒸煮 90 分钟，加压蒸煮(98 ~ 147MPa)需 60 分钟。蒸料时需排气，使气路通畅，火力不宜过猛，否则会引起物料焦化，破坏养分，影响产酸。料蒸好后要出锅摊晾，接入黑曲菌种。整个过程都要进行无菌操作，物料出锅后，在用新洁尔消过毒的场地上摊晾，使团块疏松，待温度降至 37℃ 以下时，立即补水接种，装盘进室。出锅料内水分含量为 65%，必须将水分补足到 75%，补充的水分需煮沸 10 分钟 灭菌，冷却后把二级种子的黑曲霉种子用无菌水从种曲上洗脱下来，倒入补足的水分中(种子量为薯渣干料的 0.2% ~ 0.3%)，然后均匀泼洒在物料中做补水接种，温度在 27 ~ 33℃。然后将补水接种后的曲料立刻装盘。盘子用马口铁或搪瓷做成，不宜用木盘。盘内曲料应保持疏松，不可压实，厚度为 4 ~ 7 cm，盛料后，将盘子放在无菌曲室架上发酵培养。

3. 保温发酵

曲室应保持一定的温、湿度，才能有利于黑曲霉的生长和发酵产酸。相对湿度应保持在 85% ~ 90%，在气温低的季节，可向曲室通蒸气，温度高的季节，在地上洒水，以调节曲室温度。第一阶段为发酵 18 小时前，以 27 ~ 31℃ 为宜；第二阶段为 18 ~ 48 小时，以 38 ~ 43℃ 为宜；第三阶段为 48 ~ 96 小时，以 35℃ 为宜。正常培养过程可观察到：发酵 20 小时，曲盘料呈浅黄色，并继续转深；至 96 小时结束，曲面孢子密集，呈棕褐色。培养 48 小时后应每隔 12 小时测定酸度一次，一般培养 96 小时，柠檬酸生成量达最高，必须出曲，停止发酵。

4. 浸取柠檬酸、去杂

将发酵培养好的曲料置于水泥池（池内衬有防腐塑料软板，池边各侧底部有数个排液口），加水浸取曲中的柠檬酸，浸曲液比为 1:3 或 1:4（按干薯渣料计）。曲在浸曲池中要经过多次浸取，每次浸 30 分钟。第一次浸需用 50℃ 以下的温水，以后用常温水浸曲。曲经过多次浸取后，浸曲液酸度相应降低，酸度低的浸曲液不作中和，用作下一批曲的第一次或第二次浸曲液，以缩小中和液体积，避免因中和液酸度过低而影响柠檬酸的获得率和质量。每次浸曲结束后，从浸曲池底各侧排液口放液，曲渣经多次浸取后，柠檬酸含量在 0.5 以下时不再进行浸取，曲渣及时清出作饲料。浸出液中常带有糊精、糖、色素、曲渣、黑曲霉的孢外酶、菌体等，因此，浸出液先用自然过滤法除去曲渣等杂质，然后加热到 65℃，使杂质沉淀并去除蛋白酶、菌体、曲渣等杂质。糊精、色素、糖等可溶性杂质可在中和后用热水从柠檬酸钙中洗去。

5. 中和、洗涤、干燥

将去除杂质的浸出液在中和桶中加热至 60℃，边搅拌边徐徐加入碳酸钙中和。碳酸钙加量应为实际柠檬酸含量的72%，或视其酸碱度接近中性即可停加。加后保温90℃以上，反应30分钟，中和终点用氢氧化钠滴定，此时反应液中柠檬酸已成钙盐析出沉淀，然后滤出清液。将沉淀的柠檬酸钙放入离心机脱水，并在离心机上用80℃以上的热水洗涤，洗至在20 mL洗水中加1或2滴1%高锰酸钾3分钟不褪色为止。将湿柠檬酸钙放入烘房中，保持90～95℃，烘至含水量14%时，冷却后装袋即为成品柠檬酸钙。如连续生产制取柠檬酸，则将柠檬酸钙脱水洗涤后直接进入酸解净化工艺，最终制得结晶柠檬酸。

四、乳酸钙和工业乳酸

甘薯原料(糖化后)在乳酸菌的作用下经乳酸发酵可生成乳酸。发酵液的含糖量以15%左右为宜，在50℃下进行发酵，并用石灰不断中和发酵所产生的酸，以维持菌种活力，积累大量乳酸。发酵结束后，全部酸均用石灰所中和，形成乳酸钙。经浓缩分离其结晶，再用硫酸分解而得乳酸。

(一)工艺流程

鲜薯→洗涤→切分→蒸煮→糖化→乳酸发酵→中和→煮沸→乳酸→浓缩→酸化→过滤→干燥→乳酸钙

(二)工艺要点

1.乳酸发酵

取鲜薯200 kg，先经洗涤、切分和蒸煮等操作，使其完全糊化成软浆状，装入发酵缸中，降温到60℃，加进麸曲或麦芽16 kg，充分搅拌，在60℃下保温8～10小时后降温到52℃，加菌种扩大培养液20 L，保温在49～51℃，不时搅拌，再经8小时，检查酸度或镜检，如每毫升发酵液消耗0.1 mol/L的氢氧化钠

0.7 mL，则需加 600 g 麻石粉（碳酸钙 90%）以中和生成的酸。此后继续保温 50℃，不时搅拌，每 2 小时检查一次酸度，并用麻石粉中和。接种 24 小时后可补加麦芽和麸曲 2 kg，使淀粉彻底糖化。如此发酵 5 天，检查残余的淀粉、糊精、糖分等。如发酵已结束，和生石灰 4 kg，加水调成石灰乳，缓缓加入并不断搅拌。加热煮沸 10 分钟，稍经静置，趁热过滤，除去蛋白质和不溶物。

2. 乳酸钙的精制

将经上述操作后所制得的滤液浓缩到 13°Bé，移入结晶槽内冷却静置，即有乳酸钙结晶析出。除去母液，将粗结晶粉碎，加水洗去色素杂质，包饼压榨，再重复洗涤。然后加热水将其溶解，浓缩到 13°Bé，再进行结晶。反复洗涤压滤，加热水溶解浓缩到 16～18°Bé 或 20～21°Bé，可加 1% 石灰水煮沸 10 分钟，调节 pH 到 11 左右，趁热过滤，除去蛋白质及不溶性物质。过滤后用乳酸调节 pH 至 6～7，以便于其他有机酸易于挥发，而避免使制品色泽变暗。将滤液移人结晶槽，冷却静置，即有结晶析出。分离结晶削成薄片，在不超过 68℃ 的条件下烘干。干燥后过筛，即得精制乳酸钙。如色泽不好，可重新结晶，并用硅藻土或活性炭脱色。

3. 工业乳酸的提取

将乳酸钙放入水浴锅内，加等量水加热至沸。另取 30°Bé 的硫酸，慢慢加入继续煮沸，边加边搅拌，直至乳酸钙完全分解为止。此过程约需 30 分钟。其中硫酸的用量根据酸度计算，游离硫酸不超过 0.2%。终点的检查，可用过滤液 5 mL，加等量的 45% 氯化钙，加热数分钟，仅有少量硫酸钙沉淀或以紫色试纸（甲基紫）试之，试纸由柴油色转为绿紫色，即表示已完成作用，并有稍微过量的硫酸。将乳酸溶液加入 1% 活性炭，趁热过滤，浓缩到相对密度为 1.16 以上，冷却、过滤、分离、干燥，得到工业乳酸。

一般生产 1 kg 乳酸钙需要甘薯 7 kg、麻石粉 1.3 kg、大麦 150 g、石灰 200 g。生产 1 kg 工业乳酸需要乳酸钙 1.7 kg、硫酸

600 g、活性炭 20 ~ 40 g。

五、果胶

将甘薯渣开发成生产果胶的新原料，不仅能增加甘薯加工的附加值、丰富果胶生产的原料来源，还有利于保护自然环境。果胶可作为一种凝胶剂应用于多种食品加工中，尤其是蜜饯、果冻和果酱中。它是除大豆可溶性多糖、阿拉伯胶、瓜尔豆胶等物质外，具有乳化能力的天然多糖。在食品行业中，果胶已被广泛用作乳化剂、胶凝剂和增稠剂，用来提高黏度、产生胶体结构、控制结晶、防止脱水、改善质构、防止风味物质流失以及延长食品体系稳定性等。

(一)工艺流程

原料→预处理→水解与提取→纯化→干燥→成品

(二)工艺要点

称取 10 g 甘薯渣(W_0)放入锥形瓶中，与蒸馏水按一定液固比进行混合，配制成薯渣悬着液，用 1 mol/L 的盐酸溶液调至所需pH，放入已设定好温度的恒温振荡器中，振荡反应一定时间后，6148 g 离心 30 分钟，取上清液于旋转蒸发仪中浓缩，加入 1 mL 浓度为 0.1% 的 α - 淀粉酶，60℃下水浴酶解 1.5 小时，除去提取液中残留的淀粉，100℃沸水浴 10 分钟灭酶，向酶解液中加入 3 倍体积的无水乙醇，沉淀过夜，6148 g 离心 30 分钟，分别用 70%、80% 和 90% 的乙醇洗涤沉淀后，将其溶于去离子水，用截留分子质量为 10000Da 的膜超滤，超滤浓缩后的液体冻干得果胶(W_1)。

$$Y_1 = W_1/W_0 \times 100\%$$

式中：Y_1 为甘薯果胶得率，%；W_0 为甘薯渣质量，g；W_1 为果胶质量，g。

第五节 甘薯饲料加工技术

一、甘薯渣转化蛋白质饲料

利用微生物对甘薯渣进行固体发酵，可转化为菌体蛋白质饲料，使饲料营养成分较全面，提高蛋白质含量，还含有丰富的维生素、氨基酸等，尤其是 B 族维生素含量显著增加。该制取工艺简单、投资少、周期短、效益高，用其饲喂家畜，饲料转化率高，增重效果好。

（一）工艺流程

鲜渣→配料、接种→发酵、增加无机氨源→发酵→干燥→包装

（二）工艺要点

1. 制备酵母种子

在 30℃温度条件下，酵母菌接入麦芽汁斜面培养基中培养 2 天，再接入较大量的麦芽汁种子培养基中，培养 2~3 天，即得到制备的发酵种子。

2. 配料、接种

每吨新鲜薯渣，添加 1% 优质尿素、2.5% 硫酸铵、1% 磷酸二氢钾、1%~1.5% 发酵种子，拌匀后，用稀硫酸调 pH 至 4.5，并调混合料含水量至 65%。

3. 发酵、加无机氮源

将配好的混合料装入圆形发酵池中，在 30℃温度条件下发酵 2~3 天。为增加氮源，发酵开始加入 10 kg 尿素、硫酸铵混合液

(1:1)，1 天后再加入 10 kg 混合液，2 天后加入 0.5 kg 混合液，利用微生物将无机氮转化为有机氮。经发酵可使产品中的蛋白质含量由原来薯渣中的 2% 左右提高到 16.11% ~ 20.82% 。

4.干燥、包装

菌体蛋白质饲料经发酵后，放入烘干设备中或利用晴天大风天气在水泥场中晾晒干燥，直至饲料含水量达到 10% ~ 12% 为止。采用加衬内膜的塑料编织袋按包装量每袋 25 kg、40 kg 或 50 kg 包装。

二、黄粉浆制蛋白质饲料

在甘薯淀粉加工过程时，粉碎过的糊状薯浆经筛网过滤后，过滤液静置沉淀得到大量黄粉浆，黄粉浆中含有大量蛋白质，以及少量粗纤维(细渣)、果胶质、淀粉等。我国不少甘薯加工企业黄粉浆随废浆水弃掉，对环境造成严重污染。因此利用黄浆水提取蛋白质，可取得明显的经济效益和社会效益。

(一)工艺流程

废浆水→静置沉淀→淀粉回收→蛋白质乳(稀黄粉乳)再沉淀→热凝→甩滤→干燥→粉碎→包装

(二)工艺要点

1.回收稀蛋白质浆乳(黄粉乳)

根据不同的淀粉加工工艺，采用不同的回收方法。静置沉淀加工淀粉，采用蛋白质收集池，收集淀粉沉淀后的上清液中的黄粉层；曲流槽沉淀加工淀粉时，在流槽末端建 2 个以上蛋白质沉淀池，当一个池子的废浆水流满后，再流入第二个池，以此类推。第一个池静置沉淀 12 小时后，也用同样方法将稀黄粉乳加入蛋白质收集池。

2. 沉淀浓缩

用氢氧化钠溶液调节黄浆水 pH 至 8.5~9, 碱性条件下蛋白质呈溶解状态, 离心分离机除去细渣等杂质后, 用泵将滤液输入热凝桶(池), 在收集池底层注意回收部分淀粉。在热凝桶(池)内调节滤液 pH 至 7 左右。通入蒸汽或直接放入大锅加热至 90℃以上, 保持 10 分钟, 使蛋白质变性, 再加入硫酸钙溶液或卤水, 使蛋白质沉淀。去掉上清液, 经离心机脱水后, 即得含水量较低的固态蛋白质。

3. 干燥

采用烘干设备或在太阳下干燥蛋白质湿品, 粉碎后即得到蛋白质粉。

三、甘薯叶制蛋白质饲料

(一) 工艺流程

选料→清洗→切碎→打浆→凝聚沉淀→脱水→干燥→粉碎→包装

(二) 工艺要点

1. 选料、清洗

甘薯叶要求鲜嫩, 无黄叶、虫蛀叶和腐烂叶, 尤其选取品种优良、成熟适度的甘薯叶和嫩茎尖, 用清水洗净后沥干水分。

2. 切碎、打浆

采用压榨机切碎薯叶直接用来榨取汁, 或用打浆机直接将薯叶打成浆, 茎蔓太长应先切碎再打浆。浆汁用离心过滤机进行过滤, 用榨汁机将叶渣压榨出剩余汁液后再过滤。

3. 沉淀、脱水

将薯叶汁液收集于热凝桶, 调汁液 pH 用食碱调至 8.5 左右,通入蒸汽加热至 85～95℃，保持 10～12 分钟，使蛋白质充分凝聚沉淀，用离心机脱水。

4．干燥、粉碎

浓缩叶蛋白质湿品脱水后置于烘盘中，采用烘干房或烘干机，在 50～60℃温度下，进行烘干干燥至制品含水量降到 10% 以下，经粉碎机粉碎过 80 目筛，称量、包装即得成品。

四、甘薯茎叶粉发酵饲料

(一) 工艺流程

干甘薯茎叶粉→配料→接曲拌湿→发酵→成品

(二) 工艺要点

1．配料

甘薯茎叶粉 100 kg，麦麸或米糠 15～20 kg、曲粉 4～5 kg 或酵母粉 40～60 g，100～120 L 35℃的温水。

2．发酵

在 30～40℃温度下，将混合料装入缸内或发酵池内，上口盖而不严，促进发酵，可采用塑料薄膜密封上口，控制透气，防止发酵料升温过高，超过 40℃时应及时倒料，再压实封严。也可采用原料装缸或入池后立即封严的发酵方法，虽然发酵时间较长，但效果好且保存时间长。发酵时间夏季保持 1～2 天，冬季保持 2～3 天，饲料发酵达到具有酸、甜、软、熟、香的特点为止。

3．注意事项

制作甘薯茎叶发酵饲料及饲喂家畜时，应注意以下 3 点：

(1) 选址宜选择在中小型养殖场群体附近，就地配制，供附近养猪场饲喂。发酵饲料以发酵结束 1～3 天能售完、饲喂完为宜，冬季可适当延长。

（2）饲料变质，出现霉味、苦味、臭味、发黏及菌丝结块成团的现象时，应入沼气池制沼气等他用，不宜再喂猪。

（3）与其他复配饲料或其他精、粗饲料搭配饲喂，饲喂时，做到由少到多，逐步增加饲喂量，以便家畜逐渐适应。

五、甘薯茎叶青贮饲料

青贮的方法有地下窖青贮、地上窖青贮和袋装青贮等。现主要介绍地下窖青贮供较大规模养殖场用。

（一）工艺流程

建窖（池）→割秧→铡碎→装料→密封

（二）工艺要点

1.挖窖

选择土质好、地势高燥、离养殖场近的地方挖窖。窖的容积根据原料数量而定。圆窖一般为直径 1.2～1.3 m、深 1.5～2 m，若原料数量多，可挖多个圆形窖。也可将青贮窖挖成长方形大窖，窖宽 1.5～2 m、深 1.8～2 m，窖的长度根据贮量和地形而定。

青贮窖应在青贮前建好，做到壁直、光滑、角圆、底平或呈锅底形。

2.割秧、铡秧

大田甘薯割秧应在大气温度下降到候平均温度 15℃、薯块基本停止膨大时进行。割秧要等到茎叶上的水汽散失完后进行，以减少堆放过程中引起烂叶现象。割后运至青贮窖旁，用铡草机或铡刀将甘薯茎蔓切成 3～5 cm 长的段。若茎叶中水分过大，应将割下的薯秧在田间晾 12～24 小时再运回切段。

3.装窖、封窖

圆窖装窖前先用双层 2 m 宽的筒形塑料农膜衬入窖内，下端用绳扎口，将铡好的茎叶装入塑料袋中，边装边踩实，装至最后顶部呈钝锥体突出地面 35 cm 左右，将上端的塑料薄膜袋口也用绳扎紧密封。然后用湿土将窖口封成丘形，土层厚 70 cm，表面用麦草泥糊光，以利于排水。

长方形窖在窖底和窖壁上都要衬上一层塑料薄膜，装料方法同圆形窖，边装边踩实，顶部中间要高于两边 35～40 cm。装好后，上边用塑料薄膜盖严，在薄膜上封湿土 70 cm 厚，拍实后，用麦草泥糊光。

4.出料

青贮 2 个月后即可出窖饲喂，每次取用后立即用塑料薄膜紧贴饲料盖严，上面用玉米秸秆等盖好，防止进空气引起变质和进水引起烂窖。

参考文献

［1］陈功楷.优质高产甘薯新品种引选与栽培技术研究［D］.南京：南京农业大学，2009.

［2］陈海燕，秦双，林珠凤，等.海南甘薯蚁象综合防治技术［J］.植物保护，2019，2(87)：41，22.

［3］陈辉，张治良，霍礼欢.甘薯高产高效集成栽培技术［J］.陕西农业科学，2012，58(4)：272－273.

［4］陈玉祥.大豆甘薯萝卜栽培模式［J］.农村新技术，1999(2)：14－15.

［5］曹滨斌.甘薯产业比较优势研究综述［J］.安徽农学通报，2007(12)：110－111，147.

［6］戴启伟，钮福祥，孙健.中国甘薯淀粉产业发展现状［J］.农业生产展望，2015(10)：4044.

［7］戴行钧.甘薯的加工利用［M］.北京：轻工业出版社，1960.

［8］杜连启.甘薯综合加工技术［M］.北京：中国轻工业出版社，2014.

［9］杜连启.甘薯综合加工新技术［M］.北京：金盾出版社，2001.

［10］樊晓中，高文川，刘明慧，等.北方薯区甘薯三大病害和杂草的综合防治［J］.农业科技通讯，2012(1)：92－95.

［11］冯文婷.甘薯井窖的改良建设及贮藏技术［J］.四川农业科学，2012(10)：49－50.

［12］甘薯主要病虫害识别与防治技术手册［M］.国家甘薯产技术体系病虫害防控研究室，2013.

［13］甘薯主要地下害虫综合防治技术规程(地标)(DB52/T 857—2013).

［14］葛慧利，张海珍.地下害虫的危害及防治对策［J］.现代农业，2018
（7）：32－33.

［15］龚胜生.清代两湖地区的玉米和甘薯［J］.中国农史，1993，12（3）：
47－57.

［16］郭世磐.甘薯及其保健功效［J］.农家参谋，2017（12）：43.

［17］郭新平，仇登搂，黄成星，等.优质食用型甘薯高产高效栽培技术［J］.
农业科技通讯，2002（4）：9.

［18］侯培娥.甘薯高产栽培技术［J］.河北农业科技，2008（23）：7.

［19］黄金金，宋永飞，朱明华，等.“油菜－甘薯＋芝麻”高效复种［J］.种植
园地，2015（8）：9－11.

［20］黄金金，宋永飞，朱明华，等.“油菜－甘薯＋芝麻”高效种植模式及配
套栽培技术［J］.上海农业科技，2013（5）：134－135.

［21］黄实辉，黄立飞，房伯平，等.甘薯疮痂病的识别与防治［J］.广东农业
科学，2011（增刊）：80－81.

［22］姜纬堂.乾隆推广番薯——兼说陈世元晚年之贡献［J］.古今农业，
1993（4）：32－36.

［23］柯发平.甘薯高产高效配套栽培技术［J］.福建农业，2002（4）：7.

［24］李肖.甘薯茎线虫病综合防治技术［J］.现代农村科技，2019（7）：26.

［25］李刚.甘薯贮藏与加工新技术［M］.北京：中国农业出版社，2005.

［26］李云山.甘薯高产高效栽培技术［J］.农业科技通讯，2008（2）：
92－94.

［27］李莲莲.甘薯产业升级的关键问题探讨［D］.杨凌：西北农林科技大
学，2015.

［28］李春德，贾宝胜，李翠华.甘薯高产高效栽培新技术［J］.北京农业，
2007（18）：1－2.

［29］李进春.优质食用型甘薯高产高效栽培技术［J］.农技服务，2007
（6）：26.

［30］李美娥，宋述元，余礼涛.两薯连作种植模式效益初探［J］.农业开发
与装备，2014（1）：83.

［31］李树洋，王俊平.马铃薯与甘薯连作栽培技术［J］.蔬菜世界，2014
（1）：15－16.

［32］连书恋，王淑凤，王燕.甘薯紫纹羽病的发生危害及综合防治技术 ［J］.2001(4)：33.

［33］林婕.甘薯贮藏保鲜及抗冷性技术研究［D］.福州：福建农林大 学，2016

［34］刘伟恒.红薯知县救灾荒［J］.文史博览，2015(11)：40－41.

［35］刘明慧，朱俊光.甘薯地膜覆盖高产高效栽培技术［J］.甘肃农业，2004 (5)：38.

［36］刘兰服.因地制宜选择甘薯品种［J］.现代农村科技，2009(11)：11.

［37］刘敏.优质鲜食型甘薯高产高效栽培技术［J］.天津农林科技，2014 (3)：12－13.

［38］陆建珍，徐雪高，汪翔，等.中国甘薯及其加工品进出口贸易现状分析 ［J］.江苏师范大学学报(自然科学版)，2018，36(4)：30－35，87.

［39］罗小敏，王季春.甘薯地膜覆盖高产高效栽培理论与技术［J］.湖北农 业科学，2009，48(2)：294－296.

［40］罗晓锋，涂前程，乔锋，等.优质菜用型甘薯新品种"福菜薯18号"露 地越冬栽培技术［J］.福建农业科技，2014(7)：44－45.

［41］马代夫.甘薯：嬗变路上求突破［J］.种子科技，2015，33(4)：10.

［42］马代夫，刘庆昌，张立明.中国甘薯产业技术创新与发展［M］.北京： 中国农业出版社，2019.

［43］马代夫，李强，曹清河，等.中国甘薯产业及产业技术的发展与展望 ［J］.江苏农业学报，2012，28(5)：969－973.

［44］马绍双.优质甘薯高产高效栽培技术［J］.农民致富之友，2016 (20)：179.

［45］马标，胡良龙，许良元，等.国内甘薯种植及其生产机械［J］.中国农机 化学报，2013，34(1)：42－46.

［46］马剑凤，程金花，汪洁，等.国内外甘薯产业发展概况［J］.江苏农业科 学，2012，40(12)：1－5.

［47］毛思帅，李仁崑，周继华，等.北京市甘薯生产现状与发展方向探讨 ［J］.中国种业，2018(12)：23－25.

［48］毛卫英，周文红，姜弓金，等.紫甘薯－双低油菜周年高效栽培技术模 式［J］.吉林农业，2010(11)：110，130.

[49] 毛伟强，黄海明，杨永军，等.迷你甘薯双季栽培技术[J].中国农技推广，2009，25(5)：20.

[50] 缪晓玲.叶用甘薯高产高效栽培技术[J].上海蔬菜，2013(5)：46-47.

[51] 潘超.迷你甘薯块根大小和短期储藏对其食用品质的影响[D].杭州：浙江农林大学，2015.

[52] 彭志铭.甘薯高产高效栽培技术[J].中国农业信息，2016(8)：60-61.

[53] 沈升法，吴列洪，李兵.迷你甘薯优质高效生产[J].中国蔬菜，2008(6)：48-50.

[54] 史新敏，李洪民，张爱君.迷你型甘薯简易机械化栽培技术[J].农村百事通，2009(9)：33-34.

[55] 宋照军，袁仲.薯类深加工技术[M].郑州：中原农民出版社，1999.

[56] 苏文菁，黄云龙.《金薯传习录》与番薯在中国的传播[J].闽商文化研究，2017(2)：41-65.

[57] 汤月敏，代养勇，高歌，等.我国甘薯产业现状及其发展趋势[J].中国食物与营养，2010(8)：23-26.

[58] 田素华.优质、高产、高效甘薯新品种精选[J].农村百事通，2000(5)：20.

[59] 涂刚，陈玉婵，涂晓亚.甘薯贮藏大棚窖的设计与应用[J].现代农业科技，2010(21)：97-99

[60] 涂刚，何丽，涂晓娅.甘薯贮藏烂薯原因调查及其解决途径[J].农业科技通讯，2011(2)：106-108.

[61] 王良军，胡红喜."三薯"连作模式与高产高效栽培技术[J].湖北农业科学，2008，47(4)：401-402.

[62] 王雪姣.甘薯保鲜新技术研究[D].泰安：山东农业大学，2016

[63] 王倩.H2S延长梨果实及甘薯块根采后贮藏期的抗氧化机制研究[D].合肥：合肥工业大学，2012.

[64] 王钊，刘明慧，樊晓中，等.甘薯收获与安全贮藏[J].中国农村小康科技，2008(2)：21-23.

[65] 谢志诚.甘薯在河北的传种[J].中国农史，1992(1)：18-19.

［66］谢晓爱.紫心甘薯高产高效栽培技术［J］.农民致富之友，2013
（2）：102.

［67］徐茜，黎华.叶菜型甘薯越冬栽培薯苗存活率及其产量性状表现［J］.
贵州农业科学，2015，43（6）：40－43.

［68］严伟，张文毅，胡敏娟，等.国内外甘薯种植机械化研究现状及展望
［J］.中国农机化学报，2018，39（2）：12－16.

［69］杨园园，苏文瑾，雷剑，等.甘薯在粮食供给结构优化中的作用分析
［J］.湖北农业科学，2017，56（16）：3166－3169，3200.

［70］杨玉秀.薯－薯连作模式创新栽培技术［J］.中国园艺文摘，2009（10）：
96－97.

［71］易中懿，汪翔，徐雪高，等.品种创新与甘薯产业发展［J］.江苏农业学
报，2018，34（6）：1401－1409.

［72］张超凡.湖南甘薯品种遗传多样性分析［D］.长沙：中南大学，2010.

［73］张超凡，周虹，黄艳岚，等.甘薯马铃薯高产栽培新技术［M］.长沙：湖
南科学技术出版社，2014.

［74］张超凡，周虹，黄艳岚，等.特色薯类高产高效栽培技术［M］.长沙：中
南大学出版社，2012.

［75］张超凡，周虹，黄艳岚，等.甘薯栽培与加工实用技术［M］.长沙：中南
大学出版社，2011.

［76］张道微，张超凡，董芳，等.中国甘薯育成品种遗传系谱分析［J］.湖南
农业科学，2015（11）：1－6.

［77］张立明，王庆美，张海燕.山东甘薯资源与品种［M］.济南：中国农业
科学技术出版社，2015.

［78］张启堂，李育明，袁天泽.中国西部甘薯［M］.重庆：西南师范大学出
版社，2014.

［79］张福科.甘薯高产高效标准化栽培技术［J］.乡村科技，2017（10）：
33－34.

［80］张冰隅.小小红薯出大名，抗癌蔬菜冠亚军.科学养生［J］.2008，（3）：
37－38.

［81］张强.甘薯水肥一体化绿色高产栽培技术［J］.农业科技通讯，2018
（3）：206－207.

［82］张祥雄.甘薯高产高效栽培技术［J］.福建农业，2004(6)：8.

［83］赵玉花.甘薯黑斑病的发生与防治［J］.农业知识：瓜果菜，2017(11)：15－16.

［84］曾洁，徐亚平.薯类食品生产工艺与配方［M］.北京：中国轻工业出版社，2012.

［85］周虹，张超凡，黄艳岚，等.湖南省甘薯开发利用的现状、问题及对策［J］.湖南农业科学，2008(1)：88－91.

［86］周煜钧，敖礼林，周林华，等.迷你甘薯丰产增效栽培关键技术［J］.科学种养，2019(5)：17－19.

［87］朱再荣，何贤彪，朱贵平，等.功能型甘薯优质、高效、高产栽培技术［J］.上海农业科技，2017(4)：87，134.

［88］林妙娟.甘薯之营养与食用法［R］.根茎作物生长改进及加工利用研究讨会专刊，1994：319－327.

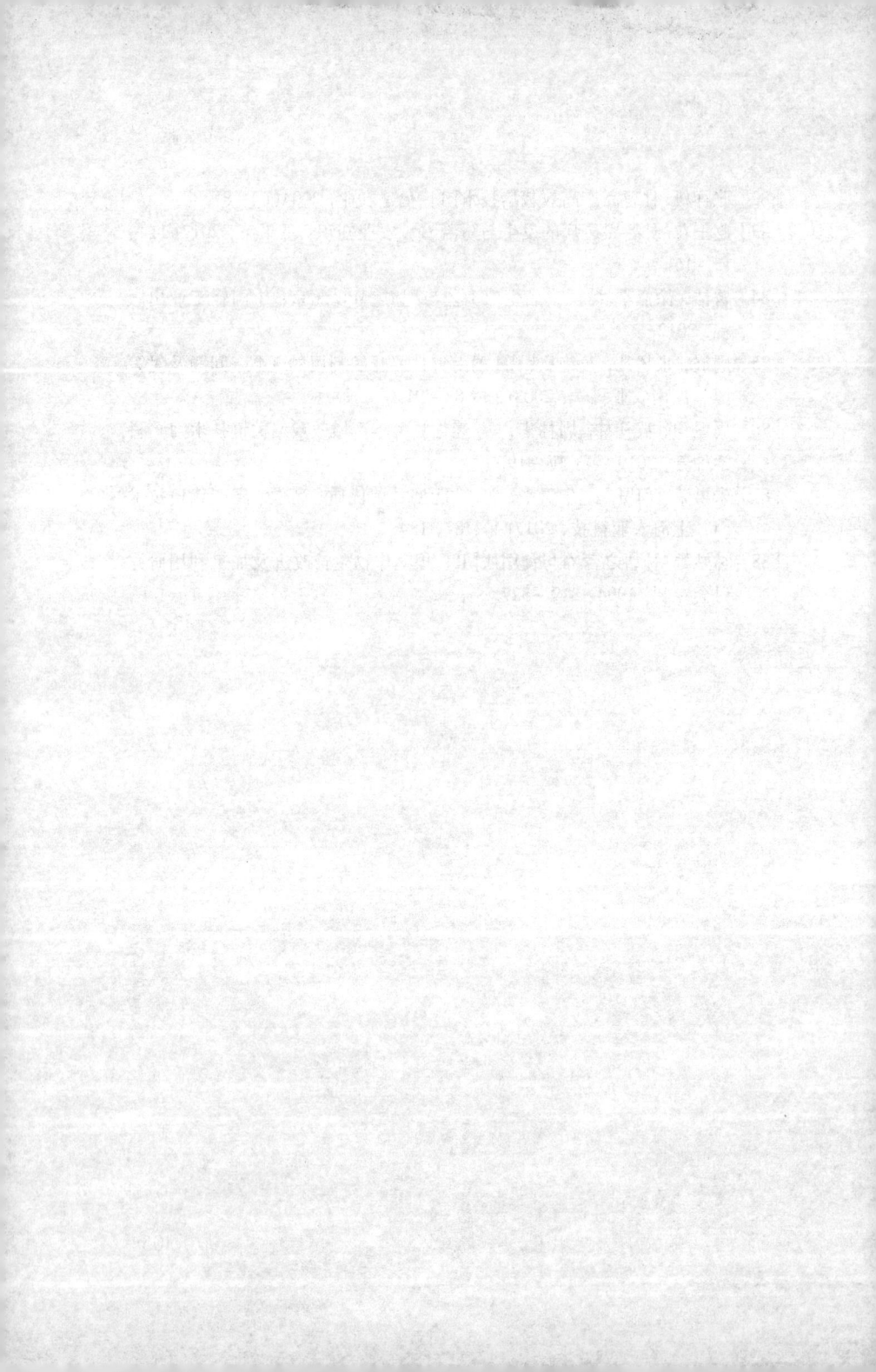

图书在版编目(CIP)数据

甘薯栽培与加工新技术 / 张超凡主编. —长沙：
中南大学出版社，2019.12
ISBN 978 - 7 - 5487 - 3910 - 4

Ⅰ. ①甘… Ⅱ. ①张… Ⅲ. ①薯类作物－栽培技术
Ⅳ. ①S53

中国版本图书馆 CIP 数据核字(2019)第 051769 号

甘薯栽培与加工新技术

张超凡　主编

□**责任编辑**　　刘　辉
□**责任印制**　　周　颖
□**出版发行**　　中南大学出版社
　　　　　　　　社址：长沙市麓山南路　　　　邮编：410083
　　　　　　　　发行科电话：0731 - 88876770　　传真：0731 - 88710482
□**印　　装**　　长沙雅鑫印务有限公司

□**开　　本**　　880 mm×1230 mm 1/32　□**印张** 10　□**字数** 257 千字
□**版　　次**　　2019 年 12 月第 1 版　□2019 年 12 月第 1 次印刷
□**书　　号**　　ISBN 978 - 7 - 5487 - 3910 - 4
□**定　　价**　　45.00 元